INGRID GERSTBACH

DESIGN THINKING

IM UNTERNEHMEN

Ein Workbook für die Einführung
von Design Thinking

Bibliografische Information der Deutschen Nationalbibliothek

Die Deutsche Nationalbibliothek verzeichnet diese Publikation
in der Deutschen Nationalbibliografie; detaillierte bibliografische
Daten sind im Internet über http://dnb.d-nb.de abrufbar.

ISBN 978-3-86936-726-2

Lektorat: Anna Ueltgesforth, Amorbach | www.arsvocis.de
Umschlaggestaltung: Martin Zech Design, Bremen | www.martinzech.de
Illustrationen: Peter Gerstbach | www.gerstbach.at
Autorenfoto: Budiono Nguyen, Wien | www.budiono.at
Satz und Layout: Das Herstellungsbüro, Hamburg | www.buch-herstellungsbuero.de
Druck und Bindung: Salzland Druck, Staßfurt

www.gabal-verlag.de
www.facebook.com/Gabalbuecher
www.twitter.com/gabalbuecher

Inhalt

Vorwort

Es ist erschreckend, wie oft eine an sich gute Geschäftsstrategie – deren Zweck es ist, Maßnahmen in Richtung eines gewünschten Ergebnisses zu lenken – zu genau dem Gegenteil führt: Stillstand und Verwirrung. Strategie sollte Klarheit in ein Unternehmen bringen – sie sollte den Menschen dort als Wegweiser dienen. Die Werkzeuge, die die Führungskräfte dafür traditionellerweise nutzen, reichen jedoch über Strategie-Tabellen und PowerPoint-Kommunikation meist nicht hinaus. Und diese Werkzeuge sind völlig unzureichend für diese wesentlichen Aufgaben! Wenn Sie sich auf Kommunikation allein verlassen wollen, müssen Sie ein äußerst gewiefter Geschichtenerzähler sein. Das ist aber auch keine einfache Aufgabe, und in Wahrheit gibt es nicht viele solcher Geschichtenerzähler da draußen. Das Problem dabei ist, dass sich Worte sehr unterschiedlich interpretieren lassen, denn Worte bedeuten verschiedene Dinge für verschiedene Menschen, vor allem, wenn diese in verschiedenen Teilen des Unternehmens sitzen. Das Ergebnis: Das aufrichtige Bemühen, eine gute Strategie, die alle ansteckt, in einem komplexen Unternehmen einzuführen, bleibt oft in einem abstrakten, undefinierten Bild stecken.

Die Menschen müssen ein ganzheitliches Verständnis bekommen – ein Bild in ihren Köpfen, warum sie eine bestimmte Strategie gewählt haben und was sie damit zu erreichen versuchen. Um eine solche Strategie zu entwickeln, ist Design Thinking das Mittel der Wahl – es stellt greifbare und reale Ergebnisse sicher.

Damit Sie genau das erzielen, müssen Sie die Strategie in einer Weise beschreiben, die keinen Platz für Interpretationen offenlässt. Prototypen wie ein Szenario können Menschen helfen, Situationen zunächst emotional zu erleben. Die Strategie soll dann genau dieses Ziel erreichen. Es ist eine Sache, wenn ein Unternehmen ein neues Produkt, das es so vielleicht noch nie auf dem Markt gab, mit Worten beschreibt. Aber es ist eine ganz andere Sache, wenn das Unternehmen ein Video erstellt oder einen Prototyp generiert, den Menschen anfassen können. Beide Wege haben dasselbe Ziel, aber vollkommen unterschiedliche Ergebnisse. Wie Sie Ergebnisse erreichen, die anderen Menschen zutiefst nützen und sie überzeugen und gleichzeitig Ihr Unternehmen innovativ und erfolgreich machen, das lesen Sie in diesem Buch.

Ingrid Gerstbach

KAPITEL 1

Start with why

Design Thinking – das ist doch wieder so eine Hype-Methode zur Ideenfindung, richtig? Die müssen jetzt alle Unternehmen einführen, die besonders modern und innovativ sein wollen.

Wenn Sie dieses Kapitel gelesen haben, werden Sie wissen, dass weder das eine noch das andere zutrifft. Sie werden erfahren haben, was Design Thinking genau ist – eine einzigartige Problemlösungsstrategie – und was es nicht ist – eine Wunderwaffe; was es in Unternehmen bewirken kann – dass Menschen besser zusammenarbeiten – und was nicht – dass Ideen sich wie von selbst umsetzen; welche Erfolgsfaktoren für die Einführung gelten und warum es so wichtig ist, phasenweise vorzugehen und sich gleichzeitig immer wieder von diesen Phasen zu lösen.

Herzlich willkommen im Abenteuer Design Thinking! Es wird Ihr Unternehmen auf den Kopf stellen!

Einführung

Das Unternehmen EnterpriseWorks / VITA stand vor einer ganz besonderen Herausforderung: Es musste ein kostengünstiges Wasserspeichersystem für Haushalte in Entwicklungsländern konstruieren. Dieses Wasserspeichersystem sollte den Menschen dort den Zugang zu sauberem Wasser in den eigenen vier Wänden erleichtern – was für viele Millionen Menschen auf der Welt keine Selbstverständlichkeit ist, vor allem nicht in verarmten Gemeinden oder in ländlichen Gebieten.

In den eigenen Reihen der EnterpriseWorks / VITA gab es jedoch niemanden, der für dieses Problem eine Lösung entwickeln konnte. Also schilderte das Unternehmen sein Anliegen auf der Internet-Plattform www.innocentive.com. Dort präsentieren Konzerne, NGOs und staatliche Institutionen ihre Fragestellungen aus Wissenschaft und Technik, an denen sich die hauseigenen Forscher schon vergeblich versucht haben. Forscher aus allen Regionen der Welt – aber auch »Bastler«, die in ihrer Freizeit an der Lösung von Problemen tüfteln – versuchen dann, passende Lösungen zu finden. InnoCentive wirbt damit, dass die »125 000 hellsten Köpfe der Welt« über Probleme aus Wirtschaft, Technik, Mathematik und Naturwissenschaft nachdenken. Dass das durchaus lukrativ ist, zeigen die Honorare: Je nach Dringlichkeit und Anforderungen zahlen die Unternehmen für die besten Lösungen bis zu einer Million Dollar. Für die »Solver« – so heißen die Problemlöser auf der Plattform – kann es sich also durchaus lohnen, Lösungen zu finden.

Auch die EnterpriseWorks / VITA fand durch InnoCentive kompetente Unterstützung: den deutschen Hochschullehrer Jörn Lutat. Neben seiner Tätigkeit an der Uni ist er darauf spezialisiert, touristische U-Boote zu gestalten. Und so sieht die Lösung aus, die Jörn

Lutat für das Wasserspeichersystem erarbeitet hat: Als Wasserspeicher dient eine spezielle Tasche, die aus robustem Polypropylen gewebt ist. Diese Art Verpackung ist an sich nichts Neues, nur wurde sie bis dahin noch nicht als Wasserspeicher eingesetzt. Dabei liegt diese Verwendung fast auf der Hand: Der äußere Beutel ist so stark, dass er eine Tonne Wasser halten kann – während die innere Folieneinlage die Flüssigkeit nicht durchsickern lässt. Ein Folienschlauch fungiert als eine Art Dachrinne und sorgt so auf simple Weise für den Auslass des Wassers. Das Produkt ist leicht, einfach zu transportieren und kann in kleine Einheiten zusammengefaltet werden. Das Wasserspeichersystem ist also eigentlich eine ganz einfache Lösung. So einfach, dass sich vermutlich jeder der Mitarbeiter bei EnterpriseWorks / VITA gegen die Stirn geklatscht und sich selbst verwünscht hat, dass ihm das nicht selbst eingefallen ist. Das wirft natürlich Fragen auf: Wie ist es generell möglich, Probleme kreativ und gleichzeitig strukturiert zu lösen? Reichen eine Schere, ein paar Stifte und Papierschnipsel aus, um die umherschwirrenden Ideen sichtbar zu machen? Steckt in jedem Menschen ein Erfinder? Und wo kann man das Erfinden lernen?

Was ist Design Thinking?

In kleinen Arbeitsgruppen diskutieren Menschen heftig und recherchieren zu allen möglichen Fragestellungen: Wie kann ein Nutzer erfassen, wie oft er bereits eine spezielle Seite in einem Buch studiert hat? Wie müsste ein neuer Ansatz aussehen, um Verweise in Publikationen zu vereinfachen? Würde es einen größeren Anreiz geben, die Hausaufgaben schnell zu erledigen, wenn die Schüler via Onlinefunktion sehen könnten, wer von den Freunden bereits daran sitzt und über den Stoff diskutiert? Sätze wie »Das geht doch gar nicht!« oder »So ein Unsinn!« wird man in diesen Gruppen nicht hören. Denn eine der Grundregeln von Design Thinking lautet: keine voreilige Kritik – alles ist möglich!

Design Thinker übertragen in einem mehrstufigen Prozess herkömmliche Lösungen auf andere Bereiche oder Themen. Sie ermitteln präzise das Bedürfnis eines Anwenders oder beobachten ein Problem genau, lösen es aus seiner momentanen Gestalt bzw. seinem Umfeld, sehen noch genauer hin, verwerfen eigene Ansichten und Vorurteile und nähern sich so dem Endziel in kleinen Schritten. Das ist in einer Welt wie der unseren – in der viele komplexe Modelle und schwer fassbare Probleme existieren, deren Lösungen niemals alle Betroffenen zufriedenstellen können – ein hilfreicher Ansatz. Scheinbar unüberwindbare Probleme wie den Klimawandel oder die Armut zu lösen, aber auch neuartige Produkte für immer anspruchsvollere Kunden zu generieren, braucht genau solche Ansätze: erfinderisches Denken mit dem Fokus auf radikalem Kundennutzen bzw. Bedürfniserfüllung. Nicht zuletzt sichern sich Unternehmen dadurch den notwendigen Wettbewerbsvorsprung.

Iterative Prozesse, wie sie dem Design Thinking zugrunde liegen, verbinden also Ergebnisoffenheit mit Lösungsfindung. Die Kreativität der vielen daran beteiligten Menschen erreicht bei Weitem mehr als die eines einzelnen Genies. Anders als andere Methoden bindet Design Thinking den Nutzer direkt in den Entstehungsprozess mit ein und stellt ihn mit seinen Bedürfnissen in den Mittelpunkt des Geschehens.

> **Das Ziel von Design Thinking lässt sich kurz und prägnant in einem Satz zusammenfassen: Für den Anwender oder den Kunden Nutzen schaffen und dadurch das Unternehmen in die Poleposition bringen.**

Aber Achtung: Design Thinking ist nicht das Wundermittel, mit dem Sie jegliche Probleme auf einen Schlag loswerden können! Es garantiert keine Innovationen – auch wenn ich fest davon überzeugt bin, dass Sie mit Design Thinking wesentlich höhere Chancen haben, nutzerorientierte Lösungen zu finden, als mit sonst einer Methode, die ich kenne. Design Thinking wird Ihnen aber definitiv helfen, Prozesse effizienter und Unternehmen damit innovativer und wettbewerbsfähiger zu machen.

Was Design Thinking übrigens nicht ist

Tom Kelley, einer der Gründungsväter des Design Thinking, erzählt gerne immer wieder, wie Menschen reagieren, wenn er sagt, er sei Designer: Meistens seien sie hocherfreut und fragten ihn dann sofort, wie ihm die Einrichtung ihres Hauses oder ihr Outfit gefalle. Seine Antwort sei dann stets dieselbe: »Das ist nicht die Aufgabe eines Designers, wie ich ihn definiere.«

Designer im Sinne des Design Thinking haben wenig mit dem zu tun, was sich die Menschen unter einem Modedesigner, Grafiker oder Innenarchitekten vorstellen. Alle Designer, ob Design Thinker oder Innenarchitekt, haben natürlich eines gemeinsam: ein kreatives Grundverständnis. Aber alles andere unterscheidet sich deutlich. Design Thinker suchen nach schwierigen und komplexen Herausforderungen. Diese bearbeiten sie dann mit einer speziellen Methode, die es ihnen ermöglicht, schnell Lösungen zu finden, die sonst niemand zuvor gefunden hat.

Design ist mehr als Ästhetik. Und es gibt noch viele weitere, verschiedene Wege zur Problemlösung als die analytischen Methoden, die wir in den meisten Disziplinen lernen. Diese Idee ist einer der Erfolgsfaktoren für Design Thinking.

An der amerikanischen d.school werden Analytiker zu kreativen Denkern ausgebildet. Je vielfältiger die Hintergründe der verschiedenen Menschen, die zusammentreffen, sind, desto besser. Das Geheimnis liegt darin, ein Problem nicht in seiner Tiefe, sondern in seiner Breite zu verstehen.

Design Thinking als Denkrichtung ist absolut notwendig, wenn Unternehmen Innovationen auf den Markt bringen wollen. Design Thinking wird vielleicht nicht die Welt revolutionieren – aber es hat einen großen Einfluss auf die Menschen, die davon berührt worden sind und in denen es weiterlebt. Dinge müssen nicht neu erschaffen werden, es geht um die Umwandlung, um eine andere Perspektive.

> Auf seine spezielle Weise ist Design Thinking ein radikaler Umbruch des Denkens: Die Idee dahinter ist, dass Kreativität fast ganz nach Belieben dank eines Prozesses abgerufen werden kann.

Design Thinking gilt als eine wissenschaftliche Methode. Das widerspricht dem, was die meisten Menschen glauben: Mit dem Begriff der Kreativität setzen sie einen göttlichen Gedanken oder einen Kuss der Muse gleich, der nur auserwählten Personen vorbehalten ist und nicht wiederholt werden, geschweige denn willentlich hervorgerufen werden kann.

Entwicklungsgeschichte: Wie ist Design Thinking entstanden?

Gründervater des Design-Thinking-Ansatzes, wie er momentan in Unternehmen angewendet wird, ist der US-Amerikaner David Kelley – ein außergewöhnlicher Typ, den Sie auf der Straße wohl kaum als Designer erkennen würden: Er läuft gerne in Flanellhemd und ausgewaschenen Jeans herum. Ein typischer American Guy.

David Kelley ist ausgebildeter Elektroingenieur und arbeitete zunächst als Entwickler bei Boeing. Dort designte er das, was er als den Meilenstein in der Geschichte der Luftfahrt bezeichnete: das Besetztzeichen der Toiletten in der Boeing 747. Er zog weiter nach Ohio, wo ihm eines Tages jemand von Bob McKim erzählte, der an der Stanford University experimentelle Psychologie im Design anwandte. Das machte David Kelley neugierig und er ging nach Stanford – wo er in Bob tatsächlich einen Mentor und guten Freund fand und seinen zweiten Universitätsabschluss in Produktdesign machte.

1978 gründete David Kelley schließlich gemeinsam mit einigen Freunden aus Stanford in Palo Alto eine Designagentur – diese Agentur entwickelte übrigens Anfang der 1980er-Jahre die berühmte Computer-Maus, die die Apple-Grafikschnittstelle steuert. 1991 fusionierte die Designagentur mit zwei anderen Unternehmen: dem von Bill Moggridge, der den ersten Laptop-Computer entworfen hatte, und dem von Mike Nuttall, der als Spezialist in der visuellen Gestaltung von Technologie-Produkten galt. Alle zusammen gründeten das Unternehmen Ideo.

Ideo hat sein Hauptquartier nach wie vor in einer Seitenstraße in Palo Alto. Es wirkt von außen wie eine unscheinbare Montessori-Schule. Innen finden Sie Unmengen an Papierblöcken, überall kleben Haftzettel, es gibt eine Ballmaschine, ein Xylofon und einen Vintage-VW-Bus, auf dessen Dach sich Liegestühle befinden. Dort ruhen sich die Mitarbeiter aus oder treffen sich mit den anderen zum Austausch.

Die Verspieltheit des Ortes ist natürlich ganz bewusst gestaltet. Der Ursprung liegt in Kelleys Überzeugung, dass alle Menschen von Natur aus kreativ sind – bis sie in Kontakt mit dem Bildungssystem kommen. Das Ziel von Ideo ist es, die Welt zu verändern – nicht mehr und nicht weniger. Das gelingt seiner Meinung nach schneller, wenn sich die Business-Welt ebenfalls ändert.

Bemerkenswert an Ideo ist, dass es sein eigenes Geschäftsmodell ständig neu erfindet. Bestanden die ersten Aufträge darin, technische Produkte für die Unternehmen des Silicon Valley zu gestalten, ging es Ideo später darum, Erfahrungen zu gestalten. Heute hat es sich David Kelley zur Aufgabe gemacht, die Hürden aus dem Weg zu räumen, die Design-Lösungen innerhalb von Unternehmen verhindern.

Aber es lief nicht immer alles glatt – Kelley hatte durchaus Probleme, seine Methode auch zu verkaufen. Die Unternehmen erkannten nicht sofort die Vorteile, die diese Methode ihnen bot.

Im Jahr 2003 hatte Kelley dann in einem Gespräch mit Ideos jetzigem CEO Tim Brown die entscheidende Idee: Sie nannten die Methode Design Thinking – das gleiche System, dieselben Prinzipien, die sie vorher in der Gestaltung von Objekten angewendet hatten, wendeten sie nun auf Erfahrungen an. Denn genau wie beim Design steht auch bei Erfahrungen immer der Nutzen für den Menschen im Fokus, und genau wie beim Design werden in den Unternehmen neben der Kundenerfahrung auch Organisationsstrukturen und Kulturen neu gestaltet. Ideo hat es durch die Anwendung der Design-Thinking-Methode geschafft, seit 1978 mehr als 1000 Patente einzureichen, und gewann seit 1991 346 Design-Auszeichnungen – mehr als jedes andere Unternehmen zuvor.

Die Erfindung der Design-Thinking-Phasen

Erst Mitte der 1980er-Jahre kam David Kelley auf die Idee, den Design-Thinking-Prozess in verschiedene Phasen zu gliedern. Zunächst ging es ihm darum, ein Verständnis für das Problem zu entwickeln. Beobachtung ist darin ein Kernelement, denn erst in der Beobachtung lernen wir zu verstehen, was tatsächlich vor sich geht. Darauf folgte das Brainstorming und das Prototyping – jeweils als eigener Schritt.

Die Klienten waren zunächst unzufrieden damit und meinten, Kelley würde herumalbern. In Unternehmen ist Zeit ein sehr wertvolles Gut, und deswegen solle er lieber gleich mit der Brainstorming-Phase starten. Kelley aber erkannte, dass es genau die vorherigen Phasen sind, in denen die großen Ideen entstehen und die so wichtig sind, um die richtigen Lösungen für das eigentliche Problem zu finden.

Der Design-Thinking-Prozess ist immer derselbe, egal, ob Sie einen neuen Musik-Service entwickeln wollen oder das Kundenerlebnis im Bankenbereich revolutionieren möchten. Der Schritt des Verstehens und Beobachtens ist deswegen so wichtig, weil Sie dabei genau erkennen, wo das Problem liegt, für das Sie eine Lösung suchen.

Dazu ein Beispiel aus unserer eigenen Praxis: Ein Hotel, das schon seit Generationen existiert und dem das Wohl der Gäste wirklich am Herzen liegt, kämpfte damit, dass die Gäste die Lobby und den Empfangsbereich zu meiden schienen. Bevor ich auf den Plan gerufen wurde, hatte das Hotel mithilfe diverser Innenarchitekten die Räumlichkeiten neu dekoriert und sogar die Möbel nach Feng-Shui-Richtlinien umgestellt. Im Rahmen der Beobachtungsphase entdeckte ich allerdings, dass es nicht die Gestaltung der Räume war, die die Leute abschreckte. Die Menschen suchten vielmehr die Nähe anderer Menschen – und die Lobby war ja immer leer. Beim Brainstorming kam dann die Idee auf, dass die Gäste ein Zuhause auf Zeit suchten. Das Ergebnis: In der Lobby wurde eine riesige Wandkarte der Umgebung aufgehängt. Hier konnten die Gäste ihre Lieblingsorte markieren. Das führte Neulinge in die Umgebung ein und sorgte zugleich für Neuentdeckungen bei Stammgästen. Die Karte machte die Gäste neugierig, diese hielten sich davor auf, markierten ihre Lieblingsorte, kamen miteinander ins Gespräch. Ein Jahr nachdem die Wandkarte aufgehängt worden war, hatte das Hotel 16,8 Prozent mehr Gäste.

Design Thinking als Teil der Unternehmenskultur: Was Sie brauchen, um Design Thinking erfolgreich anzuwenden

Seitdem ich mich mit Design Thinking bzw. dem Design von Unternehmen beschäftige, hatte ich es mit ganz unterschiedlichen Unternehmen und Herausforderungen zu tun. In diesen nunmehr fast zehn Jahren habe ich eine Menge verschiedener Projekte geleitet und mehr als 1000 Führungskräfte ausgebildet, sowohl in kleinen Unternehmen als auch in großen, multinationalen Konzernen, im privaten wie im öffentlichen Bereich.

Dabei zeigte sich:

- Design Thinking hilft Unternehmen bei der Transformation, schärft die Strategie und macht Teams fit für unterschiedliche Herausforderungen des Arbeitsalltags.
- Design Thinking macht Menschen kreativ, ohne dass sie dabei die notwendige Professionalität aus den Augen verlieren, und stärkt dadurch die Konkurrenzfähigkeit eines Unternehmens.
- Mehr und bessere Ideen in kürzerer Zeit zu generieren – indem mehr Menschen involviert werden, sodass die richtigen Dinge zur richtigen Zeit passieren –, das kann mit Design Thinking erreicht werden.

So unterschiedlich all die Unternehmen auf den ersten Blick sein mögen, die ich in den letzten Jahren betreut habe, so verbinden sie doch im Hinblick auf die Anforderungen an Design Thinking einige Aussagen:

- *»Wir sind nicht anders genug. Wir schaffen es einfach nicht, innovativ zu sein.«*
- *»Wir stecken zu viel Zeit und Geld in Initiativen, die nicht funktionieren. Anscheinend interessiert all das unsere Kunden nicht.«*

- »Wir schwimmen seit Jahren in derselben Suppe und irgendwie ändert sich so gar nichts. Wir brauchen einen neuen Anstoß.«
- »Der Markt, in dem wir agieren, ist schon lange gesättigt. Es ist sehr schwer, hier Wachstumsmöglichkeiten zu finden.«
- »Wie können wir Design Thinking in unsere risikoscheue, von Informationen und Daten abhängige Firma bringen?«
- »Wie können wir unsere Ängste überwinden und mehr experimentieren – dabei auch mal falschliegen – und stetig lernen in diesem Markt?«

Wenn Ihnen irgendeine dieser Aussagen bekannt vorkommt, dann werden Sie in diesem Kapitel sicherlich hilfreiche Gedanken und Methoden finden.

So entwickeln Sie eine Erfahrung, die den Bedarf Ihrer Kunden einzigartig erfüllt

Der Kaffeemarkt ist heiß umkämpft. Mit seinen bunten Kaffeekapseln und dazugehörigen Maschinen hat Nespresso dennoch einen Megatrend ausgelöst. In 270 sogenannten Boutiquen in 50 Ländern weltweit werden die Kapseln bereits vertrieben: Luxus für die Massen, George-Clooney-Feeling im Büro. Dabei war der Beginn alles andere als einfach und wahrlich kein innovativer Meilenstein!

Tatsächlich hätte das Desinteresse der Nestlé-Verantwortlichen anfangs auch nicht größer sein können. Zu Beginn wurde die Erfindung des Ingenieurs Eric Favre sogar noch belächelt! Ein System, das Wasserdampf mit Druck durch kleine Kaffeekapseln presst – keine Chance auf dem Markt, so hieß es. Zeitweise verboten seine Führungskräfte dem Ingenieur sogar, an dem Gerät weiterzuarbeiten. Favre hielt jedoch an seiner Idee fest und wurde 1986 vom Firmenchef schließlich beauftragt, das neu gegründete Unternehmen Nespresso zu managen. Von 2005 bis 2006 wuchs der Umsatz um 42 Prozent und betrug 2010 schon 3,2 Milliarden Schweizer Franken bei einem Verkauf von 4,8 Milliarden Kaffeekapseln[1]. Weltweit werden pro Minute ca. 12 300 Nespresso-Kapseln verbraucht.

Was steckt hinter dem Nespresso-Phänomen? Was ist passiert, dass Nestlé über Jahre hinweg einen solchen Markterfolg verzeichnen konnte? Kaffee ist das beliebteste Getränk weltweit. Im Jahr werden mehr als 400 Billionen Kaffee-Getränke konsumiert, Tendenz steigend[2]. Dank der Globalisierung gibt es auch einen Trend zu immer mehr und neuen Kaffeesorten. Der Besitz einer Espresso-Bar in den eigenen vier Wänden, um dort den perfekten Kaffee zu genießen, steht auf der Wunschliste vieler Menschen ganz oben.

Hier setzt Nespresso an – und verschafft seinen Kunden eine ganz besondere Erfahrung. Sie beginnt bereits beim Betreten einer sogenannten Nespresso-Boutique. Jeder, der sich für Design und für Kaffee interessiert, hat dort seine wahre Freude: Die bunten Kaffeekapseln sind perfekt in Szene gesetzt und neben Hightech-Maschinen als Teil eines einzigartigen Brühsystems wunderbar präsentiert. Ein sogenannter Coffee Ambassador unterstützt die Kunden bei der Auswahl ihres Kaffees, indem er sie den Kaffee so lange probieren lässt, bis sie ihre perfekte Mischung gefunden haben. Der Kauf einer Nespresso-Maschine ist der Startschuss für ein tägliches Kaffee-Ritual und eine Mitgliedschaft im Nespresso-Club. Mitglieder bekommen Zugang zu besonderen Angeboten und einem Kundenservice, der ihre Bestellungen gerne telefonisch oder in einer Boutique entgegennimmt. Auch der Umweltproblematik hat sich Nespresso angenommen und versucht, mit einem Kapsel-Recycling-Programm keine allzu großen ökologischen Fußabdrücke zu hinterlassen. Unter dem Strich: Nespresso bietet vom ersten Moment an eine außergewöhnliche Kundenerfahrung – vom ersten Besuch in der Boutique bis hin zur exklusiven Mitgliedschaft, bei der der Kunde und sein Bedarf im Vordergrund stehen.

Nespresso stellt sich damit in eine Reihe mit Erfolgsunternehmen wie Apple, Nike, Procter & Gamble, IKEA, Nintendo und vielen anderen. Wenn Sie all diese Unternehmen miteinander vergleichen, werden Sie drei Gemeinsamkeiten entdecken:

1. Diese Unternehmen haben ein ganzheitliches Verständnis vom Konsumenten und seinen wahren Bedürfnissen gewonnen.
2. Sie bieten eine Erfahrung, die den Bedarf der Kunden einzigartig erfüllt.
3. Ihre Strategie fokussiert sich darauf, die langfristige Vision zu erreichen.

Das alles sind Faktoren, die die Konkurrenten im Wettbewerb weit abhängen und einen sehr großen Vorsprung ermöglichen. Eine klare Strategie und ein dementsprechender Umsetzungsplan machen letztendlich den entscheidenden Unterschied aus. Unternehmen brauchen dazu nicht einmal besonders kreativ oder innovativ zu agieren.

Es geht einzig darum, den Fokus auf den Kunden und seinen Bedarf zu richten und dies zu einem unverrückbaren Baustein Ihrer Unternehmenskultur zu machen.

Die drei oben genannten Faktoren sollten als eine Einheit auftreten, um besonders effektiv zu sein. Es reicht nicht, wenn Sie zwar eine einzigartige Erfahrung anbieten, die aber dann doch nicht den Bedarf des Kunden erfüllt. Genauso wenig hilft es, sich zwar von der Konkurrenz abzugrenzen, aber die Strategie nicht konsequent zu verfolgen – selbst wenn Sie den Kunden in den Fokus stellen.

Unternehmen können diese drei Faktoren als eine Art Rahmen betrachten, der sie dabei unterstützt, ein tieferes Verständnis für den Bedarf des Kunden zu entwickeln, eine Erfahrung für den Nutzer zu schaffen, die für ihn von Bedeutung ist, und eine einfache Strategie zu erarbeiten, die mit klaren Umsetzungsschritten die Vision anvisiert und erreichbar macht.

In meiner Beratungsarbeit habe ich bereits mit großen Konzernen sowie mit kleinen Unternehmen durch das Zusammenspiel dieser

drei Faktoren nicht nur Wachstum erreichen können, sondern auch langfristig zu einer neuen Innovationskultur beigetragen.

Empathie

Design Thinking beginnt und endet immer mit dem Menschen im Fokus. Es geht darum, wirklich zu verstehen, was der tatsächliche Bedarf Ihres Stakeholders ist, und den Menschen in seiner Ganzheit zu betrachten.

Dieses Verständnis trägt dazu bei, das »Missing link« zu finden zwischen dem, was der Nutzer wirklich braucht / will, und dem, was gerade angeboten werden kann. Diese Lücke bietet eine Möglichkeit, für Menschen etwas zu entwickeln, das ihnen das Leben vereinfacht oder verschönt.

Marktforschung und quantitative Forschungen greifen dabei zu kurz. Diese Methoden eignen sich, wenn Sie gewisse Faktoren wie die Demografie oder die Gewohnheiten einer speziellen Stichprobe abfragen wollen, aber Sie werden dadurch niemals Empathie bzw. ein echtes Verständnis für die Bedürfnisse anderer aufbauen können.

Marktforschungsergebnisse werden Ihnen nicht verraten, welcher Motivation Ihre Kunden folgen, was diese tatsächlich brauchen. Wenn Sie Ihren Nutzer wirklich verstehen wollen, werden Sie nicht umhin kommen, ihn ganzheitlich zu betrachten und nicht nur das anzusehen, was er momentan konsumiert.

Wenn Sie den Betrachtungsradius ausweiten, anstatt ihn enger zu ziehen, werden Ihnen sofort neue Möglichkeiten und Wege begegnen, an die Sie anderenfalls kaum gedacht hätten.

Empathie ermöglicht Ihnen, die Rolle des Menschen im jeweiligen System zu betrachten und nicht nur den Konsumenten oder den Mitarbeiter in ihm zu sehen. Das wiederum erschafft ein neues Potenzial, Wertvolles für alle Stakeholder zu schaffen, die in diesem System agieren.

Dieser erste Faktor wird Ihr Repertoire um ein Vielfaches erweitern und vor allem neue Möglichkeiten sichtbar machen: In meiner Beratungstätigkeit erlebe ich immer wieder, wie die Menschen entdecken, dass sie das Problem vielleicht nicht richtig definiert haben oder dass sie wesentliche Teile übersehen haben. Deshalb hilft dieser Prozess auch enorm, das ganze Team zu mobilisieren und zu inspirieren. Er gibt den Menschen wieder einen Sinn für ihre Arbeit.

Das Konzept bzw. die bahnbrechende Idee

Um überhaupt neue Konzepte zu entwickeln, die das Potenzial haben können, den Markt zu revolutionieren, müssen Sie sich zunächst erlauben, neue Ideen zu denken – auch jene Ideen, die vielleicht außerhalb der Grenzen des bislang Gedachten liegen. Wenn Sie sich aus Ihrer Komfortzone begeben und bekannte bzw. einfache Ideen ausklammern, werden Sie einer neuen Dimension an Möglichkeiten begegnen. Erst wenn Sie den Fokus auf den Bedarf lenken, den Sie erfüllen wollen, werden die momentanen Lücken sichtbar. Erlauben Sie sich, in neuen Bahnen zu denken, die Dinge mehrdimensional zu betrachten und größere, waghalsigere Ideen zu haben.

Nehmen Sie sich die Zeit, und überlegen Sie gemeinsam im Team, wie Sie die Prozesse vereinfachen oder aufsetzen können, sodass das Unternehmen am meisten Wert daraus erhält, bevor Sie teuer in die nächstbeste Sache investieren, in der Hoffnung, dass Sie daraus den erhofften Nutzen ziehen können. Sie bekommen durch Design Thinking eine Vision, die neue Möglichkeiten aufzeigt und die den eigentlichen Wert eines Unternehmens um ein Vielfaches steigert.

Die Strategie, die die Vision erfüllt

Wenn Sie in Ihrem Unternehmen mit den Prinzipien des Design Thinking arbeiten, werden Sie neben optimierten Prozessen und effektiven Lösungen zugleich Ihre Strategie schärfen. Viele Unternehmen kommen mit dem Problem zu mir, dass sie zwar wissen, dass sie etwas ändern müssen, und auch Ideen haben, was das sein könnte – aber ihnen fehlt einfach der Blick dafür, wie das Ganze nun mit dem Unternehmen zusammenpassen könnte. Deswegen ist die Strategie eines Unternehmens und vor allem seine Vision, die hinter allem steht, so wichtig für den zukünftigen Erfolg des Unternehmens.

In diesem Schritt werden Sie die neue Vision in eine neue Strategie überführen können, indem Sie definieren, wie die Lösung die Stakeholder tatsächlich unterstützen wird. Es hilft nichts, wenn Sie noch so gute Ideen haben, solange Sie es nicht schaffen, diese guten Ideen in eine Strategie umzuwandeln.

In unserem Unternehmen definieren wir eine erfolgreiche Strategie als eine einzigartige Kombination verschiedener Unternehmensprozesse und -aktivitäten in einem System.

Haben Sie einmal die Strategie definiert, bekommen Sie einen klaren Fokus auf das, was Sie wirklich brauchen, damit diese Strategie auch aufgeht und Ihrer Vision dient.

Was bringt Design Thinking konkret?

Das industrielle Zeitalter bietet uns viele verschiedene Möglichkeiten, unter anderem, qualitativ hochwertige Produkte zu einem akzeptablen Preis anzubieten. Das hat zu dem geführt, was Horst Rittel[3] »Wicked Problems«, auf Deutsch »vertrackte Probleme«, genannt hat: Probleme, die sozialer oder kultureller Natur sind und entweder unvollständige oder widersprüchliche Erkenntnisse liefern, zahlreiche Menschen und Meinungen betreffen, eine große wirtschaftliche Belastung darstellen oder mit anderen Problemen verflochten sind – etwa Armut, Bildungsproblematiken oder Fehlernährung. Diese Probleme sind in der Regel an die politischen Entscheidungsträger ausgelagert, betreffen aber alle von uns.

Die Welt ist voller vertrackter Probleme, aber auch die Unternehmen haben – infolge der Globalisierung – mit neuen Herausforderungen zu kämpfen. Die meisten kennen diese Liste bereits aus eigener, leidiger Erfahrung: schwierige Kunden, neue Märkte, Stakeholder mit verschiedenen Ansichten und Meinungen, regulatorische Bedingungen, Preiskämpfe, Konkurrenz, die wenig zu verlieren und viel zu gewinnen hat, etc.

Das Unternehmen Neutron und die Stanford-Universität befragten im Jahr 2008 die 1500 größten Unternehmen in den USA nach ihren wichtigsten Herausforderungen. Natürlich standen auf der Liste ganz oben die üblichen Verdächtigen, wie beispielsweise Wachstum. Aber überraschenderweise zeigte sich, dass auch Fragen, wie die Kundenzufriedenheit mit der Strategie in Einklang zu bringen ist oder wie Nachhaltigkeit sichergestellt werden kann, vorkamen[4]:

1. Langfristige Ziele und kurzfristige Nachfragen ausbalancieren
2. Renditen von innovativen Konzepten vorhersagen
3. Bei immer schneller sich ändernden Bedingungen Innovationen hervorbringen
4. Weltklasse-Talente für die Zukunft gewinnen
5. Wirtschaftlichkeit und soziale Verantwortung kombinieren
6. Margen in einem standardisierten Markt halten
7. Multiplikatoreffekte durch die Zusammenarbeit über Silos hinweg erreichen
8. Noch nicht geltend gemachte, aber profitable Märkte identifizieren
9. Antworten auf die Herausforderung der Öko-Nachhaltigkeit finden
10. Strategie auf die Kundenerfahrung ausrichten

Grund für die neuen Herausforderungen, mit denen Unternehmen mehr und mehr zu kämpfen haben, ist sicherlich, dass Kunden sich emanzipiert haben und mehr Service für selbstverständlich halten. Die Transparenz, die durch das Internet geschaffen wurde, ermöglicht eine neue Präsenz, schafft aber andererseits auch Konkurrenz jenseits der Ländergrenzen.

Die Welt der Unternehmen ändert sich, und entsprechend müssen Unternehmen ihre Einstellung grundlegend ändern. Innovationen ohne Emotionen sind uninteressant, Produkte, die nicht ästhetisch sind, sind langweilig, und ein Unternehmen ohne ethisches Mindset ist untragbar. Kunden bestimmen die Produkte maßgeblich mit, Jobs sind inzwischen Statements und Ausdruck eines Lebensgefühls, die Konkurrenz kann nur noch schwer kontrolliert werden, weniger Features sind besser als mehr, Design bestimmt das Produkt, zu viel Werbung vergrault die Kunden, Demografie spielt keine Rolle mehr, Bedeutung zählt mehr als Geld, Empathie schlägt Logik. Die Herausforderung für Unternehmen liegt nun darin, schnell genug in diesem Wandel zu agieren. Das Managementmodell, das uns bis hierher gebracht hat, endet auch an dieser Stelle. Um erfolgreich zu sein, braucht es ein neues Modell.

Design Thinking hat in meinen Augen das Zeug dazu, Managementmethoden wie Six Sigma vom Thron zu stoßen. Nicht nur im Marketing und in der Entwicklung, sondern auch in den Prozessen und in der Unternehmenskultur bringt Design Thinking neue Ansätze und ändert die Regeln. Design bewegt Innovationen, Innovationen kreieren Marken, Marken schaffen Loyalität, und Loyalität wiederum bringt den Profit. Sie sehen: Wenn Sie erfolgreich sein wollen, müssen Sie in Design investieren – nicht in Technologien.

Muster der Problemlösung: So funktioniert Design Thinking

Die Herausforderungen, denen Designer bei ihrer kreativen Arbeit gegenüberstehen, ähneln sehr stark denjenigen anderer Unternehmen: Beide müssen Wege finden, komplexe Probleme auf möglichst einfache und effiziente Weise zu lösen. Designer haben damit viel Erfahrung, und deshalb eignet sich ihre Methode – das Design Thinking – auch für andere Unternehmen.

Wie lösen Menschen Probleme?

Um die komplexen und manchmal rätselhaften Bereiche der verschiedenen Design-Thinking-Praktiken zu verstehen, ist es wichtig, diese Methode als Reaktion auf einen besonderen Bedarf zu verstehen: Das Herz von Design Thinking ist grundsätzlich – und unabhängig von den verschiedenen Arten der Argumentation (ob analytisch oder kreativ) – ein besonderes Denkmuster, das Menschen bei der Problemlösung anwenden.

Sehen wir uns aber zunächst an, wie Menschen generell Probleme lösen. Roozenburg stellte 1995 bereits eine einfache Formel dazu auf:

WAS (Sache / Produkt / Service) + WIE (Prinzip / Lösung) führt zu einem ERGEBNIS (Nutzen)

Wenn wir ein Ergebnis durch Deduktion erreichen, also durch Schlussfolgerungen vom Allgemeinen auf das Spezielle, kennen wir bereits im Vorfeld das »Was« (die »Sache« in einer bestimmen Situation, auf die wir uns konzentrieren) und wir wissen, »wie« damit gearbeitet wird. Das ermöglicht uns, Ergebnisse mit einer großen Wahrscheinlichkeit vorherzusagen. Wenn wir zum Beispiel wissen, dass es Sterne am Himmel gibt (»Was«) und wir eine grundlegende Ahnung von den Naturgesetzen haben, die ihre Bewegungen bestimmen (»Wie«), können wir den genauen Standpunkt eines Sternes an einem bestimmten Punkt in der Zeit vorhersagen.

WAS + WIE führt zu ???

Bei der Induktion (Schlussfolgerung vom Speziellen auf das Allgemeine) kennen wir wiederum das »Was« der Situation (Sterne) und kommen durch Beobachtungen zu einem bestimmten Ergebnis (Positionsänderungen über den Himmel). In diesem Fall kennen wir also das Ergebnis nicht, aber das »Was« (die Sterne) und das »Wie« (durch Beobachtung). Wenn wir ein Ergebnis bekommen wollen, müssen wir beobachten. Das ermöglicht die Bestätigung einer Hypothese. Dieser Vorgang ist an und für sich schon ein kreativer Akt.

WAS + ??? führt zu einem ERGEBNIS

Im Grunde genommen werden so Hypothesen gebildet – und in kritischen Experimenten widerlegt. Diese Tests werden durch Deduktion angetrieben. Das induktive Denken ermöglicht uns Entdeckungen, während das deduktive Denken die »Rechtfertigungen« dafür liefert. Diese beiden Formen des analytischen Denkens unterstützen Menschen dabei, verschiedene Phänomene in der Welt vorherzusagen und erklären zu können.

Nur: Wie sieht das Ganze aus, wenn wir vor allem Nutzen und Wert für andere Menschen entwickeln wollen – wie es in den meisten produktiven Disziplinen der Fall ist? Dann ändert sich die Gleichung auf subtile Weise: Das Ende ist jetzt nicht mehr eine Tatsache, sondern wird durch das Erreichen eines bestimmten Wertes ersetzt.

WAS (Sache) + WIE (Lösung) führt zu WERT (Nutzen)

Die grundlegende Argumentation bei dieser Art des produktiven Denkens ist also die Abduktion – ein Vorgang, in dessen Rahmen die erklärende Hypothese erst gebildet wird.

Abduktion wird oft dann verwendet, wenn es darum geht, konventionelle Probleme zu lösen. Dabei ist uns sowohl der Wert bekannt, den wir erzielen müssen, als auch das »Wie«, die »Arbeitsweise«, die dazu beiträgt, diesen Wert tatsächlich zu erzielen. Das »Was« (ein Objekt, eine Dienstleistung, ein System) fehlt uns allerdings zur Definition des Problems und auch des möglichen Lösungsraumes, innerhalb dessen eine Antwort gesucht wird.

??? + WIE führt zu einem WERT

Und genau das ist es, was Designer und Ingenieure machen – sie entwickeln ein Design aufgrund eines bekannten Arbeitsprinzips innerhalb eines festgelegten Szenarios. Diese Form wird auch »geschlossene« Problemlösung genannt und ist das, was Unternehmen in vielen Bereichen tagtäglich tun (siehe Dorst, 2006).

Die andere Form der Abduktion ist aber komplexer, weil wir nur das Ergebnis kennen, das wir erreichen wollen. Diese »offene« Form der Argumentation ist enger mit dem konzeptionellen Design verbunden.

??? + ??? führt zu WERT (Nutzen)

Das bedeutet, dass die Herausforderung bei der zweiten Form der Abduktion vor allem darin liegt, das »Was« zu entwickeln, obwohl wir nicht wissen, wie das »Wie« aussehen kann.

Rückwärts denken: Vom »Wie« zum »Was«

Es gibt viele Möglichkeiten, auf diese Herausforderung zu reagieren, das »Was« und das »Wie« zu entwickeln. Zum Beispiel können wir versuchen, diese beiden Variablen willkürlich zu erraten, bis wir ein passendes Paar gefunden haben, das zu dem angestrebten Wert führt.

Aber viel besser und effizienter ist es, wenn wir eine bewusste Strategie anwenden, um damit die komplexe Herausforderung zu meistern, das »Was« und das »Wie« zu finden. Diese Strategie ist ein sogenannter Rahmen.

Das Wort »Rahmen« wird oft in der Design-Literatur verwendet und steht für eine bestimmte Art, Standpunkte zu entwickeln, von denen aus man das Problem betrachtet (Schön 1983).

Obwohl Rahmen häufig anhand einer einfachen Metapher umschrieben werden, sind sie vielmehr sehr komplexe Anweisungen, zu denen sowohl die spezifische Wahrnehmung einer Problemsituation gehört als auch die (implizite) Annahme bestimmter Konzepte, um die Situation zu beschreiben – ein Arbeitsprinzip, das die Lösung untermauert, aber auch die Schlüsselthese: Wenn wir das Problem von diesem Gesichtspunkt aus angehen und die Arbeitsweise, die mit dieser Sichtweise verbunden ist, anpassen, dann werden wir den erwünschten Wert erreichen.

Eine Sache zu entwickeln (einen Gegenstand, einen Service oder ein System) und die passende Arbeitsweise dafür zu finden (das

»Wie«), sind die zentralen Herausforderungen für Design-Thinking-Experten. Der logische Weg, sich dieser komplexen Problemsituation zu nähern, ist es, rückwärts zu arbeiten: Dazu starten wir bei der einzigen bekannten Variablen in der Gleichung, dem »Wert«. Diese Vorgehensweise ist eigentlich eine Form der Induktion – wir argumentieren weg von den Konsequenzen. Sobald ein glaubwürdiger, vielversprechender oder zumindest möglicherweise interessanter Rahmen vorgeschlagen wird (das »Wie«), können wir mit der Gestaltung der Sache, des »Was«, beginnen und alle Fragezeichen in der Gleichung beseitigen. Nur vollständige Thesen können dem Test unterzogen werden, ob sie denn auch in der Realität funktionieren. Der nächste Schritt ist wieder eine Argumentation nach vorne, mithilfe der Deduktion, um zu sehen, ob das »Was« kombiniert mit dem »Wie« tatsächlich den erwünschten Wert erreicht. Bis dahin müssen wir so lange testen und ausprobieren, bis die Gleichung aufgeht.

Die verschiedenen Arten, wie Menschen Probleme lösen, sind sich also sehr ähnlich. Während in der Analyse vor allem auf Deduktion und Induktion gesetzt wird, liegt bei der Problemlösung der Fokus auf der Abduktion, also dem Vorgang, in dessen Rahmen wir zu einer Erkenntnis gelangen. Wie Sie sehen, sind die Unterschiede nicht eindeutig.

> **Design Thinking ist eine Mischung aus verschiedenen Arten des Denkens: Genauso wie Sie dazu Problemlösungskompetenz brauchen, ist das analytische Denken notwendig, um zu überprüfen, ob die vorgeschlagene Lösung überhaupt funktionieren wird.**

Herausforderungen für Design Thinking als Prozess

Herbert Simon brachte 1969 bereits den Ball ins Rollen, indem er Design als einen Vorgang des Denkens beschrieb. Richard Buchanan nahm diesen Ansatz 1992 auf und setzte ihn in seinem wichtigsten Artikel, »Wicked Problems in Design Thinking«, um: Design sollte ab jetzt dazu eingesetzt werden, außerordentlich komplexe und schwierige Herausforderungen zu lösen.

Doch wie kann Design Thinking tatsächlich in dieser komplexen Welt Nutzen bringen? Im Einsatz für neue Produkte, neue Nutzererfahrungen oder für neue Strategien?

Design Thinking kann ein Unternehmen meiner Erfahrung nach am besten dabei unterstützen, sich so aufzustellen, dass es bereit für Innovationen ist.

Die neue Herausforderung

Die Einführung eines neuen Produkts, das den anderen Produkten eines Unternehmens ähnelt, wird in der Regel als positiv gesehen, da es neue Einnahmen produziert. Aber dieses neue Produkt bringt in den seltensten Fällen eine neue, sinnvolle Änderung im Unternehmen – denn die Art und Weise, wie Menschen zusammenarbeiten, ändert sich dadurch nicht.

Natürlich ist die Einführung von etwas Neuem immer besorgniserregend: Das Produkt könnte am Markt scheitern. Das wäre nicht nur peinlich, sondern vor allem auch teuer. Es könnte zur Konkurrenz der bereits vorhandenen Produkte werden – das erzeugt ebenfalls Angst. Designer lassen sich aber von diesen Bedenken nicht blockieren. Ihre Aufgabe ist es, Neues zu erschaffen und die weitere Wirkung anderen zu überlassen – etwa den Leuten in Marketing und Sales.

Je komplexer und weniger greifbar dieses neue Produkt ist, desto nötiger wird eine Änderung im Denken innerhalb des Unternehmens. Denn die Wellen-Effekte zu ignorieren, die automatisch bei neuen Produkten einsetzen, rächt sich schnell. Betrachten Sie folgendes Beispiel: Vor ein paar Jahren noch war es vollkommen normal, in eine Bank zu gehen und dort seine finanziellen Dinge zu regeln. Nun wurden aber innovative Wege gesucht, um unter 30-Jährige dazu zu bewegen, sich mehr mit Bankprodukten anzufreunden. Der Standardansatz wäre, ein spezielles Produkt auf herkömmliche Weise zu entwerfen und zu vermarkten. Aber das funktioniert nicht. Viel wichtiger wäre es, eine neue Art der Kundenerfahrung zu fokussieren und breiter auf die Aufklärung der Menschen über langfristige Finanzplanung zu setzen. Nun hat sich aber auch im Laufe der Zeit die gesamte Kommunikation verändert, und anstatt Kurse anzubieten, die im besten Fall noch online stattfinden, müssen mehrere Kanäle bespielt werden. Dieser Ansatz stört aber den Status quo und die vorhandenen Prozesse des Unternehmens, denn es erfordert nicht nur neue Produkte, sondern ein gänzlich neues Denken. Jeder Aspekt des Unternehmens muss für den neuen Service – der dazu bestimmt ist, den Teilnehmern zu helfen, dass sie sich entwickeln und ihre Bedürfnisse stillen – neu gestaltet werden.

Wenn es um sehr komplexe Artefakte wie die Entwicklung eines selbstfahrenden Fahrzeugs geht, müssen die Automobilhersteller mit Technologieanbietern, Regulierungsbehörden, Stadt und Dienstleistungsunternehmen auf neue Weise zusammenarbeiten – mit ganz neuen Verhaltensweisen. Wie können die Versicherer das Risiko analysieren? Wie können Daten von selbstfahrenden Autos gesammelt werden, ohne dabei die Privatsphäre der Fahrzeughalter zu verletzen? Natürlich schüchtern solche Gedanken in dieser Größenordnung ein! Kein Wunder, dass viele wirklich innovative Strategien und Systeme am Ende irgendwo in einem Regal landen.

Entwicklung von Interventionen

Intervention wuchs organisch aus dem iterativen Prototyping und gab dem Design-Thinking-Prozess die Möglichkeit, die Reaktionen der Kunden auf ein neues Artefakt besser zu verstehen und vorherzusagen. Der traditionelle Ansatz würde eine neue Produktbeschreibung auf Basis von Marktforschung bringen. Danach arbeiten die Produktentwickler hart daran, ein großartiges Design zu schaffen, damit das Unternehmen das neue Produkt am Markt launchen kann. Design Thinking geht aber weiter und zwingt das Unternehmen dazu, den Nutzer zu verstehen, indem tiefer gegraben und nicht nur ein kurzer Blick auf die statistischen Auswertungen geworfen wird. Anders wird es nicht möglich sein, die Reaktion der Nutzer vorherzusagen. Mit einem sehr geringen Aufwand wird ein Prototyp erstellt, um möglichst frühzeitig Feedback zu bekommen. Das Produkt wird durch die Wiederholung des Prozesses in kurzen Zyklen stetig verbessert, bis der Nutzer wirklich überzeugt und begeistert ist.

Prototyping ist ein Schlüsselelement im gesamten Design-Thinking-Prozess und ein sehr effektiver Weg, um die finanziellen und organisatorischen Auswirkungen auf eine neue Entwicklung im Auge behalten zu können. Aus Angst vor dem Unbekannten werden oft neue und vielversprechende Ideen im Keim erstickt. Dank des Prototyping kann das Team aber mehr Vertrauen aufbauen. Das ist wichtiger als das Design an sich.

Wollen Unternehmen mit Design Thinking arbeiten, werden oft Bedenken geäußert wie:

- *»Das adressiert doch nicht das eigentliche Problem!«*
- *»Diese Art, Probleme zu lösen, kann doch nicht Ihr Ernst sein!«*
- *»Das ist nicht das, was unsere Marktforschung sagt!«*

Im Grunde geht es darum, den Status quo eines Unternehmens infrage zu stellen und gegebenenfalls zu verändern. Die Antwort auf all diese Zweifel sind iterative Interaktionen mit dem Management.

Das bedeutet, dass Sie zunächst zum Management gehen und ihm sagen müssen: »Wir glauben, dass wir grundlegende Probleme mit Design Thinking lösen können. Hier sind Möglichkeiten, wie wir das eigentliche Problem erkennen, definieren und erkunden würden. Inwieweit stimmt das mit Ihrer Ansicht überein? Fehlen Ihrer Meinung nach welche?« Dann arbeiten Sie die Möglichkeiten weiter aus und gehen damit wiederum zum Management: »Wir würden diese neu ausgearbeiteten Möglichkeiten nun analysieren, wie Sie es vorgeschlagen haben. Fehlt Ihnen noch etwas?«

Mit diesem Ansatz ist die Einführung von Design Thinking fast nur mehr eine Formalität. Der Manager, der den Start geben muss, hat zu der Definition des Problems beigetragen und die verschiedenen Möglichkeiten gemeinsam mit Ihnen erkundet. Der vorgeschlagene Richtungswechsel ist nun nicht mehr eine Hauruck-Aktion, sondern wurde langsam eingeführt.

Interventionen sind immer ein mehrstufiger Prozess: Es sind viele kleine Schritte nötig, nicht wenige große. Entlang der gesamten Reise müssen Sie mit allen möglichen Menschen interagieren, um schlechte Entwürfe auszugliedern und Vertrauen in die guten aufzubauen.

Design Thinking begann als ein Weg, um Prozesse der Entwicklung greifbarer Produkte zu verbessern. Aber das ist nicht, wo es wirklich hingehört. Design Thinking hat vielmehr das Potenzial, noch leistungsfähiger zu sein, um Herausforderungen mit Menschen zu meistern. Es schafft, dass sich die Menschen innerhalb von Unternehmen wieder engagieren und sich trauen, an innovativen neuen Ideen und Erfahrungen teilzunehmen.

Design Thinking als Prozess

Jeder Beruf, egal, ob in Medizin, Recht, Wirtschaft oder Politik, kann durch den Einsatz von Design Thinking profitieren und bessere Ergebnisse erzielen.

Obwohl Design am häufigsten eine Eigenschaft eines Objektes oder eines Endergebnisses beschreibt, ist Design Thinking in seiner effektivsten Form ein Mindset. Oder es fungiert als Prozess, Aktion, Tätigkeitsbeschreibung – niemals ist Design Thinking lediglich eine Objekteigenschaft. Design Thinking ist ein Vorgang, der die Lösung von Problemen und die Entwicklung neuer Vorstellungen ermöglicht. Techniken und Methoden unterscheiden sich genauso wie deren Auswirkungen – der Kern des Prozesses bleibt aber stets der gleiche.

Wenn Design Thinking als ein Prozess im Unternehmen eingeführt wird, ergeben sich daraus mehrere Vorteile: Der Prozess des Design Thinking ist zwar auf den ersten Blick komplex, aber er kann zu einem einfachen, routinemäßigen, blitzschnellen Agieren bei Problemen und Herausforderungen innerhalb des Unternehmens führen. Wenn ein Design-Thinking-Experte bereits verschiedene Problemsituationen und -betrachtungen aus ähnlichen Kontexten kennt, kann er einen Prozess entwickeln, der Design Thinking als integralen Bestandteil des Unternehmens nutzt.

Probleme neu »einzurahmen«, um sie handhabbar zu machen, ist ein wichtiges und ganz besonderes Element im Design Thinking. Es ist wichtig, einerseits die bestehende Sichtweise für alle transparent zu machen und andererseits vor allem auch zu überlegen, von wem dieser Rahmen / diese Sichtweise ausgeht.

Eine Studie konnte nachweisen, dass die besten Experten in einem Designerteam sich nicht direkt mit dem Problem befassen, sondern zunächst alle Fragen rund um das Problem untersuchen. Sie beobachten es innerhalb eines breiteren Problemkontexts, der wiederum weitere Hinweise liefert (Dorst, 1997). Das hat viel gemeinsam mit einem phänomenologischen Analyseverfahren: Dabei werden komplexe Probleme in einem neuen Zusammenhang gesehen und als »Themen« interpretiert (Van Manen 1990, S. 89). Ein »Thema« ist der Fokus auf die Erfahrung und deren eigentliche Bedeutung. Themen sind Werkzeuge, die dabei helfen, die eigentliche Bedeutung eines auftretenden Phänomens zu verstehen. Sie sind weder eindeutig problem- noch eindeutig lösungsorientiert, der Status ist unklar, bis definitiv bestimmt wurde, wozu dieses Phänomen eigentlich gehört. Wenden wir nun diese »Themen« im Design Thinking praktisch an, bekommen wir neue Sichtweisen, die das eigentliche Problem auf neue Art und Weise darstellen.

Der Design-Thinking-Experte erhält seine Information aus der direkten Situation, aus erster Hand. Wenn sich dann das Problem als sehr vage darstellt und das Verhalten der Betroffenen auch nicht weiterhilft, ist es wichtig, dass er den Problembereich breiter angeht, mehr Hinweise sammelt, die zur Entstehung weiterer Themen (Sichtweisen) führen. Diese Themen tragen zur Entwicklung des Problemrahmens bei, der wiederum die Antwort auf die zentrale Problemsituation liefert. Das alles ist eine bewusste Strategie, kein Zufallsprozess.

Ein Beispiel:
Das Vergnügungsviertel einer Metropole war eine spezielle Gegend: Mit all seinen Bars und Clubs zog es etwa 30 000 junge Menschen pro Wochenende an. Die Probleme waren: Trunkenheit, Schlägereien, Diebstahl, Drogen und später in der Nacht auch vermehrte Gewalt. Im Laufe der Jahre sollte die lokale Politik in Form stärkerer Polizeipräsenz durchgreifen und mehr Überwachungskameras einsetzen. Die Clubs wurden aufgefordert, Sicherheitspersonal einzustellen. Aber auch all diese zusätzlichen Sicherheitsmaßnahmen lösten die eigentlichen Probleme nicht.

Mittels Design Thinking wurde schnell klar, dass die Probleme, die den Design-Thinking-Experten präsentiert wurden, die Sichtweise des Gemeinderats abbildeten. Dieser schlug Lösungen vor, die er auch sonst bei derartigen Problemen einsetzte. Nun untersuchte das Design-Thinking-Team aber einen breiteren Ansatz und beobachtete vor allem das

Verhalten der Besucher des Vergnügungsviertels im Detail. Herauskam,
dass diese Personen überwiegend junge Menschen (Nicht-Kriminelle)
waren, die eine schöne Zeit verbringen und sich amüsieren wollten. Im
Laufe der Nacht wurden sie aber immer frustrierter, da sie ihr Bedürf-
nis, eine schöne Zeit zu erleben, als nicht erfüllt sahen. Das Team, dem
ursprünglich ein Szenario der Verbrechen als Schlüsselproblem prä-
sentiert wurde, zog eine einfache Analogie: Was wäre, wenn sie an das
Thema oder Problem so herangehen würden, als ob ein großes Musik-
event geplant werden müsste? Diese Analogie ermöglichte sofort weitere
Ideen: Was müssten die Menschen tun, um solch ein Musikfestival zu
organisieren? Dieser Ansatz löste wiederum neue Handlungsszenarien
aus, die sich alle um die Bedürfnisse der Besucher drehten.

Zwei mögliche Handlungsszenarien:
1. Transport: Bei der Organisation eines Musikfestivals sollte man
darauf achten, dass die Menschen in der Lage sind, gut dorthin zu
gelangen und es auch jederzeit wieder verlassen zu können. In diesem
Vergnügungsviertel ging allerdings der letzte Zug um 1.20 Uhr, die
Anreise mit dem Taxi dauerte ca. zwei Stunden. Die Gegend konnte
also nicht ohne Weiteres verlassen werden, da die Züge am nächsten
Morgen erst gegen sechs Uhr losfuhren. Das alleine führte zu Lange-
weile, Frustration und Aggression.

2. Sicherheit: Bei einer Organisation eines Musikevents gibt es ei-
gene Mitarbeiter, die nur dazu da sind, den Menschen zu helfen und
ein Auge auf deren Sicherheit zu haben. Im Laufe der Jahre hatten
die Clubs aber immer mehr finster aussehendes Sicherheitspersonal
und Respekt einflößende Türsteher engagiert. Das Team schlug als
Gegenmaßnahme ein System von sichtbaren jungen »Guides« vor, die
helle T-Shirts tragen sollten, um den Menschen, die sich nicht mehr
auskannten, zu helfen, wenn sie den Weg suchten. Sie sollten auch die
Ansprechpersonen sein, falls einer der Besucher Hilfe benötigte.

Dieses Beispiel soll zeigen, wie eine bisher paradoxe und komplexe
Problemsituation auf neue Weise angegangen werden kann. Das
Team erstellte einen neuen Rahmen, der auf ihren Beobachtungen
aus der Feldstudie beruhte. Sie bewegten sich durch die verschiedenen Phasen des Design-Thinking-Prozesses und verbrachten vor

allem viel Zeit damit, das Problem wirklich zu verstehen, bevor sie Lösungen vorschlugen. Design Thinking wurde durchgängig als Prozess angewendet und konnte deswegen zu einer erfolgreichen Lösung führen. Durch diesen iterativen Vorgang bewegten sich die Forscher weg von dem Rahmen, in dem das Problem ursprünglich betrachtet wurde.

Design Thinking in Unternehmen direkt

Design Thinking unterstützt Unternehmen dabei, komplexe Problemsituationen zu lösen – vor allem dann, wenn konventionelle Problemlösungsmethoden gescheitert sind. Anders ausgedrückt: Design Thinking kommt immer dann zum Einsatz, wenn die Gleichung »Was« und »Wie« führt zu »Wert«, mit der ein Unternehmen für längere Zeit erfolgreich gearbeitet hat, nicht mehr funktioniert. In solchen Situationen ist aber sehr schwer zu ergründen, was tatsächlich nicht mehr funktioniert: Muss das »Was« verändert werden? Oder ist das »Wie« falsch? Sollten die »Rahmen« neu definiert werden, weil sich Werte in der Welt oder im Unternehmen geändert haben?

Mit dieser Problematik bzw. diesen Fragen gehen Unternehmen sehr unterschiedlich um: Die meisten Unternehmen reagieren zunächst so, dass sie mit geringstmöglichem Aufwand und geringstmöglichen Ressourcen das Problem angehen: Ein neues »Was« wird erstellt, das »Wie« und der »Wert« bleiben aber gleich. Nachdem ein neues »Was« aber in den wenigsten Fällen weiterhelfen wird, kann noch das »Wie« neu erdacht werden: Dabei wird das Unternehmen einen vorhandenen Weg, den »Rahmen«, anders interpretieren. Alternativ kann das Unternehmen einen externen Berater hinzuziehen, der eine neue Sicht auf die problematische Situation aufzeigt. Ein neuer Rahmen kann aber auch einfacher entwickelt werden – indem sich das Unternehmen mit der Problemsituation auseinandersetzt und sie erforscht. Im Idealfall würde dies ein eigenes Team mit genau diesen Fähigkeiten intern im

Unternehmen umsetzen. Wenn das gelingt und im Unternehmen diese Kompetenz etabliert wird, versetzt sich das Unternehmen damit automatisch in die Lage, auch zukünftig besser mit neuen und komplexen Herausforderungen umzugehen.

Grenzen von Design Thinking

Raymond Loewy entwarf Züge, Coco Chanel erfand das Tweed-Kostüm, Paul Rand gestaltet Logos, und David Kelley entwickelte Produkte wie die Maus für Apple-Computer: Die meisten Menschen verbinden mit erfolgreichem Design die Gestalt von physischen Produkten.

Mittlerweile wissen wir jedoch, dass nicht die physische Gestalt, sondern vielmehr die intelligente, effektive Gestaltung im Hintergrund für den Erfolg der Produkte verantwortlich ist – vor allem die Tatsache, dass Designer das Verhalten der Nutzer in den Fokus stellten. Designer wurden angeheuert, um die Erfahrungen der Nutzer mit den Produkten zu verbessern. Heutzutage wird Design außerdem noch dazu genutzt, die internen Strukturen und Prozesse von Unternehmen besser zu gestalten.

Jeder Schritt ist die logische Fortführung der vorhergehenden Stufe: Zunächst übersetzen Designer beispielsweise Botschaften in Form von Logos, danach gestalten sie grafische Benutzeroberflächen für die Software. Durch die neuen Erfahrungen mit den Computer-Anwendern können sie wiederum auf nichtdigitale Erfahrungen umschwenken, wie zum Beispiel die Gestaltung der Erfahrung eines Bankbesuches. Und das wiederum führt dazu, dass Unternehmen intern neu gestaltet werden – denn nur wenn ein Unternehmen seine internen Strukturen auf den Kunden ausrichtet, kann es auch seine Dienstleistungen, Services und Produkte so gestalten, dass sie dem Kunden nützen.

Design hat sich also von der Welt der Produkte wegbewegt, die Methoden angepasst und eine neue Richtung eingeschlagen.

Aber auch wenn Design Thinking unglaubliche Ergebnisse liefern kann – vorausgesetzt, Unternehmen haben die richtige Erwartungshaltung und verpflichten sich, die guten Ideen auch umzusetzen –, es ist kein Wundermittel! Design Thinking steht durchaus im Verdacht, eine weitere hippe, kreative Methode zu sein – mit Verfallsdatum. Und der Name Design Thinking führt in zweierlei Hinsicht in die Irre: Das Wort »Design« erweckt den Anschein, dass nur Designer das Zeug dazu haben; und das Wort »Thinking« suggeriert, dass es letztlich nur die richtige Idee zur rechten Zeit braucht, um eine geniale Innovation entwickeln zu können. Das stimmt aber nicht. Ideen gibt es wie Sand am Meer – entscheidend ist jedoch, ob ein Unternehmen auch die Einsicht und die Möglichkeiten hat, diese Ideen umzusetzen.

Das zeigt auch ein Blick auf die großen Erfolgsunternehmen, wie Apple, Dyson, Nestlé oder Tesla: Hier war nicht die Kreativität der große Erfolgsfaktor, sondern die Tatsache, dass diese Unternehmen es geschafft haben, ihre Ideen trotz der oft harten Realität umzusetzen.

Damit Design Thinking funktioniert, sind realistische Erwartungen nötig.

Einige der innovativsten Lösungen, die ich gemeinsam mit Unternehmen entwickelt habe, haben es nie auf den Markt geschafft. Aber mir ist es gelungen, dass Unternehmen sich auf eine Partnerschaft mit ihren Kunden und Mitarbeitern einlassen konnten und nun bereit sind, Innovationen anzugehen. Sie haben jetzt ein klares Verständnis davon, dass das Konzept nur der erste Schritt ist und dass Design Thinking nichts ist, was nur in Projekten existiert oder am Ende eines Prozesses angeheftet werden kann.

Die Identifizierung der wirklichen Zielpersonen, die Definition neuer Angebote, die Entwicklung von Strategien – all das habe ich dank Design Thinking gemeinsam mit meinen Kunden erreicht. Vor allem deswegen, weil die Kunden eine realistische Erwartungshaltung hatten.

Diese realistischen Erwartungen sind es, die Design Thinking zum Laufen bringen. Ein wiederholbarer, wiederverwendbarer Prozess isoliert für sich widerspricht nämlich dem Wesen echter Innovation. Design Thinking ist eben nicht nur ein einfacher Prozess, der – einmalig angewendet – eine kreative, innovative Lösung aus dem Hut zaubert. Vielmehr ist es ein Mindset, um Probleme zu lösen, eine Einstellung, um die Dinge aus anderen Betrachtungswinkeln zu sehen und Kreativität zu fördern, indem Sie visuell denken und Prototypen bauen. Innovation ist vielmehr eine teilweise schwierige und unbequeme Arbeit, die den Status quo einer Industrie oder zumindest eines Unternehmens infrage stellt. Design Thinking schafft es, dass Innovation weniger ein Schuss ins Blaue oder eine Zufallsbegegnung ist. Dazu sollte aber der Fokus auf einem neuen Denkansatz liegen, der Innovation als ganzheitliches und organisatorisches Handeln erlebt.

Design Thinking ist nicht der magische Schlüssel zu einem geheimen Reich der genialen, neuen, unbekannten und garantiert funktionierenden Ideen. Das Letzte, was Unternehmen meiner Ansicht nach brauchen, ist, dass ihnen jemand vormacht, sie müssten nur einen Prozess durchlaufen, an dem sie selbst weder Interesse noch für den sie die notwendigen Fähigkeiten haben, und alles wird gut. Design Thinking unterstützt sie vielmehr dabei, herauszufinden, dass Innovation ein Mannschaftssport ist und wie Teams harmonisch zusammenarbeiten.

Tipp 1: Nein sagen

Manche Projekte eignen sich einfach nicht für Design Thinking. Bevor es zu einem Projektauftrag kommt, müssen Sie Nein sagen, ohne dass die Beziehung zu Ihrem Auftraggeber darunter leidet.

Das Nein ist laut dem Autor William Ury eines der mächtigsten Worte in unserer Sprache. Es kann im Nu ein Gespräch im Keim ersticken. Aber ab und an Nein zu sagen, ist wichtig, damit Sie das Ja bekommen, wenn Sie es brauchen. Ein Nein lässt sich am ehesten sagen, wenn Sie folgende Formel anwenden: »Ja! Nein. Ja?«

1. Das erste Ja: Nehmen wir an, Ihr Chef kommt auf Sie zu, damit Sie Design Thinking dazu einsetzen, Ihre Kollegen davon zu überzeugen, dass seine Lösung die richtige ist. Nachdem Design Thinking aber immer ein ergebnisoffener Prozess ist, können Sie ihm dieses Ergebnis einfach nicht zusichern. Das erste Ja signalisiert ihm, dass Sie sein Problem verstehen.

2. Das Nein ist ein respektvolles Nein und sagt: »Ich kann Ihnen das gewünschte Ergebnis nicht liefern, weil Design Thinking immer ein ergebnisoffener Prozess ist. Es kann jede Entscheidung am Ende als Ergebnis herauskommen.«

3. Das zweite Ja bedeutet, dass Sie helfen wollen – um Ihren guten Willen zu zeigen und die Beziehung aufrechtzuerhalten. Es klingt wie: »Lassen Sie uns doch gemeinsam etwas ausarbeiten, das sowohl das gewünschte Ergebnis bringen als auch die Kollegen überzeugen wird.«

Tipp 2: Klären Sie von Anfang an die wahren Erwartungen ab

In jedem Projekt ist das Management der Erwartungshaltungen wohl das schwierigste Unterfangen. Es ist wichtig, dass Sie nichts versprechen, was Sie nicht halten können. Deswegen müssen Sie darauf achten, dass es zu keinen falschen Vorstellungen von dem kommt, was Sie sagen. Zum Beispiel: Ein Kollege möchte gerne eine Design-Thinking-Session starten und bittet Sie, diese zu moderieren.

Aus zeitlichen Gründen können Sie aber kein neues Projekt begleiten. Beginnen Sie also mit: »Das könnte schwierig werden. Helfen Sie mir dabei zu verstehen, was Sie brauchen.« Auf diese Weise geben Sie Ihrem Gegenüber die Möglichkeit, genau zu sagen, was er oder sie braucht. Gleichzeitig erlaubt es Ihnen, abzusagen, ohne dass Ihre Beziehung einen Schaden nimmt. Schlimmer als Nein zu sagen ist, wenn Sie zweimal Nein sagen müssen, weil Sie beim ersten Mal nicht deutlich genug waren.

Tipp 3: Stellen Sie Fragen, um die eigentliche Bitte zu erkennen

Fragen zu stellen, ist wichtig, denn es hilft Ihnen zu verstehen, was die andere Person tatsächlich braucht. Im Beispiel mit der Moderationsbitte könnten Sie anbieten, ein anderes Mal auszuhelfen und für dieses Mal bei der Suche nach einem Ersatz mitzuhelfen. Mit einem konstruktiven Vorschlag ermöglichen Sie sich, dass Sie Ihr Interesse schützen, und gehen gleichzeitig respektvoll mit den Bedürfnissen der anderen Person um.

Tipp 4: Hören Sie zu, um die wirklichen Bedürfnisse Ihres Gegenübers zu verstehen

Zuhören ist der Schlüssel – in jeder Beziehung. Zuhören ist wichtiger als Reden. Zuhören zeigt Respekt und hilft Ihnen, dass Sie Ihre Antwort auf Grundlage der Bedürfnisse Ihres Gegenübers formulieren. Klar und deutlich Nein zu sagen wird dann zum Geschenk für den anderen, weil wir oft mehrdeutige Botschaften aussenden und den anderen so blockieren.

Vier Erfolgsfaktoren für Innovation

Ich würde Ihnen gerne an dieser Stelle das Geheimrezept oder eine simple Schritt-für-Schritt-Technik verraten, die den Erfolg eines jeden Projektes gewährleistet. Aber: Es gibt weder ein Geheimrezept noch eine Schritt-für-Schritt-Technik. Das Wesen von Design Thinking an sich macht das bereits unmöglich. Im Gegensatz zu den analytischen Kollegen wissen Design Thinker, dass es keinen einzig richtigen Weg gibt, der durch den Prozess führt. Es gibt viele hilfreiche Ideen, wie Sie am besten womit starten können, und auch einige Leitplanken, die den Weg teilweise sichern. In Wahrheit sind es aber letztlich diese vier Erfolgsfaktoren, die Sie für Design Thinking brauchen:

1. Ihre Intuition
2. Trial-and-Error
3. Direkte Umsetzung in die Praxis
4. Grenzen setzen

Zwischen diesen vier »Zutaten« können Sie sich immer wieder entscheiden, mal mehr von dem einen zu nehmen, dann mal weniger von dem anderen – bis das Team die bahnbrechende Idee gefunden hat und neue Wege eingeschlagen werden können.

Böse Zungen mögen nun behaupten, dass Design Thinker schlecht organisiert oder undiszipliniert sind, aber Design Thinking ist einfach ein durch und durch explorativer Ansatz. Wenn Sie die Methoden richtig einsetzen, werden Sie vollkommen neue Dinge entdecken, und es wäre unsinnig, diesen Ideen dann nicht zu folgen. Manches Mal führen diese Ideen zu disruptiven Entdeckungen, ein anderes Mal motivieren Sie das Team, nochmals genauer hinzusehen und die Fragestellung eventuell anzupassen.

In der Praxis erlebe ich immer wieder, dass gerade in der Prototyping-Phase neue Erkenntnisse aufgedeckt werden, die gleich eingebaut und neu getestet werden. Solche Erkenntnisse dürfen nicht in die Schublade gesteckt, sondern müssen genutzt werden!

»Fail early to succeed sooner«

Der Nachteil dieser explorativen Methode ist allerdings, dass Sie im Voraus nie genau sagen können, wie lange es dauert, bis Sie eine umsetzbare Idee haben werden. Das motiviert aber wiederum oftmals das Team, weil der Zeitdruck wegfällt und dadurch neue Energien freigesetzt werden. Wie oft werden Projekte abgesagt, weil das Team stecken geblieben ist? Nicht selten ist das der Fall, wenn die Menschen bereits Monate oder Jahre in das Projekt investiert haben. Im Design Thinking ist es mein Anspruch, gleich am ersten Tag einen Prototyp zu entwickeln und diesen auf seine Reise ins Ungewisse zu schicken. Damit hat er dann auch die Chance zu wachsen, ausprobiert und über die Zeit hinweg perfektioniert zu werden, bis alles passt.

Wäre es nicht langweilig, wenn wir alles vorhersagen könnten (wann das Projekt fertig sein wird, wie die Idee ankommen wird etc.)? Langeweile führt letztlich zu unmotivierten Menschen, die keine Notwendigkeit mehr erkennen können, sich anzustrengen. Dadurch entstehen immer wieder dieselben Ideen, meistens nicht einmal in einem neuen Gewand, sondern einfach nur lieblos kopiert. Ein Team, das voneinander und von anderen lernt und die Ideen miteinander auf respektvolle Art und Weise austauscht, wird ganz andere Ergebnisse liefern.

Grenzen setzen, um Grenzen neu zu definieren

Grenzen und Kreativität – das klingt zugegebenermaßen erst einmal wie ein Widerspruch. Fragen Sie bekannte Designer wie Henry Dreyfuss, werden diese Ihnen vermutlich verraten, dass Grenzen das jeweilige Meisterstück erst möglich gemacht haben. Glauben Sie nicht? Dann denken Sie beispielsweise an das Leere-Blatt-Syndrom: Je weniger Vorgaben Sie bekommen, desto schwieriger ist es, etwas zu entwickeln.

Der erste Schritt im Design-Thinking-Prozess beginnt bereits mit Grenzen. Diese gilt es zu erkennen und einen Rahmen zu entwickeln, um sie bewerten zu können. Die Basis von Design Thinking ergibt sich aus drei besonderen Grenzen:

1. Was ist technisch durchführbar?
2. Was ist wirtschaftlich sinnvoll?
3. Was nützt den Menschen bzw. was wünschen / brauchen sie eigentlich wirklich?

Innerhalb dieser Grenzen findet Design Thinking statt – es geht darum, die optimale Balance zwischen den drei Grenzen zu finden. Denken Sie beispielsweise an Henry Ford: Sein Konzept der modernen Fertigung von Fahrzeugen revolutionierte die industrielle Produktion. Dahinter stand die Frage nach schnellerer Produktion von Fahrzeugen – ohne diese Einschränkung wäre er vielleicht nie auf die Idee gekommen …

Aber: Diese drei Grenzen – technologische Machbarkeit, Wirtschaftlichkeit und Wünschbarkeit – müssen keineswegs gleich ausbalanciert sein. Es ist kein linearer Prozess, sondern das Design-Thinking-Team wird im Prozesszyklus mal den Fokus mehr auf das eine, dann wieder auf das andere legen. Immer mit dem Blick auf den Menschen im Mittelpunkt.

In der Theorie klingt das auch für die meisten logisch und nachvollziehbar. In der Praxis werden allerdings die meisten Ideen nach wie vor so entwickelt, dass als Vorlage das bestehende Business-Modell herangezogen wird und dabei weder auf die technologische Machbarkeit, Wirtschaftlichkeit oder Wünschbarkeit geachtet wird. Business-Modelle haben aber einen ganz anderen Zweck: Sie müssen vor allem effizient funktionieren. Neue Ideen, die aus diesem Rahmen entspringen, sind deswegen auch vorhersehbar und können leicht von Konkurrenten nachgeahmt werden. Das erklärt auch das einheitliche Bild der momentanen Produkte und Unternehmen. Oder sehen Sie beispielsweise einen wirklichen Unterschied bei all den Supermärkten?

Vorgehensmodell: Die Phasen im Design-Thinking-Prozess

Um Design Thinking in Unternehmen anzuwenden, folgt man am besten einem strukturierten Prozess in Form eines Phasenmodells. In der Literatur über Design Thinking gibt es viele verschiedene Ansätze, den Design-Thinking-Prozess in Phasen zu unterteilen. Manches Mal werden Ihnen sieben Phasen begegnen, ein anderes Mal sind es nur fünf oder auch sechs Phasen.

Ganz grundsätzlich geht es darum:

- Zunächst wird den Konsumenten, Mitarbeitern oder Nutzern zugehört und ein Verständnis dafür entwickelt, wie sie sind und wie sie sich in ihrem Kontext bewegen.
- Danach werden Lösungen entwickelt und Prototypen getestet, um auszuprobieren, ob die wirklichen Bedürfnisse verstanden wurden.

- Ein Design-Thinking-Team wird dann mit neuen und unerwarteten Lösungen auftauchen, die die Menschen ändern werden.

Im zweiten Kapitel werden wir uns noch näher mit den einzelnen Schritten des Prozesses befassen. An dieser Stelle möchte ich Ihnen deshalb nur einen kurzen Überblick über die wichtigsten Schlüsselelemente geben.

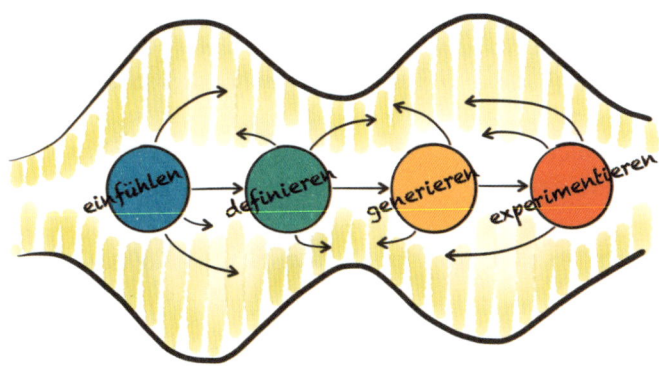

Bauen Sie Empathie zu Ihren Mitmenschen auf

Im Design Thinking steht die Beobachtung im Mittelpunkt. Beobachtung lässt uns erst erkennen, was die Menschen wirklich tun – im Gegensatz zu dem, was sie behaupten zu tun. Raus aus den eigenen vier Wänden, rein in den Prozess, hin zum Einkaufserlebnis oder in die Praxis. Dieser Schritt ist von grundlegender Bedeutung. Noch kein Leben hat sich aufgrund einer PowerPoint-Präsentation geändert.

Design Thinking erfordert funktionsübergreifende Einblicke in jedes Problem durch verschiedene Perspektiven sowie ständiges und unerbittliches Nachforschen – bis Sie schließlich auf die einfachen Antworten stoßen und die wahren Probleme aufdecken.

Definieren Sie das Problem

Klingt einfach, aber das Problem wirklich richtig zu definieren, ist vielleicht die schwierigste aller Phasen. Design Thinking erfordert ein Team oder Unternehmen, das kurze, eindeutige Fragen stellt, um das Problem zu definieren. Sie müssen die Gelegenheit wahrnehmen und sich verschiedene Möglichkeiten ansehen, bevor Sie sich auf eine Sache festlegen und deren Ausführung bearbeiten. Dazu müssen Sie zunächst tief in das Problemfeld eintauchen und intensive Überprüfungen und Forschungen anstreben, um dann erst ein Problem benennen zu können.

Die Schwierigkeit bei der Definition eines Problems besteht darin, nicht gleich zu bewerten. Was wir zu können behaupten, weicht oft sehr stark von dem ab, was wir tatsächlich können. Die richtigen Worte sind wichtig. Es reicht nicht zu fragen: »Wie lange dauert es, die Glühbirne zu wechseln?«, sondern eine ganz andere Frage ist entscheidend: »Warum brauchen wir eine Glühbirne?« Das Ziel der Definitionsphase ist es, das richtige Problem zu erkennen und dann für dieses Problem eine kreative Lösung zu finden.

Ideenfindung

Selbst die talentiertesten Teams tappen manchmal in die Falle, jedes Problem auf dieselbe Weise zu lösen. Vor allem, wenn dabei ein erfolgreiches Ergebnis hervorgestochen und die Zeit knapp ist. Design Thinking erfordert aber, dass Sie – egal wie offensichtlich die Lösung auch sein mag – viele Lösungsideen erarbeiten, die Sie prüfen müssen. Mit Blick auf das Problem von mehr als einer Perspektive aus bekommen Sie automatisch mehr als ein Ergebnis.

Oft kennen wir die Filter nicht, durch die wir Probleme sehen und nach Lösungsideen suchen. Der Trick, um diesen Filtern zu entkommen: Sehen Sie sie als Chance! Suchen Sie gezielt nach verschiedenen Filtern und Perspektiven, streben Sie echte Teamarbeit an! Es gibt viele Methoden – jenseits der gesprochenen Sprache –, die effektiv und zuverlässig zeigen, was jemand wirklich denkt und meint.

Prototyping

Eine Handvoll vielversprechender Ergebnisse wachsen und wollen ausprobiert werden. Es ist wichtig, nicht gleich alle Ideen wegzuwerfen: Selbst die letztlich stärkste Idee steckt am Anfang noch in ihren Kinderschuhen. Design Thinking ermöglicht ein günstiges Umfeld für Wachstum und Experimentieren, denn Fehler sind erlaubt! In diesem Stadium werden dann oft auch Optionen kombiniert und kleinere Ideen in andere integriert.

In der Prototyping-Phase können früh Ziele erreicht werden. Das Nebenprodukt sind oft weitere Ideen und Strategien, die das ursprüngliche Ziel erweitern. Prototypen von Lösungen zu erstellen, ist eine intensive Angelegenheit. Sie führt dazu, dass Sie entweder das Problem endgültig gelöst oder vollständig aufgedeckt haben.

Herbert Simon, der als ein weiterer Urvater des Design Thinking gilt, entwickelte eine Wissenschaft des Designs, die er als »a body of intellectually tough, analytic, partly formalizable, partly empirical, teachable doctrine about the design process«[5] bezeichnet.

Für mich hat es sich in der Praxis aber als unerheblich erwiesen, wie viele Phasen tatsächlich eingesetzt werden, denn allen Phasen ist gemein, dass sie nebeneinander existieren und iterativ – je nach Bedarf und Natur des Projektes – angewendet werden können. Sie können ein Design-Thinking-Projekt damit beginnen, dass Sie einen Prototyp entwerfen und danach erst die Welt des Nutzers erkunden. Oder Sie machen es genau umgekehrt. Jedes Projekt hat seinen eigenen Zyklus und seine eigene Geschwindigkeit.
Ich verwende in der Praxis diese vier Phasen:

- Phase 1: Einfühlen
- Phase 2: Definieren des Problemfeldes
- Phase 3: Ideen generieren
- Phase 4: Experimentieren

Ob Sie nun einen sieben-, vier- oder sogar dreistufigen Prozess nutzen, es ist immer das gleiche, bewährte Verfahren. Es ist auch unerheblich, welche Chance Sie erarbeiten oder welches Problem Sie lösen wollen. Design Thinking fördert eine objektive Ansicht und ermöglicht den Umgang mit riskanten und neuen Ideen. Deshalb ist diese Methode so attraktiv, dynamisch und wichtig für Unternehmen von heute, die morgen noch erfolgreich sein wollen.

Die zentralen Aussagen dieses Kapitels auf einen Blick:

- Design Thinking nutzt sowohl das analytische als auch das empathische / kreative Denken.
- Design Thinking ist nichts, was nur besonders talentierten Menschen vorbehalten ist.
- Design Thinking legt den Fokus auf den Menschen, sein Verhalten und seine Beziehungen.
- Design Thinking sucht nach einer Lösung, beleuchtet aber dazu das eigentliche Problem.
- Design Thinking ist ein sehr kollaborativer Ansatz, der vor allem auf Prototyping und Testen setzt.
- Design Thinking löst verschiedene Probleme.

KAPITEL 2

Design Thinking im Einsatz – ein Balanceakt

Wer Design Thinking erfolgreich einsetzen möchte, sollte drei Dinge wissen: Ohne Prozess geht es nicht, ohne Vertrauen in diesen Prozess auch nicht – und der Prozess ist nicht linear. Die einzelnen Phasen oder Stufen können und sollen immer wieder durchlaufen werden, und ihre Reihenfolge darf sich ändern. Das mag am Anfang befremdlich wirken und ist sicherlich auch nicht ganz einfach zu kommunizieren – aber wenn Sie sich einmal darauf eingelassen haben, werden Sie schnell merken: Es geht gar nicht anders. Und es wirkt. Am Ende dieses Kapitels werden Sie die fünf gängigen Phasen des Design-Thinking-Prozesses kennengelernt haben und außerdem wissen, welche Methoden und Techniken sich am besten für die einzelnen Phasen eignen und welche Utensilien Sie brauchen, um starten zu können.

Einführung

Fast jeder, der den Namen Thomas Edison hört, sieht vor seinem geistigen Auge eine Glühbirne aufflackern. Dabei erfand Edison keineswegs »nur« die Glühbirne – denn das elektrische Licht alleine erschien Edison sinnlos. Die Glühbirne war für ihn lediglich ein kleines Puzzleteil einer ganzen Industrie. Erst die Übertragung und die Erzeugung des elektrischen Lichtes machte die Erfindung auch in Edisons Augen zu einer wahren Innovation.

Edisons Genie lag also nicht so sehr in seinen Ingenieurfähigkeiten, sondern darin, den bereits entwickelten Markt zu verstehen und dennoch etwas zu finden, das den Menschen weiterbringen würde. Er war in der Lage sich vorzustellen, wie die Menschen seine Erfindung verwenden würden und was sie alles brauchten, um das volle Potenzial der Glühbirne zu nutzen.

> **Edisons Ansatz ist im Grunde ein Vorläufer dessen, was wir heute Design Thinking nennen – eine Methode, die das gesamte Spektrum der Innovationsaktivitäten mit dem menschenzentrierten Ansatz verbindet: Innovationen entstehen, wenn das, was Menschen wollen, brauchen und mögen, beobachtet und zutiefst verstanden wird.**

Die Erfindungen Edisons entstammen nicht etwa einem sterilen Labor, in dem er für sich alleine tüftelte. Vielmehr besprach er mit seinen Kollegen seine Überlegungen, Bedenken und Ideen. Kein einziger Gedanke schaffte es in die Umsetzung, ohne mehrere Versuchs- und Irrtumsrunden zu durchlaufen. Edison war auch kein Spezialist auf einem isolierten Gebiet, sondern durch und durch Generalist mit einem genialen Verständnis für Geschäfte und Menschen. Er verbesserte seine eigenen Innovationen und machte sie für den Markt ästhetischer, handhabbarer, sinnvoller und dadurch brauchbarer.

All das hätte aber auch nichts gebracht, wenn er es nicht verstanden hätte, durch seine Erfindungen auf eindrucksvolle Weise zu kommunizieren. In der zweiten Hälfte des 20. Jahrhunderts wurden Design und Ästhetik zu wichtigen Komponenten in den Bereichen Unterhaltungselektronik und Konsumgüterindustrie. Nach und nach fand dieser Ansatz auch in anderen Bereichen und Industrien Anklang. Der beutellose Staubsauger von Dyson beispielsweise vereinte als einer der ersten futuristisches Aussehen und Funktionalität.

Bei Design Thinking geht es aber weder um die Ästhetik noch um den Nutzen alleine, alles konzentriert sich auf die Bedürfnisse des Benutzers. Er alleine ist Dreh- und Angelpunkt. Anstatt zu fragen, wie Designer bereits entwickelte Ideen für die Verbraucher interessanter machen können, sind Unternehmen aufgefordert, die Bedürfnisse und Wünsche der Konsumenten besser zu erfüllen. Das ehemals taktische Denken führt zu einer begrenzten Wertschöpfung, wohingegen strategisches Denken neue Formen von Werten möglich macht.

Edisons Ansatz war es weniger, vorgefasste Hypothesen zu verifizieren, als vielmehr, Menschen zu helfen. Geben Sie sich allerdings keiner Illusion hin: Innovation ist in Wahrheit harte Arbeit – Edison schaffte daraus einen Beruf, der Kunst, Handwerk, Wissenschaft und Geschäftssinn mit dem Verständnis von Markt und Kunde vereinte.

Design Thinking ist also als direkter Nachfahre von Edisons Geisteshaltung eine Disziplin, die die Sensibilität der Designer mit erprobten analytischen Methoden verbindet, um die Bedürfnisse der Menschen zu erfüllen – mit Produkten und Dienstleistungen, die technisch machbar und marktgerecht sind.

Bevor Sie starten: Die zwölf Gebote des Design Thinking

Bevor ich Ihnen beschreibe, in welchen Phasen ein Design-Thinking-Prozess ablaufen kann, möchte ich Ihnen gerne noch einige wichtige Grundprinzipien mit auf den Weg geben – ich nenne sie »Die zwölf Gebote des Design Thinking«:

1. Beginnen Sie am Anfang

Design Thinking sollte immer am Anfang eines Innovationsprozesses stehen – noch bevor eine bestimmte Richtung angedacht oder sogar festgelegt wurde. Dieses breite Denken hilft den Beteiligten, schneller zu denken und noch mehr Ideen zu entwickeln.

2. Stellen Sie den Menschen in den Mittelpunkt

Zusammen mit sämtlichen unternehmerischen und technologierelevanten Überlegungen fokussiert sich die Entwicklung von Innovationen vor allem auf das Verhalten, die Bedürfnisse und die Vorlieben von Menschen. Dieser Ansatz fußt auf der Grundlage der direkten Beobachtung: Dabei werden unerwartete Erkenntnisse erfasst und daraus Innovationen entwickelt, die genau das widerspiegeln, was der Kunde tatsächlich will und sucht.

3. Experimentieren Sie früh und oft

Ermutigen Sie Ihr Team, dass es einen frühen Prototyp gleich zu Beginn des Projektes entwickelt. Dieser sollte auch sofort mit dem Kunden getestet und während des gesamten Projektes laufend weiterentwickelt werden. Je früher Sie beginnen, einen Prototyp zu erstellen, desto früher können Sie Feedback einholen und einbauen und bekommen so schneller die richtigen Antworten auf Ihre Fragen.

4. Suchen Sie Hilfe von außen

Erweitern Sie das Umfeld und halten Sie Ausschau nach möglichen Kooperationen – vor allem mit Kunden und Nutzern. Beziehen Sie mehr Menschen ein. Vergrößern Sie Ihr Netzwerk – neben dem zusätzlichen Input und dem größeren Blickwinkel steigern Sie so die Effektivität Ihres Teams.

5. Mischen Sie große und kleine Projekte

Fokussieren Sie sich nicht nur auf ein bestimmtes Projekt, sondern versuchen Sie, kurzfristige, inkrementelle mit langfristigen, revolutionären Ideen zu vermischen. Kleine Fortschritte verkürzen die gefühlten Durststrecken und sorgen für Erfolgserlebnisse und Motivation. Dabei können Sie auch gleichzeitig Ihre Produkte weiterentwickeln und den Austausch zwischen den Teams fördern.

6. Achten Sie beim Budget auf die Prozessdauer hin zur Innovation

Design Thinking ist ein schneller Prozess. Der Markt allerdings ist unberechenbar, und der Weg hin zu einer erfolgreichen Innovation kann langwierig sein. Stellen Sie sich auf ein Tempo ein, das Ihre Innovation nicht behindert und Sie nicht zu einem frühzeitigen Projektende zwingt. Seien Sie bereit – wenn nötig –, Ihr Finanzierungskonzept zu überdenken.

7. Halten Sie Ausschau nach talentierten Mitstreitern

Suchen Sie in unterschiedlichen Bereichen nach Menschen, die anders denken. Zwar können Designer beispielsweise Nicht-Designern viel Wissen antrainieren und die passende Denkhaltung vermitteln, aber unkonventionelle Hintergründe sorgen oftmals für neuen Schwung und angenehme Überraschungen. Menschen, die bereits interdisziplinär gearbeitet haben, sind oft sehr gut in der Lage, einander zu inspirieren.

8. Begreifen Sie Design Thinking als Mindset

Der Design-Thinking-Prozess verlangt eine andere Art des Denkens, als Sie es wahrscheinlich von alltäglichen Problemlösungen und Herausforderungen kennen. Im Design-Thinking-Prozess wird viel experimentiert und getestet. Fehler zu machen, ist erlaubt und sogar erwünscht, und wir verbringen viel Zeit damit, das Problem erst einmal in seiner Ganzheit zu begreifen, bevor wir an eine Lösung überhaupt denken. Die Herausforderung liegt aber darin, trotzdem während des gesamten Prozesses sehr fokussiert zu bleiben. Da die Lösungen meistens in unerwarteten Gebieten auftauchen, sollten Sie auch an anderen Orten nach Inspirationen suchen. Versetzen Sie sich in die Menschen, für die Sie Probleme lösen wollen, und stellen Sie die richtigen Fragen. Entwickeln Sie eine Vielzahl an unterschiedlichen Ideen – einige davon werden Sie gleich wieder fallen lassen, aber andere haben das Zeug dazu, wirklich umgesetzt und auf ihre Tauglichkeit geprüft zu werden, um sie am Schluss bis ins Detail auszuarbeiten.

9. Verstehen Sie den Prozess

Design Thinking ist kein perfekter, linearer Prozess. Vielmehr hat jedes Projekt immer seine eigenen Kanten und Ecken und vor allem seinen eigenen Charakter. Unabhängig von der Art der Herausforderung, vor der Sie stehen, werden Sie sich immer zwischen den Phasen Empathieaufbau, Ideenentwicklung und Prototyping hin und her bewegen. Diese Phasen dienen dazu, ein sehr tiefes Verständnis für die Menschen zu entwickeln und herauszufinden, was diese wirklich brauchen und wollen – ganz unabhängig von der Fragestellung. Die Ideen nehmen Gestalt an und werden getestet, bevor sie schließlich endgültig in die Welt hinausgeschickt werden. Empathieaufbau, Ideenentwicklung und Prototyping – diese Phasen werden Sie in jeder kreativen Problemlösung wiederfinden.

10. Vertrauen Sie dem Prozess

Design Thinking ist ein einzigartiger und höchst wirksamer Ansatz, um komplexe Probleme zu lösen. Vielleicht haben Sie das Gefühl, diese Methode sei ein wenig abgehoben, zu einfach oder unpassend und könne deswegen nicht funktionieren. Aber bedenken Sie: Innovationen passieren so gut wie nie, wenn Sie im Voraus jeden Schritt kennen und genau wissen, wohin die Reise geht. Der Design-Thinking-Prozess ist deshalb so konzipiert, dass Sie direkt von Ihrem Kunden bzw. vom Menschen lernen. Es wird sich Ihnen eine breite Palette an kreativen Möglichkeiten eröffnen. Nach und nach erkennen Sie, was machbar ist und was für den Menschen, für den Sie eigentlich entwickeln, auch Sinn ergibt. Indem Sie wirklich groß und breit denken und viele Ideen entwickeln, können Sie die verschiedensten Lösungen erarbeiten. Das gelingt Ihnen aber nur, wenn Sie sich dem Prozess anvertrauen und ihn immer und immer wieder durchlaufen. Das Schöne daran: Mit jedem neuen Zyklus kommen Sie der Lösung einen deutlichen Schritt näher.

11. Setzen Sie Methoden und Werkzeuge ein

Obwohl kein Projekt dem anderen gleicht, benutze ich immer dieselben Werkzeuge. Um zum Beispiel die Menschen wirklich zu verstehen, setze ich jedes Mal empathische Interviews ein. Um möglichst kreativ zu agieren, brauchen wir immer ein Team. Selten kommt beim ersten Versuch gleich die richtige Lösung zum Vorschein. Deswegen ist das Feedback, das Sie auf Ihren Prototyp bekommen, so unglaublich wichtig. Die Methoden, die Sie zum Teil in diesem Kapitel kennenlernen werden, umfassen eine Reihe von Übungen, die Sie immer wieder einsetzen können. Probieren Sie aus, welche der Methoden Ihnen am ehesten liegen – aber setzen Sie sie ein. Ohne die beschriebenen Werkzeuge kein Design Thinking!

12. Finden Sie die Balance

Die Lösungen, die erarbeitet werden, sollen gleichermaßen technisch machbar, wirtschaftlich rentabel und nutzwertig sein. Indem Sie mit den zukünftigen Nutzern und anderen Personen sprechen und dadurch deren Hoffnungen, Ängste und Bedürfnisse kennenlernen, kommen Sie dem, was diese sich am meisten wünschen, am schnellsten näher. Das ist wie eine Art Lupe, durch die Sie auf die Lösungen blicken. Nachdem Sie dann eine Reihe von verschiedenen Ideen entwickelt haben, geht es auf die Suche nach dem, was technisch überhaupt machbar und finanziell tragbar ist. Erst danach kann die tatsächliche Implementierung beginnen. Dieses Hin und Her gleicht einem Balanceakt, ist aber gleichzeitig der Grundstein für eine wirklich erfolgreiche und nachhaltige Lösung.

Die vier Phasen im Überblick

Design Thinking ist kein linearer Prozess, sondern einer, der von Wiederholungen lebt. Jedes Projekt, jede Lösung, jede Idee an sich sollte mehrmals einzelne Phasen durchlaufen. Auch die einzelnen Schritte können Sie, so oft Sie wollen und es sinnvoll ist, wiederholen. Versuchen Sie beispielsweise, mehrere Prototypen zu erstellen, oder probieren Sie unterschiedliche Brainstorming-Methoden in verschiedenen Teams aus.

Je öfter Sie mehrere Zyklen durchlaufen, desto besser werden die Details.

In der Literatur über Design Thinking gibt es viele verschiedene Ansätze, den Design-Thinking-Prozess in Phasen zu unterteilen. Manche Autoren sprechen von sieben Phasen, andere von fünf oder auch sechs Phasen.

Ich denke, dass es unerheblich ist, wie viele Phasen tatsächlich verwendet werden – schließlich existieren alle Phasen nebeneinander und können iterativ, je nach Bedarf und Natur des Projektes, angewendet werden. Wenn Sie ein Projekt damit beginnen, dass Sie einen Prototyp entwerfen, und erst danach die Welt des Nutzers erkunden – wunderbar. Jedes Projekt stellt seine ganz eigenen Anforderungen an Ablauf und Geschwindigkeit.

In diesem Kapitel möchte ich Ihnen aber zunächst einen Überblick über die vier Phasen geben, wie Sie Ihnen am häufigsten in der Literatur begegnen werden:

1. Empathie aufbauen durch Beobachten und Verstehen
2. Problemstellung definieren
3. Ideen entwickeln
4. Prototyping

1. Phase: Einfühlen

Um Lösungen zu finden, die wirklich bewegen, müssen Sie zunächst Ihre Zielperson und deren tatsächliche Bedürfnisse, Wünsche, Hoffnungen, Ängste und Sorgen verstehen.

Empathie ist das Herzstück des gesamten Design-Thinking-Prozesses. Sich in Ihr Gegenüber einzufühlen und wahrhaftig zu verstehen, wie es tickt, bildet den Rahmen für die Bearbeitung Ihres Problems. Es geht darum, zu hinterfragen und zu reflektieren, warum und auf welche Art und Weise Menschen miteinander und in Prozessen agieren, wie ihre körperlichen und emotionalen Bedürfnisse aussehen und was sie über die Welt denken.

Wenn Sie als Design-Thinking-Berater unterwegs sind, werden Sie wahrscheinlich nur selten an Ihren eigenen Problemen arbeiten. Vielmehr wird Ihre Aufgabe darin bestehen, funktionierende Lösungen für andere Menschen zu entwickeln. Damit das möglich ist, müssen Sie sich von Ihren eigenen Empfindungen trennen und Empathie für die Menschen aufbauen. Sie müssen beginnen zu verstehen, wer sie sind und was ihnen wichtig ist.

Ein geeignetes Instrument dafür stellt die Befragung dar. Fragen Sie beharrlich nach, wie die Menschen mit ihrer Umwelt agieren und was sie genau tun. Achten Sie auf Hinweise, die Ihnen zeigen, wie andere denken und fühlen. Das hilft Ihnen enorm dabei, andere

Perspektiven einzunehmen und zu lernen, was andere benötigen. Durch die Befragung erfassen Sie die Erfahrungen von Menschen quasi physisch: Sie können sie sichtbar machen und entdecken, was Menschen brauchen. So erhalten Sie gute Hinweise, um funktionierende Lösungen zu erarbeiten.

> **Aber Achtung: Es ist gar nicht so einfach, die Hinweise auch als solche zu enttarnen und Erkenntnisse zu gewinnen. Unser Verstand ist so getrimmt, dass er automatisch aus einer Vielzahl an Informationen das Wichtige herausfiltert – und die Dinge ignoriert, die am Rande erwähnt werden, manchmal jedoch die entscheidenden Hinweise enthalten. Sie müssen also lernen, den Dingen neu zu begegnen und sie neu zu bewerten.**

Neben dem Interview ist auch die Beobachtung ein ganz wichtiger Bestandteil – sie offenbart das, was Geschichten oft noch zu verbergen versuchen. Die Geschichten, die wir uns gegenseitig erzählen, stimmen nämlich oft nicht mit dem überein, was wir tatsächlich tun oder wie wir reagieren. Das hat den Hintergrund, dass wir viele Dinge bereits automatisiert tun und gar nicht auf die Idee kommen, diesen oder jenen Handgriff wegzulassen oder anders zu machen. Weil uns das so geläufig ist, vergessen wir dann schnell, solche Dinge ebenfalls zu erwähnen, und konzentrieren uns lieber auf das, von dem wir glauben, dass es wichtig ist. Handlungen geben deshalb sehr starke Hinweise darauf, wie Menschen die Welt sehen.

Nur wer andere Menschen beobachtet und versteht, durchdringt deren Überzeugungen und Werte – und Sie als Design-Thinking-Berater müssen all diese Erkenntnisse in Ihre Entwürfe einbauen, um erfolgreich sein zu können.

Tipps für die erste Phase

- **Beobachten Sie:** Was Menschen über die Welt denken, was ihnen wichtig ist, was sie als gut und was sie als weniger gut bewerten etc., zeigen sie am deutlichsten durch ihr Verhalten im Alltag. Versuchen Sie so oft und so viel wie möglich, dies zu beobachten, gerade dann, wenn Sie Interviews durchführen. Einige der wichtigsten Erkenntnisse resultieren direkt aus den Widersprüchen zwischen dem, was jemand sagt, und dem, was derjenige tatsächlich tut. So manches Mal bekomme ich durch diese Beobachtungen Einblicke, nach denen zu fragen ich nicht mal im Traum gedacht habe.

- **Fragen Sie nach:** Ein empathisches Interview funktioniert anders als ein Interview, bei dem Sie mittels Fragebogen abfragen. Es ist vielmehr ein Gespräch, für das Sie zwar Fragen vorbereitet haben, von denen Sie aber im Gespräch selbst dann durchaus abweichen können. In diesem Gespräch ist es Ihre Aufgabe, sich Geschichten und Erlebnisse erzählen zu lassen und mit »Warum?« die Bedeutung hinter diesen Geschichten aufzudecken. Aber Achtung: Für gewöhnlich dauern diese Gespräche länger als geplant, da sie meistens für beide Seiten Überraschungen parat halten.

- **Sehen und hören Sie zwischen den Zeilen:** Verbinden Sie Sprechen mit Sehen, indem Sie jemanden bitten, Ihnen zu zeigen, wie er oder sie eine Aufgabe erledigt, und besprechen Sie diese detailliert. Wenn es physisch nicht möglich ist, direkt zu beobachten, dann bitten Sie den anderen, die Aufgabe gedanklich zu erledigen und jeden einzelnen Schritt dabei laut aufzuzählen. Dabei hilft es, wenn Sie dieses Gespräch im natürlichen Umfeld Ihres Gesprächspartners stattfinden lassen. Das kann der Arbeitsplatz oder das Zuhause sein. Menschen erinnern sich an viele Geschichten, wenn sie mit den dazugehörigen Objekten in Berührung kommen. Nutzen Sie die Umgebung, um noch tiefer zu graben. Nachdem Sie sich in eine fremde Welt entführen haben lassen, geht es im nächsten Schritt darum, das Gehörte und Gesehene zusammenzufassen und gemeinsam im Team zu verarbeiten. Das ist notwendig, um das große Bild dahinter zu verstehen und zu begreifen.

Dieser Schritt ist eine großartige Chance, den Prozess zu beginnen – durch den Austausch mit Ihren Kollegen. Fragen Sie nach, was diese zwischen den Zeilen von Geschichten hören, was ihnen dabei auffällt, und fassen Sie die wichtigsten Teile in visueller Form zusammen. Holen Sie dazu alle Informationen aus Ihrem Kopf, und übertragen Sie sie auf eine Pinnwand. Das können Zitate sein oder Informationen und Eindrücke – einfach alles, was Ihnen dabei hilft, Ihre Eindrücke einzufangen. Dieser Schritt ist der Beginn des Syntheseverfahrens, das in den nächsten Schritt »Definition« führt.

Methoden für die 1. Phase

Desk Research

Mit dieser Methode suchen Sie Informationen für Ihr Projekt aus verschiedenen Quellen, wie Webseiten, Bücher, Magazine, Blogs etc., zusammen.

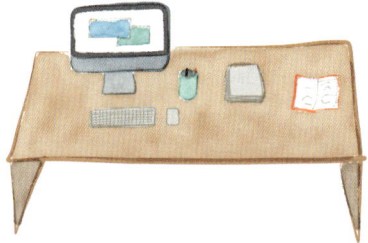

Wann?

Wenn Sie Informationen brauchen, die Sie nicht direkt vom Kunden oder Nutzer bekommen können. Zum Beispiel, wenn diese Informationen Trends, verwandte Themen oder Entwicklungen betreffen, die ebenfalls wichtig für das Projekt sind. Diese Methode können Sie jederzeit anwenden, vor allem dann, wenn Sie bereits einen guten Überblick über die Problemstellung haben und tiefer eintauchen wollen. Desk Research hilft aber vor allem, ein erstes gemeinsames Verständnis aufzubauen und sich vorab auf die Interviews vorzubereiten.

Wie?

Am besten erstellen Sie zunächst eine Art Mindmap, in deren Mitte Sie das eigentliche Thema schreiben. Danach überlegen Sie, woher Sie neue und relevante Informationen bekommen können. Diese neuen Einsichten schreiben Sie einzeln auf Notizzettel: eine Überschrift, unter der die Informationen zusammengefasst werden, eine kurze Beschreibung der Information, die Quelle und die Ergebnisse der Untersuchung. Überlegen Sie sich vor jeder Erstellung genau, ob das Thema auch wirklich für Ihre Fragestellung relevant ist.

Detailliertes Eintauchen

Warum?

Mit dieser Methode können Sie das Interaktionsmuster der Personen in der Tiefe untersuchen und genau verstehen. Im Grunde genommen wird der Fokus darauf gelegt, vier verschiedene Kategorien an Informationen herauszufiltern:

1. Was sagen die Personen im Allgemeinen?
2. Was denken sie?
3. Wie fühlen sie sich?
4. Wie agieren sie?

Die Idee dahinter ist, dass Sie extreme Verhaltensweisen und Muster erkennen und latente Bedürfnisse sichtbar machen. Als Grundlage dienen die Ergebnisse Ihrer qualitativen Forschungen, also das, was Sie durch die Interviews und die Beobachtungen erfahren haben. Durch die Analyse der unterschiedlichen, extremen Profile bekommen Sie neue Perspektiven und Ansätze. Bei dieser Methode geht es vor allem darum, ein tieferes Verständnis aufzubauen und Empathie zu entwickeln, die Glaubensmuster der Zielgruppe zu verstehen und die wahren Bedürfnisse und Wünsche herauszufinden. Diese Technik können Sie gut mit anderen Methoden kombinieren, wie Interviews, Fotografie-Protokolle, Teilnehmerbeobachtungen und so weiter.

Wie?

Die Projektbeteiligten gehen dazu direkt zu den Kunden oder Nutzern, um sie zu beobachten oder mit ihnen zu interagieren – so können sie sich ein eigenes Bild davon machen, was die Personen sagen, was sie tun und wie sie sich dabei fühlen. Holen Sie sich zuerst die Erlaubnis für eine Beobachtung oder Befragung ein. Dann begleiten Sie Ihre Zielperson in das Umfeld, das Sie untersuchen wollen. Setzen Sie sich zur Beobachtung an einen Ort, an dem Sie niemandem im Weg sind, und beobachten Sie einfach, was sich vor Ihren Augen abspielt. Was macht die Person? Mit wem redet sie? Wie wirkt sie auf Sie? Welche Gefühle können Sie beobachten, welche stellen Sie dabei an sich selbst fest? Nehmen Sie die ganze Szene wahr. Erst wenn Sie Ihre Beobachtung abgeschlossen haben, nehmen Sie sich Zeit, um das Gesehene niederzuschreiben. Achten Sie dabei darauf, dass Sie keine Wertungen abgeben, sondern nur das notieren, was Sie auch tatsächlich gesehen und gehört haben. Wenn Sie ein Gefühl bei sich wahrgenommen haben, beschreiben Sie auch dieses, aber merken Sie dabei an, dass Sie das Gefühl bei sich wahrgenommen haben.

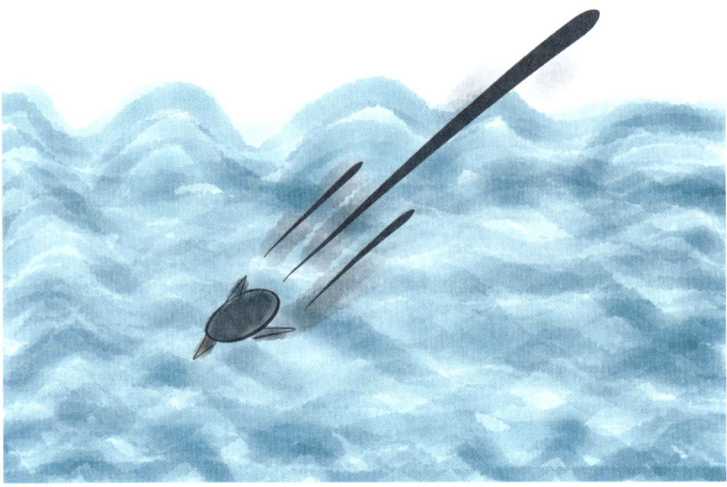

Dieser Vorgang erfordert ein wenig Arbeit und Anstrengung. Sie werden bei dieser Übung auch bemerken, wie oft Sie im Alltag Dinge bewerten, ohne dass Ihnen das eigentlich bewusst ist.

Empathisches Interview

Warum?
Es geht darum, die Gedanken, Gefühle und die Motivation einer Person nachvollziehen zu können. Wenn wir verstehen, warum jemand auf eine bestimmte Art und Weise handelt, können wir leichter das Bedürfnis dahinter erahnen und daraus Lösungen entwickeln, die dann auch angenommen werden.

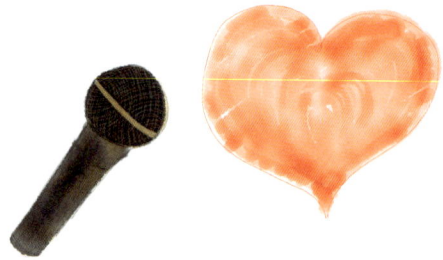

Wie?
Bitten Sie Ihren Nutzer darum, dass er Ihnen eine Geschichte zu dem Problem erzählt, das Sie bearbeiten. Was fällt ihm dazu ein? Inwiefern ist die Lösung für ihn wichtig? Achten Sie dabei auf folgende Punkte:

- Fragen Sie nach dem Warum, nicht nach dem Wie.
- Vermeiden Sie das Wort »normalerweise«, wenn Sie eine Frage stellen. Schließlich wollen Sie Geschichten hören, und die sind selten »normal«.
- Achten Sie auf Unstimmigkeiten. Das kann ein gesagtes Wort sein, das unstimmig wirkt, aber auch ein Widerspruch in der Geschichte.
- Während Geschichten schnell mal ausgeschmückt werden können, ist der Körper nicht so geschult darin, Dinge zu verbergen. Beobachten Sie deswegen die Gesten und die

Mimik Ihres Gegenübers. Spätestens dann, wenn zwischen dem Gesagten und dem Körperausdruck ein Widerspruch auftritt, ist es Zeit nachzufragen.

- Halten Sie Stille und Pausen aus, und lassen Sie Ihrem Gegenüber Zeit zum Nachdenken.
- Vermeiden Sie Suggestivfragen, neutrale Fragen und Fragen, die mit ja oder nein zu beantworten sind.
- Damit die Fragen nicht zu kompliziert werden, nehmen Sie sich vor, keine Frage zu stellen, die mehr als zehn Wörter hat.
- Beobachtungen und Befragungen erfordern viel Konzentration. Befragen Sie deswegen immer nur eine Person nach der anderen. Interviewen Sie am besten paarweise, sodass einer sich auf die Antworten und das Mitschreiben und der andere sich auf die Körpersprache konzentrieren kann.
- Gehen Sie respektvoll mit der Zeit anderer um, und seien Sie gut vorbereitet. Was wollen Sie herausfinden? Worum geht es? Welche Fragen eignen sich gut, welche weniger gut?

Personae

Warum?

Personae sind Archetypen mit fiktionalem Charakter. Nachdem Sie viele Informationen über Ihre Zielgruppe gesammelt haben, fassen Sie die wichtigsten oder extremsten Verhaltensmuster zusammen und erstellen daraus eine Art Stellvertreter – die Persona. Die Persona repräsentiert die Motivation, Wünsche, Hoffnungen und Bedürfnisse zusammen mit signifikanten Eigenschaften einer größeren Zielgruppe.

Personae können in verschiedenen Stadien während des Prozesses eingesetzt werden, aber vor allem sind sie wichtig, wenn es darum geht, spezifischere Daten zu sammeln und zu validieren. Zum Beispiel kann die Persona helfen, bei der Ideenfindung fokussiert zu bleiben, damit auch wirklich die Lösungen mit den Bedürfnissen der Nutzer zusammenpassen.

Wie?

Basierend auf den Daten aus Ihrer vorherigen Beobachtungsphase werden verschiedene Charaktereigenschaften herausgestellt. Zur Einteilung können Sie unterschiedliche Kategorien nutzen wie demografische Informationen (Geschlecht, Alter, Wohnort) oder Verhaltensweisen (Umgang mit Krankheit, Verhalten in sozialen Gruppen). Nachdem Sie alle Unterschiede herausgearbeitet haben, fassen Sie die Charakteristiken zusammen, die am besten auf die gesamte Gruppe zutreffen. Dichten Sie dieser Persona auch eine Lebensgeschichte an: Geben Sie Ihr einen Namen, beschreiben Sie ihr Aussehen, überlegen Sie, welche Hobbys, Wünsche und Träume sie hat etc.

Tipp

Je nach Projekt können Sie unterschiedliche Personae identifizieren. Oft gibt es mehrere Gruppen mit spezifischen Unterschieden, die eine eigene Perspektive haben und so Ergänzungen und offene Lücken schließen können.

Produktives Treffen

Warum?

Das produktive Treffen ist ein informelles Gespräch, zu dem mehrere Kunden / Nutzer eingeladen werden, ihre Erfahrungen, Gedanken und Sichtweisen über die Projektthemen mit anderen zu teilen. Das Ziel ist zu verstehen, was diese Personen wissen, wie sie träumen, was sie dabei fühlen – vor allem in Bezug auf latente Wünsche.

Diese Methode wirkt besonders dann, wenn es darum geht, einen Überblick über die Zielpersonen zu bekommen, vor allem über den Ablauf ihres Alltags in all seinen Einzelheiten. Damit verstehen Sie das, was Sie beobachtet haben, besser – und Sie bekommen einen Einblick in die Vielfalt des Alltags der Menschen, für die Sie neue Ideen entwickeln.

Wie?

In Übungen widmen Sie sich Themen aus dem Leben der Teilnehmer. Zunächst machen Sie die Teilnehmer durch auflockernde Kennenlern- und Eisbrecher-Spiele miteinander vertraut – so können Sie eine bessere Ebene für persönliche Gespräche herstellen. Danach geben Sie ihnen mit kreativen Impulsen die Möglichkeit, ihre Erinnerungen, Gefühle und Motivationen zu diesem Thema zu besprechen und zu reflektieren. Dadurch bekommen sie einen neuen Zugang dazu und sind offen für Lösungen und neue Wege.

Story and Capture

Warum?

Gemeinsam mit Ihrem Team beleuchten Sie zumindest drei verschiedene Bereiche des Problemgebiets. Dazu wählen Sie Geschichten aus, die Sie dank Ihrer Interviews und Beobachtungen in einem ersten Schritt gesammelt haben. Bei der Untersuchung der Erzählungen wird Ihnen auffallen, dass es noch etliche Dinge gibt, die Ihnen beim ersten Mal entgangen sind oder die Sie anders verstanden haben etc.

Wie?

- Gehen Sie gemeinsam die Interviews durch, die Sie bereits gesammelt haben, und achten Sie darauf, wo Brüche und unterschiedliche Auffassungen sichtbar werden.
- Jedes Teammitglied sollte sich Notizen über die User-Storys machen und wichtige Schlagwörter aufschreiben. Diese

werden dann gemeinsam in Gruppen an der Pinnwand sortiert. Das Ziel ist es, zu verstehen, wer Ihre Zielgruppe ist, was diese in Bezug auf das Problem sagt bzw. warum diese Gruppe für Sie besonders interessant ist.

- Achten Sie dabei speziell auf die Details. Details haben eine enorme Kraft und geben Informationen nochmals einen anderen Dreh.

Empathy Map

Warum?

Wir brauchen ein tiefes Verständnis der Person, für die wir eine Lösung entwerfen sollen. Die Empathy Map ist ein hilfreiches Werkzeug, um die eigenen Beobachtungen zusammenzufassen und durch die intensive Beschäftigung mit der Person zu unerwarteten Einsichten zu gelangen.

Wie?

Zeichnen Sie ein Vier-Quadranten-Layout auf ein Papier mit folgenden Inhalten aus der bisherigen Recherchearbeit:

- Gesagtes: Was sind einige Zitate und Worte, die die Zielgruppe oft benutzt hat?
- Getanes: Welche Handlungen und Verhaltensweisen haben Sie bemerkt?
- Gedachtes: Was könnte die Zielgruppe denken? Wie sehen die Motive, Überzeugungen aus?
- Gefühltes: Welche Emotionen könnten bei der Zielgruppe eine wichtige Rolle spielen?

Aber Achtung: Gedanken, Überzeugungen und Gefühle können nicht direkt beobachtet werden. Diese ergeben sich vor allem aus der Körpersprache, dem Ton und der Wortwahl.

2. Phase: Definieren des Problemfeldes

Das richtige Problem zu definieren, ist der einzig wirklich effektive Weg, um die passende Lösung zu entwickeln. Viele übergehen diesen Schritt – dabei ist er so wichtig:

> Eine gut formulierte und vor allem richtig fokussierte Problemstellung erzeugt Klarheit, entfacht neue Energie und schafft mehr quantitative und qualitativ höherwertige Lösungen.

Mit dem Schritt der Problemdefinition erkennen Sie deutlich, wo genau es hakt und warum vorherige Lösungen nicht funktioniert haben. Das Ziel ist es, eine sinnvolle und umsetzbare Problemstellung – kurz: den Point of View (PoV) – zu definieren. Der Point of View stützt sich auf die Bedürfnisse der Zielgruppe – die Sie in der vorherigen Phase genau erkundet haben und jetzt rückhaltlos preisgeben.

Der Point of View ist also der explizite Ausdruck des Problems, das Sie lösen möchten. Noch mehr sogar: Der Point of View richtet das Problem an die richtige Adresse. Das ist möglich, weil Sie im vorherigen Schritt ein vollkommen neues Verständnis für den Menschen und den Problemraum entwickelt haben.

Beim Definieren Ihrer Problemstellung synthetisieren Sie zuerst Ihre verstreuten Erkenntnisse mit den eindrucksvollen Einblicken und Informationen, die Sie in der vorherigen Phase gesammelt haben. Das verschafft einen einzigartigen Vorteil: Sie haben einen vollkommen neuen Zugang zu Ihrem Problem und können Ihre Herausforderung ganz anders angehen.

Dafür müssen Sie überlegen, was Ihnen beim Gespräch und bei den Beobachtungen aufgefallen ist: Gibt es bei all den befragten Personen ein gemeinsames Muster? Wenn Ihnen etwas Interessantes aufgefallen ist, dann fragen Sie sich im Team, was der Grund dafür sein könnte, dass das so ist. Die Frage nach dem Warum

(Warum hat jemand dieses oder jenes Gefühl / Bedürfnis / Verhalten?) schafft eine Verbindung zu den Personen und erzeugt einen größeren Kontext. Entwickeln Sie ein Verständnis für die Person, für die Sie das Problem definieren – Ihren Kunden. Wählen Sie aus bestimmten Rahmenbedingungen die aus, die Sie für wichtig halten und die Sie erfüllen wollen – das kann durchaus nur eine einzige Anforderung sein (z. B. der Kundendienst muss schneller reagieren).

Die Arbeit mit den neuen Erkenntnissen und Einblicken führt Sie durch die Synthese von Informationen, die Sie im ersten Schritt gesammelt haben, und hilft Ihnen dabei, die Eindrücke zu formulieren. Erst dann entwickeln Sie den Point of View, indem Sie die drei Elemente – Kunde, Bedarf und Erkenntnis – zusammenführen und als Problemstellung definieren.

Sie erkennen einen guten Point of View an folgenden Punkten:

- Sie bekommen einen handhabbaren Fokus auf das Problem.
- Das Team ist motiviert und inspiriert weiterzumachen.
- Sie haben eine Grundlage, um wichtige Entscheidungen zu treffen.
- Die Augen der Menschen, denen Sie davon erzählen, beginnen zu funkeln und die Ideen der Gruppe zu sprudeln.
- Die Fragestellung beginnt mit » Wie können unsere Kunden / wir … helfen / unterstützen / bringen …?«.

Beispiele für gute Points of View:

Nehmen wir an, Sie wollen intern die Kommunikationswege effizienter gestalten. Nach Untersuchung des Kontextes wäre eine mögliche Variante, direkt den Ansprechpartner anzusprechen. Statt zu sagen »Das persönliche Gespräch sollte einer E-Mail vorgezogen werden«, können Sie den PoV so definieren: »Wenn einer von uns Hilfe von einem Kollegen braucht, dann sollte er direkt das

Gespräch suchen, da das auch gleich eine gewisse Wertschätzung widerspiegelt, die motiviert.«

Methoden für die 2. Phase

PoV-Lückentext

Warum?

Der Point of View gibt der erarbeiteten Fragestellung einen Rahmen und macht die Herausforderungen erst lösbar bzw. die Lösungen umsetzbar. Daraus werden wiederum fruchtbare Gedanken entwickelt. Ein guter PoV ist Basis für tolle und inspirierende Ideen. Fragen Sie sich deswegen immer »Was wäre, wenn?« oder »Wie können wir?«. Vergessen Sie nicht: Design Thinking soll lösbare Herausforderungen entdecken und diese greifbar machen.

Wie?

Verwenden Sie den folgenden Lückentext, um die drei Kernelemente des PoV zu erfassen und einzufangen: den Adressaten, dessen Bedarf und das Aha-Erlebnis.

[User] + [Bedarf] = [überraschende Einsicht]

Am besten nutzen Sie dazu ein Whiteboard oder Notizpapier und probieren verschiedene Reihenfolgen und mögliche Kombinationen. Der Bedarf und die Erkenntnis entstehen durch die Überlegungen. Aber Achtung: Der Bedarf sollte ein Tätigkeitswort sein, und die Einsicht nicht nur ein lapidarer Grund für die Notwendigkeit, sondern eine wirkliche Erklärung, die bei der Gestaltung einer Lösung genutzt werden kann. Vergessen Sie nicht: Texten Sie den PoV kurz und knackig – Sie müssen die Menschen faszinieren und mitreißen!

Beispiel: Nehmen wir an, in Ihrem Unternehmen geht viel Zeit und Geld durch ineffiziente Kommunikation mit Lieferanten verloren. Statt »Wir müssen unsere Lieferantenwahl überdenken« setzen Sie diesen PoV ein: »Um effizienter und flexibler auf Anfragen von Kunden zu reagieren, müssen wir intern die Kommunikation mit den Lieferanten verbessern.«

Beachten Sie bitte, wie letztere Beschreibung die Herausforderung umsetzbar und gestaltbar macht, während erstere eher eine Feststellung von Tatsachen ist, die niemanden anspornen wird, Ideen zu entwickeln.

PoV-Analogie

Warum?
Die PoV-Analogie hilft auf kurze und überzeugende Art und Weise, die eigentliche Herausforderung, also die Design Challenge, zu definieren. Eine gute Analogie ergibt eine hilfreiche und stabile Leitplanke, die wichtig für die Gestaltung der endgültigen Lösung ist.

Wie?
Verwenden Sie am besten kurze Analogien, um die Quintessenz der Idee zu treffen. Mit Metaphern und Beispielen kann die wichtigste Erkenntnis ausgeschmückt werden. Das Gabler Wirtschaftslexikon definiert eine Analogie als »(…) eine Übereinstimmung von Objekten bez. bestimmter Merkmale«[6].

Eine Analogie wäre zum Beispiel: Was für Vögel die Federn sind, ist für den Hund das Fell. PoV-Analogien sind eine wertvolle Methode, um Rückschlüsse ziehen zu können und Probleme zu lösen, weil Sie dadurch einen neuen Zugang bekommen.

Verfahren:

- Einigen Sie sich mit der Gruppe auf das Problem, das Sie näher untersuchen wollen.
- Geben Sie eine kurze Einweisung in die Verwendung von Analogien, und bieten Sie den anderen ein paar Beispiele.
- Sammeln Sie nun eine Reihe an Analogien zu Ihrer speziellen Thematik.
- Suchen Sie eine Reihe von Analogien, die Sie dann statt des Problembegriffs einsetzen. Versuchen Sie mehrere Analogien, bis Sie die passende finden.

Als Beispiel eine Metapher aus der Apple-Welt: »Dein persönlicher Musik-Player als Accessoire« war die Leitidee für die Erstellung des iPod. Statt nur zu sagen, dass es ein Wiedergabegerät ist, wurde der Blick auf das Einzigartige gerichtet. So kann der Designer mit Ideen starten, die kreativer und inspirierender sein werden, als wenn sein Blick nur auf den Gebrauchsgegenstand fokussiert wäre.

Insight Cards

Warum?

Ein Insight ist eine Erkenntnis, die Sie bereits in der vorherigen Phase entdeckt haben – die Identifikation einer Möglichkeit. Und Insight Cards sind Reflexionen der Informationen aus der vorherigen Phase. Damit lassen sich Muster und Zusammenhänge aufzeigen oder die Ergebnisse der vorherigen Phase zusammenfassen – aber auch die Ergebnisse späterer Phasen.

Wie?

Wann immer Sie auf ein Thema stoßen, das Sie als relevant für Ihr Projekt empfinden, notieren Sie es sich auf Karteikarten. Schreiben Sie auch dazu, warum Sie dieses Thema als wichtig erachten, in welchem Zusammenhang Sie es sehen etc. Normalerweise bestehen die Insight Cards aus einer Überschrift, die das Wichtigste zusammenfasst, und einem Zitat dazu. Geben Sie immer auch die Quelle für das Zitat an!

Affinitätsdiagramm

Warum?

Für das Affinitätsdiagramm benötigen Sie die Insight Cards. Diese gruppieren Sie anhand von Gemeinsamkeiten, Abhängigkeiten, Vorlieben oder sonst einer Kategorie, die Ihnen sinnvoll erscheint. Durch die Gruppierung erkennen Sie schnell Muster und Gemeinsamkeiten und können die große Menge an Informationen besser überblicken.

Wie?

Nachdem Sie erste Informationen gesammelt haben, schreiben Sie diese zunächst auf die Insight Cards. Diese breiten Sie dann auf einem Tisch oder auf dem Boden aus, damit das ganze Team sie sehen kann. Filtern Sie dann Ziel, Themen, Gruppen oder Kriterien heraus, die Ihnen dabei helfen, die Daten besser zu entschlüsseln.

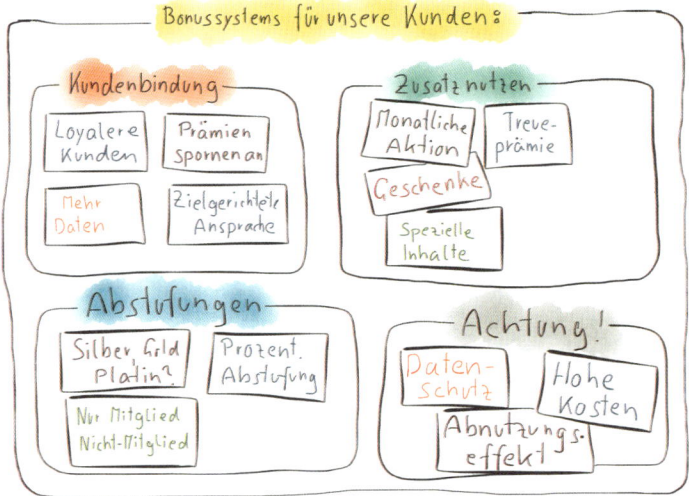

Wenn Sie diese Gruppierungen erstellt haben, hängen Sie sie auf, und machen Sie sie für alle sichtbar. Was erkennen Sie an gemeinsamen Themen und Schnittstellen?

Konzeptplan

Warum?

Der Konzeptplan ist eine grafische Visualisierung, die sich sehr gut dafür eignet, zum Beispiel die weitere Sammlung von Ideen zu vereinfachen, die Gruppendiskussion zu moderieren oder um Daten und Informationen besser zu kommunizieren. Ein Konzeptplan erleichtert den Überblick über die Daten und zeigt diese im Gesamtzusammenhang. Dadurch ist ein schnellerer und leichterer Zugang möglich, und vor allem Abhängigkeiten und Ähnlichkeiten werden einfacher erfasst. Sie können den Konzeptplan aber auch als Basis für die Ideenfindung verwenden.

Der Konzeptplan bietet einen nützlichen Kontrast zu Erzählungen. Dabei sieht der Betrachter sowohl Bäume als auch die Wiese, während das große Bild doch nur den Wald widerspiegelt. Das große Bild ist klar, da alle Ideen auf der Oberfläche dargestellt werden.

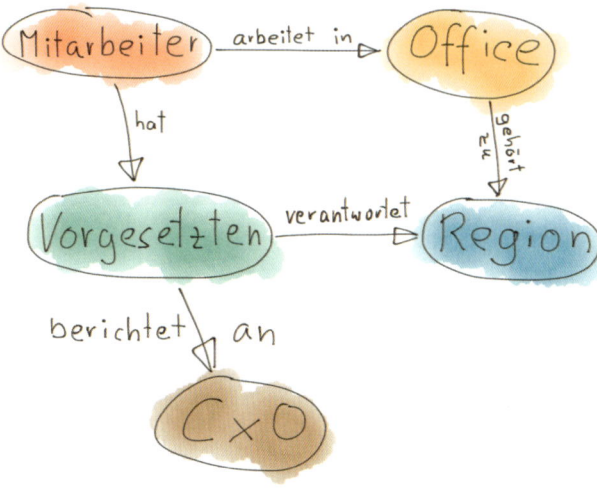

Trotzdem bekommen Sie auch die Details und deren Beziehungen untereinander zu sehen.

Wie?

Am besten erstellen Sie einen Konzeptplan innerhalb des Projektes in der Gruppe. Der Prozess beginnt damit, dass Sie verschiedene Wörter aussuchen, die stellvertretend für das Problem stehen. Daraus entwickeln Sie eine Art Hauptsatz, der die Kernaktivität und die Beteiligten zusammenfasst. Dieser Satz dient als Basis für die weitere Kommunikation. Er kann im Laufe der Zeit noch angepasst oder verändert werden.

- Im ersten Schritt erstellen Sie eine Liste an Begrifflichkeiten, die in das Gesamtkonzept passen.
- Danach bearbeiten Sie diese Liste. Stellen Sie Regeln auf, wie zum Beispiel, dass Sie alle Begriffe streichen, die nicht zum Projektziel führen.
- Im dritten Schritt legen Sie ein Ranking der Begriffe fest. Streichen Sie Wörter, untersuchen Sie, welche Begriffe besser zur Definition des Problems passen und welche nur Details sind. Durch die Rangfolge bekommen Sie auch eine Chance, eine mögliche Struktur zu finden.

- Wählen Sie dann einen Hauptsatz aus, der die zwei oder drei wichtigsten Begriffe beinhaltet. Der erste Satz könnte den großen Zusammenhang definieren, während der zweite als Verzweigung aus dem Hauptsatz entsteht. Von dort aus können Sie sekundäre Begriffe und die Details hinzufügen.

Critical Reading Checklist

Warum?

Diese Checkliste ist ein Tool, um festzustellen, ob ein Team zu einem sinnvollen, umsetzbaren, aufschlussreichen, einzigartigen, genügend großen und gemeinsam gut nutzbaren Point of View (PoV) gekommen ist.

Wie?

Stellen Sie sich vier grundlegende Fragen:

1. **Worum geht es?** • Welche Rahmenbedingungen hat das Team? • Ist der PoV nutzerzentriert, bedarfsgerecht, und sind die Erkenntnisse aus der vorherigen Phase inkludiert?
2. **Wer sagt das?** • Stimmt der Kunde dieser Aussage zu? • Ist es eine Destillation der Ergebnisse? Ist das zutreffend außerhalb eines Interviews?
3. **Was ist neu?** • Was ist der Mehrwert des PoV? Sind die Ergebnisse in einer neuen Art und Weise kommuniziert worden? (Wenn der PoV sich nicht gut anfühlt, machen Sie ihn spezifischer.)
4. **Wen betrifft es?** • Ist der PoV signifikant? • Steckt er alle mit Energie an? • Hat sich die Arbeit gelohnt? Wenn nein, warum nicht?

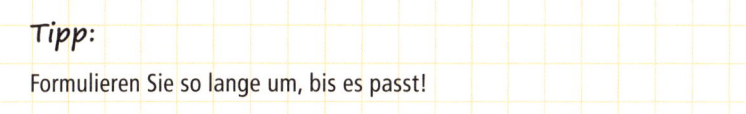

Tipp:

Formulieren Sie so lange um, bis es passt!

Design Challenge definieren

Warum?

Die Design Challenge ist die eigentliche Fragestellung zu Ihrer Problemstellung. Oft ist das eigentliche Problem nicht das ursächliche. Dieses zeigt sich meist erst nach der Beobachtungsphase.

Design-Prinzipien sind Grundsätze, die uns helfen, die eigentliche Fragestellung unabhängig von bestimmten Lösungen zu verstehen. Dazu werden die entdeckten Bedürfnisse und Erkenntnisse interpretiert und in Muster zusammengefasst. Diese geben einen Rahmen, um abstrakte, aber umsetzbare Leitplanken für eine innovative Lösung zu erstellen.

Wie?

Erstellen Sie eine Liste mit den wesentlichen Aussagen Ihrer Beobachtungen und geführten Interviews. Diese Liste bildet das Verständnis der Gruppe vom Problem und das des Nutzers ab. Alle Beteiligten bearbeiten gemeinsam in einem eigenen Workshop die Design Challenge. Dieser Workshop kann in einer Sitzung stattfinden, es kann aber auch mehrere Wochen dauern, bis Sie sich in der Gruppe auf die eigentliche Design Challenge geeinigt haben. Zunächst fassen Sie dazu alle Informationen und Daten über die eigentliche Fragestellung zusammen, aber auch die Glaubenssätze und Annahmen der Zielgruppe, die Sie bereits gesammelt haben.

Diese Daten werden durch Techniken wie Mindmaps, Journeys, Empathy Maps etc. visualisiert und besprochen, bis Sie ein gemeinsames Verständnis von der tatsächlichen Problemstellung und der eigentlichen Frage haben. Fragen Sie sich, ob diese Frage und diejenige, mit der Sie das Projekt begonnen haben, noch übereinstimmen. Hat sich etwas geändert? Gibt es neue Informationen, die ein neues Verständnis erbracht haben?

Tipps für die zweite Phase

- An dieser Stelle spielen die Räumlichkeiten eine wichtige Rolle: Schaffen Sie eine Atmosphäre, in der die Beteiligten entspannt sind und ohne Druck ihre Gedanken reflektieren können.

- Verwenden Sie vor allem bei emotional besetzten und provokativen Aussagen viele Geschichten und Beispiele Ihrer Zielgruppe. Das erleichtert das Verständnis und schafft eine empathische Verbindung.

- Wählen Sie einen Moderator aus, der Sie durch den Prozess begleitet und neue Erkenntnisse durch Fragen fördert bzw. Unsicherheiten schnell erkennt und sicher und optimistisch auftritt.

3. Phase: Ideen generieren

Bei der Ideenfindung geht es nicht darum, dass Sie die richtige Lösung finden, sondern darum, so viele Lösungen und Ideen wie möglich zu entwickeln! Sie konzentrieren sich also ganz darauf, verschiedene Ideen zu generieren. Dabei gehen Sie in Bezug auf Ihre Fragestellung möglichst breit vor, das heißt, Sie versuchen, in viele verschiedene Richtungen zu denken. Diese Phase liefert den Brennstoff, damit Sie in der nächsten Phase einen möglichst innovativen Prototyp entwickeln können.

Jetzt ist Ihre Fantasie gefragt! Es sollen mögliche Lösungskonzepte entwickelt werden, wobei Sie ruhig die unterschiedlichen Ideen miteinander kombinieren können. Auch wenn es verlockend scheinen mag: Versuchen Sie sich nicht sofort auf eine Idee bzw. Lösung zu konzentrieren, sondern suchen Sie wirklich eine breite Palette von Ideen, aus der Sie dann auswählen können. Die beste Lösung ermitteln Sie erst in einer späteren Phase, nämlich dann, wenn Sie Ihren Prototyp hinaus in die Welt schicken und Feedback dazu bekommen haben.

- Achten Sie auf eine Vielzahl an Ideen und denken Sie flexibel.
- Wenn es eine offensichtliche Lösung gibt, treten Sie gedanklich einen Schritt zurück und betrachten Sie das gesamte Spektrum.
- Sprechen Sie auch offensichtliche Lösungen an, und diskutieren Sie diese im Team.
- Die kollektive Perspektive und die unterschiedlichen Stärken in Ihrem Team erhöhen das Innovationspotenzial Ihrer Lösung um ein Vielfaches.
- Untersuchen Sie neue Teilaspekte genauer.

Indem Sie bewusstes, unbewusstes und rationales Denken kombinieren, bekommen Sie einen guten Zugriff auf Ihre Fantasie. Nutzen Sie in einem Brainstorming die Synergien der Gruppe, indem Sie auf den Ideen anderer aufbauen und dadurch wiederum neue Ideen entwickeln.

Auch die Anfertigung des Prototyps selbst kann bereits ein Teil der Ideenfindung sein. Sobald Sie die Einzelheiten Ihrer Idee physisch umsetzen, hilft das Ihnen weiterzudenken und neue Möglichkeiten zu sehen.

Es gibt noch viele andere Techniken zur Ideenfindung wie die Wortassoziationskette (s. S. 89), das kollektive Notizbuch (s. S. 92) oder die 6-3-5-Methode (s. S. 91).

Ganz egal, welche Methode Sie einsetzen: Achten Sie darauf, dass Sie die Entwicklung der Ideen unbedingt von der Bewertung der Ideen trennen. Ansonsten übernimmt schnell Ihre rationale Seite die Führung und Ihre Fantasie und Kreativität kommen nicht in vollem Umfang zum Zug.

Um zu vermeiden, dass Sie die Energie und das Innovationspotenzial verlieren, ist es ratsam, wenn Sie gleich mehrere Ideen näher betrachten und als Prototyp umsetzen. Denken Sie dazu in drei Kategorien: Suchen Sie aus den vorhandenen Ideen jene aus, die zum Beispiel am ehesten Freude bereitet hat, die, die am rationalsten wirkt und die, die für alle das größte Potenzial hat. Die Wahrscheinlichkeit, dass darunter die Idee ist, die tatsächlich das größte Potenzial hat, vergrößert sich dadurch.

Methoden für die 3. Phase

Wortassoziationskette

Warum?

Bei der Wortassoziationskette ändern wir die Bedeutung unseres Begriffs bzw. Schlüsselwortes. Dadurch erkennen wir die Assoziationen zu unserem Ausgangsbegriff und finden weitere Lösungen und Bedeutungen.

Wie?

Für diese Methode erstellen Sie zunächst eine Liste der wichtigsten Begriffe, die Ihnen zu Ihrem Thema einfallen. Wollen Sie zum Beispiel einen Prozess neu definieren, der sich um das Thema Produktkatalog dreht, dann schreiben oder stellen Sie das Wort »Produktkatalog« in das Zentrum einer Whiteboard-Fläche, eines Flipchart-Bogens oder etwas Ähnlichem.

Danach notieren Sie eine Liste an Assoziationen, die Ihnen dazu einfallen, wie »übersichtlich«, »kategorisiert«, »nachvollziehbar«. Wenn Ihnen eine der neuen Assoziationen gefällt, können Sie daraus eine neue Liste generieren, beginnend mit zum Beispiel »nachvollziehbar«.

Am Ende gibt es meistens vier oder fünf Listen von Assoziationen, die wiederum miteinander verknüpft werden können oder zu völlig neuen Einsichten führen.

Die Haftzettel-Methode

Warum?

Oft gibt es zu Beginn zu viele Informationen und keinen Kontext – zu viele Ideen, aber keine Strategie. Wenn Sie in einer Art Informationsflut feststecken, müssen Sie herausfinden, welche Ideen wirklich relevant sind, um sich auf die Problemlösung konzentrieren zu können. Indem Sie die Informationen auf Haftzettel schreiben, verleihen Sie ihnen quasi eine physische Gestalt, können ähnliche Ideen gruppieren und auf dieser Basis besser argumentieren. So bekommen Sie auch gleich einen neuen Blick auf die Dinge.

Wie?

Zunächst sammeln Sie alle Informationen, die es zu dem Thema gibt. Fassen Sie diese Infos dann so zusammen, dass sie auf jeweils einen Haftzettel mit max. acht Wörtern passen. Diese Haftzettel platzieren Sie für alle sichtbar auf einer Pinnwand und besprechen, gruppieren und reduzieren sie so lange, bis am Ende eine konkrete Idee übrig bleibt.

Die 6-3-5-Methode

Warum?

Die 6-3-5-Methode fördert vor allem viele neue und ungewöhnliche Ideen zutage und eignet sich auch hervorragend als Problemlösungsverfahren.

Wie?

Jeder Teilnehmer erhält zunächst ein Blatt mit der Fragestellung sowie mit Feldern für die Ideen (bestehend aus sechs Zeilen zu je drei Spalten). Je nach Schwierigkeitsgrad der Fragestellung legt der Moderator eine Zeitspanne für die Weitergabe der Arbeitsblätter fest (z. B. drei Minuten).

In die Felder der ersten Zeile werden drei Ideen eingetragen und nach Ablauf der Zeit an den Nachbarn weitergereicht. Die Herausforderung liegt für ihn nun darin, die bereits genannten Ideen aufzugreifen, zu ergänzen oder weiterzuentwickeln. Die daraus entstandenen drei neuen Ideen werden in die nächste freie Zeile eingetragen. Das passiert solange, bis keine Zeile auf dem Papier mehr frei ist.

Die Bezeichnung der 6-3-5-Methode geht auf die (optimalerweise) sechs Teilnehmer zurück, die je drei erste Ideen produzieren und dann fünfmal jeweils drei erste bzw. daraus abgeleitete Ideen weiterentwickeln (6 Teilnehmer, je 3 Ideen, 5-mal weitergeben).

Das kollektive Notizbuch

Warum?

Unter bestimmten Umständen ist ein gemeinsames Arbeiten zur Ideenfindung in einer Gruppe nicht möglich – oder nach einer kreativen Sitzung kommen die einzelnen Teilnehmer auf weitere Ideen, die es wert sind, festgehalten zu werden. Für diese Fälle eignet sich das kollektive Notizbuch. Bei diesem Ideenfindungsprozess werden die Ideen erst einmal gesammelt, um dann später in einem gemeinsamen Meeting gesichtet und ausgewertet zu werden.

Wie?

Alle Teilnehmer erhalten den Auftrag, zu einer Design Challenge, also zu der vorher formulierten Problemstellung, über einen gewissen Zeitraum ihre Ideen und Gedanken schriftlich festzuhalten. Dazu nutzen sie einen Notizblock oder ein Notizbuch, das auf den ersten Seiten eine Beschreibung der Design Challenge enthält. Das Notizbuch liegt an zentral erreichbarer Stelle im Unternehmen oder in der Abteilung aus.

Zunächst formulieren alle gemeinsam die Problemstellung und bereiten das Notizbuch vor. Darin notieren sie ihre Ideen, Gedanken und Anregungen, genauso wie spontane Eintragungen. Eine ausgewählte Person sollte darauf achten, dass das Notizbuch täglich benutzt wird. Nach Ablauf der Zeit werten Sie gemeinsam das Buch aus, sehen die Notizen durch und bearbeiten die Vorschläge zur Problemlösung.

Die SCAMPER-Technik

Warum?

Die besten Ideen werden fernab vom Schreibtisch geboren. Unser Verstand arbeitet am liebsten dann kreativ, wenn er entspannt ist. Druck oder Monotonie wirken wie Gift auf unsere Inspiration. Die SCAMPER-Technik hebelt Druck und Monotonie aus und verschafft uns neue Inspiration.

Wie?

Die SCAMPER-Technik arbeitet mit einer Checkliste, bestehend aus sieben Fragen, die Assoziationen auslösen und damit für neue Perspektiven sorgen. Sie können Ihre Fragestellung auf die einzelnen Assoziationen anwenden, um so mehr Ideen zu bekommen. Hier ist die Checkliste:

- Substitute (Ersetzen) – Welche Komponenten, Teile, Materialien, Zubehör oder auch Personen lassen sich ersetzen?
- Combine (Kombinieren) – Welche Dienstleistungen, Funktionen, Ideen überschneiden sich oder lassen sich kombinieren?
- Adapt (Anpassen) – Welche zusätzlichen Elemente können sinnvoll ergänzt werden?
- Modify (Abändern) – Lassen sich Farben, Größe, Materialien, Menüpunkte verändern / vergrößern / verkleinern? Welche Attribute (Farbe, Haptik, Akustik etc.) können geändert werden?
- Put to other purposes (Finden von weiterem Nutzen) – Wie kann Vorhandenes noch genutzt werden?
- Eliminate (Löschen) – Welche Elemente / Komponenten lassen sich vereinfachen oder gleich ganz eliminieren?
- Reverse (Umkehren) – Lässt sich bei den vorhandenen Elementen die Reihenfolge ändern? Gibt es eine entgegengesetzte Nutzungsmöglichkeit?

*Beispiel: Stellen Sie sich vor, dass Sie Ihre Webseite kundenfreund-
licher gestalten wollen. Überlegen Sie nun anhand der SCAMPER-
Checkliste:*

- *Was lässt sich ersetzen? Statt einer unübersichtlichen Navigation
  könnten Sie eine übersichtliche Startseite mit den wichtigsten
  Punkten gestalten.*
- *Welche Funktionen sind sinnvoll kombinierbar? Sie könnten auf
  bereits vorhandene Blogbeiträge verlinken, um so Case Studies zu
  Ihrem Produkt anzuzeigen. Symbolfotos machen das Angebot gleich
  attraktiver.*
- *Welche Elemente können ergänzt werden? Wie wäre es mit einem
  Startvideo, in dem Sie sich und Ihr Angebot mit Ton und Bild
  präsentieren? Oder ein Blog mit Gastbeiträgen?*
- *Was lässt sich ändern? Bringen Sie mehr Struktur in Ihre Texte.
  Gestalten Sie Ihre Beiträge einheitlich und mit weniger Farbe, um
  die Besucheraugen nicht überzustrapazieren.*
- *Wie kann Vorhandenes noch genutzt werden? Verweisen Sie in
  Gastkommentaren von Ihnen auf Ihre Texte. Nutzen Sie Text-
  bausteine, die sich in der Vergangenheit als zielführend erwiesen
  haben.*
- *Was kann ganz entfernt werden? Auf welchem Stand ist Ihr
  Angebot? Existiert das vorhandene Team noch?*
- *Wo lässt sich die Reihenfolge ändern? Nach welcher Reihenfolge
  werden die einzelnen Menüpunkte besucht?*

Ideen-Menü

Warum?

Das Ideen-Menü ist ein Katalog, der alle gesammelten Ideen zeigt. Es kann auch Kommentare,
mögliche Weiterführungen etc. von den Ideen
enthalten. Bei kollaborativen Meetings, Projekt-
präsentationen und Workshops bzw. bei der
Entscheidungsfindung können so Teilergebnis-
se und Standpunkte des Projekts einfach visualisiert werden.

Wie?

Verschiedene Ideen, die während des Projektes aufgetreten sind, werden in Form einer Menükarte festgehalten.

Dazu sammelt der Moderator des Brainstormings die verschiedenen Ideen und schreibt jede auf ein Kärtchen. Jedes dieser Kärtchen wird untereinander so aufgelistet, dass noch Platz für weitere Kommentare und Ideen vorhanden ist.

Danach wird die Menükarte sichtbar für alle an eine Pinnwand geheftet und um weitere Elemente, Details etc. erweitert. Wenn niemand mehr dem Vorhandenen etwas hinzuzufügen hat, können die Ideen bewertet und aussortiert werden.

Entscheidungsmatrix

Warum?

Die Entscheidungsmatrix ist ein Werkzeug für die strategische Analyse – wenn Ideen entwickelt wurden und diese nun validiert und mit den Bedürfnisse der Zielgruppe abgeglichen werden müssen. Die Matrix dient dazu, die Entscheidungsfindung zu vereinfachen. Sie kommt vor allem bei Meetings mit dem Kunden oder dem Projektauftraggeber zum Einsatz, um die nächsten Schritte zu besprechen.

Wie?

Die entwickelten Ideen im Projekt werden aufgelistet und nach Kriterien, die Sinn ergeben, gruppiert. Ziehen Sie dann die in einem der ersten Schritte entwickelten Personae bewusst hinzu, und überlegen Sie gemeinsam mit der Gruppe, wie und ob die Ideen mit den Anforderungen zusammenpassen. Ergeben die Ideen zum Beispiel für jene Zielgruppe wirklich Sinn oder sollte die Idee vorher noch erweitert werden? Ist eine Umsetzung in dieser Form überhaupt möglich?

4. Phase: Experimentieren

Machen Sie Ihre Idee greif- und erlebbar, um sie weiterzuentwickeln: In dieser Phase geht es darum, Ihre Lösungen so zu visualisieren, dass Sie Antworten auf noch ungestellte Fragen bekommen. Das bedeutet, dass Sie sich Ihrer Lösung nähern, indem Sie einen Prototyp entwickeln, der die Antwort auf Ihr Problem grob skizziert. Achten Sie darauf, dass Sie zu Beginn nur einen ganz einfachen Prototyp bauen. Je schneller und billiger dieser produziert wird, desto besser. Schon mit einem rudimentären Modell bekommen Sie erstaunlich viel hilfreiches Feedback von Anwendern und Kollegen. Wenn Sie beispielsweise eine Lösung für ein neues Entlohnungssystem entwickeln wollen, erstellen Sie ein einfaches Modell, und gehen Sie mit Ihrem Feedbackpartner kurz Ihre Idee durch. In einem späteren Stadium werden dann sowohl der Prototyp als auch die Fragestellung so weit verfeinert sein, dass Sie gezieltere Antworten bekommen.

Ein Prototyp kann so ziemlich alles sein, womit Menschen interagieren können: eine Wand voller Notizen, ein Mock-up, ein Storyboard oder Rollenspiel, aber auch ein aus Plastilin geformtes Etwas. Idealerweise sollte der Benutzer die neue Erfahrung erleben können. Es ist sicherlich gut, wenn Sie ein Szenario mit dem Entlohnungsmodell erstellen, aber noch besser wäre es, wenn Sie eine Umgebung schaffen, in der ein Rollenspiel stattfindet und der

Benutzer beispielsweise selbst seine Antworten eingeben soll. Dadurch werden emotionale Reaktionen sehr viel wahrscheinlicher. Ihr Prototyp eignet sich also, um Ideen weiterzuentwickeln, Probleme zu lösen und zu denken. Er eignet sich aber auch hervorragend, um zu kommunizieren und ein Gespräch zu beginnen. Der Prototyp ist die perfekte Gelegenheit, um mit anderen Nutzern, Kunden, Mitarbeitern etc. ins Gespräch zu kommen. Wie gesagt, Sie brauchen dafür auch meistens keinen Cent zu investieren, denn es geht allein darum, Möglichkeiten zu probieren. Je günstiger das ist, desto leichter können Sie viele verschiedene Ideen testen, ohne sich zu früh auf eine bestimmte Richtung festzulegen.

Tipps für die vierte Phase

- Fangen Sie einfach an: Wenn Sie nicht sicher sind, wie Sie Ihren Prototyp starten sollen, legen Sie Materialien auf die Seite. Haftzettel, Klebeband, Schere, Zeitungen – lassen Sie sich inspirieren!

- Verbringen Sie nicht zu viel Zeit mit dem Bau eines Prototyps: Wenn Sie zu lange brauchen, beginnen Sie, eine emotionale Beziehung zu Ihrem Prototyp aufzubauen. Danach fällt es Ihnen viel schwerer, Feedback anzunehmen und die Idee umzubauen oder gar zu verwerfen.

- Überlegen Sie genau, was Sie testen wollen: Ein Prototyp sollte immer eine bestimmte Frage beantworten. Wenn Sie sich nicht darüber im Klaren sind, was genau Sie von den Nutzern wissen wollen, wird Ihnen der beste Prototyp nichts nützen.

- Entwickeln Sie den Prototyp mit dem Fokus auf den Nutzer: Was wollen Sie eigentlich genau mit dem Nutzer testen? Was erwarten Sie, wie der Nutzer reagieren wird? Wenn Sie bereits im Vorfeld die Antworten auf diese Fragen kennen, können Sie diese schon in Ihren Prototyp einbauen. Das wiederum hilft Ihnen, aussagekräftige Rückmeldungen in der Testphase zu erhalten.

Die Phasen des Prototypings und Testens gehen meist ineinander über. Sie werden zunächst einen Prototyp entwickeln, den Sie dann testen, um bestimmte Aspekte zu prüfen, die Sie dann wiederum in den Prototyp einbauen. Beide Phasen sind sehr wichtig, um letzten Endes die wirklich passende Lösung für den Nutzer entwickeln zu können.

Methoden für die 4. Phase

Grenze ziehen

Warum?

Es klingt ein wenig seltsam, aber wenn wir uns selbst einschränken, erhöhen wir erst unser kreatives Potenzial. Probieren Sie es einfach mal aus!

Wie?

Es gibt drei Bereiche, in denen Einschränkungen nützlich sind:

- Ideenfindung: Während der Ideenfindung – wenn Sie zum Beispiel an einer Mindmap arbeiten – kann es hilfreich sein, sich selbst Einschränkungen zu setzen wie etwa: »Wie kann das Produkt aussehen, wenn es erst in fünf Jahren benutzt werden soll?«
- Experimentieren: Beim Prototyping, vor allem zu Beginn, ist es wichtig, in Analogien und Bildern zu denken und diese nach und nach umzusetzen. Durch das Setzen von Grenzen kann dieser Prozess schneller zum Erfolg führen – verwenden Sie beispielsweise nur bestimmte Materialien oder bestimmte Dinge. Oder schränken Sie die Lösung selbst ein: Wer soll wie und wo die Lösung nutzen?
- Zeit: Geben Sie sich selbst einen Zeitrahmen, zum Beispiel, dass der Prototyp in einer Stunde fertig sein muss. Oder verbringen Sie genau drei Stunden mit den Nutzern. Entwickeln Sie einen Entwurf in zehn Minuten etc.

Aktiv Empathie aufbauen

Warum?

Prototypen zu entwickeln oder Situationen aufzubauen, in denen Interaktionen stattfinden, helfen, Empathie zu gewinnen. Sie verlassen die Rolle des externen Beobachters und schaffen mithilfe Ihres Prototyps ein neues Verständnis für Ihr Konzept und erhalten so neue Informationen. Das hilft, ein Verständnis für die Denkweisen der Menschen zu bestimmten Themen zu gewinnen.

Wie?

Prototypen sind hilfreich, um tiefer in ein bestimmtes Gebiet einzudringen oder neue Einblicke zu entwickeln. Überlegen Sie, über welchen Aspekt der Herausforderung Sie mehr erfahren möchten. Dann besprechen Sie die Möglichkeiten, dieses Thema zu untersuchen.

Einige Ideen:

- Bitten Sie Ihre Nutzer zu malen, wie er oder sie beispielsweise über sein / ihr Einkaufsverhalten denkt. Danach reden Sie über das Bild.
- Schaffen Sie Situationen, in denen sich die Nutzer für gewöhnlich bewegen, um auch das Drumherum besser zu verstehen. Machen Sie Rollenspiele, oder führen Sie dazu Dialoge, die in etwa so auch in der Realität ablaufen könnten.

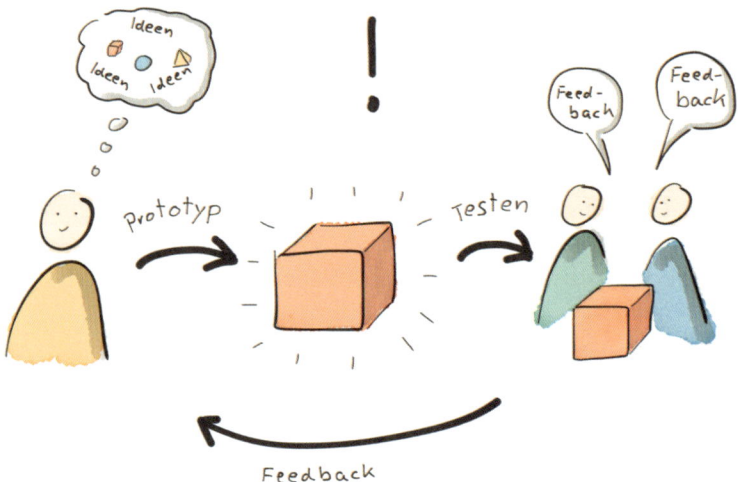

Bau eines Prototyps

Warum?

Prototypen helfen uns, die Dinge zu visualisieren und diese Ideen zu teilen und zu besprechen. Jede Situation, jeder Gedanke – so ziemlich alles kann in einen Prototyp umgewandelt werden.

Wie?

- Erstellen Sie ein Storyboard: Visualisieren Sie Ihre komplette Erfahrung mit der Idee über die Zeit durch eine Reihe von Bildern, Skizzen, Cartoons oder auch nur Textblöcken. Strichmännchen sind toll – Sie brauchen dafür kein Künstler zu sein. Verwenden Sie Haftzettel oder einzelne Blätter Papier, um das Storyboard zu erstellen, sodass deren Reihenfolge immer wieder neu angeordnet werden kann.
- Erstellen Sie ein Diagramm, und probieren Sie dabei verschiedene Versionen aus: Struktur, Netze oder auch der Prozess Ihrer Idee.
- Erzählen Sie eine Geschichte: Erzählen Sie die Geschichte Ihrer Idee in der Zukunft. Beschreiben Sie, wie die Erfahrung sein wird. Schreiben Sie einen Zeitungsartikel über diese Idee. Machen Sie eine Stellenbeschreibung. Beschreiben Sie die Idee, wie Sie sie auf der Webseite ankündigen würden.

- Erstellen Sie eine Werbeanzeige: Beschreiben Sie Ihre Idee als Werbung. Übertreiben Sie dabei ruhig und heben Sie bestimmte Eigenschaften hervor.
- Erstellen Sie ein Mock-up: Bauen Sie eine Attrappe anhand einfacher Skizzen auf dem Papier.
- Erstellen Sie ein 3D-Modell: Zeigen Sie Ihre Idee in 3D. Verwenden Sie dazu Papier, Pappe und auch andere Materialien.

Papier-Prototyp

Warum?

Der Papier-Prototyp repräsentiert die verschiedenen Stadien der Ideen – von der handgezeichneten Skizze bis hin zur Verpackung eines Produkts mit fertigem Text und der passenden Kolorierung. Dieser Prototyp startet ganz einfach und wird im Laufe der verschiedenen Iterationen immer komplexer. Diese Technik ist vor allem dann sinnvoll, wenn Sie die verschiedenen Möglichkeiten einer Idee ausprobieren und diskutieren wollen. Diese Tests können in verschiedenen Kontexten und unabhängigen Umgebungen stattfinden.

Wie?

Wie der Name schon vermuten lässt, geht es um eine papierene Version Ihres Prototyps. Sie können per Hand eine einfache Skizze erstellen oder mithilfe des Computers detailgenaue Interfaces erarbeiten oder eine Liste mit den wesentlichen Punkten anlegen.

Feedback einholen und einbauen

Feedback von Ihren Nutzern einzuholen, ist eigentlich keine eigene Phase, sondern geht Hand in Hand mit dem Bau des Prototyps, den Sie entwickelt haben. Dabei bekommen Sie die Chance, einen noch tieferen Einblick zu gewinnen und dadurch noch mehr Empathie für Ihre Zielgruppe aufzubauen. Im Gegensatz zur Empathie-Phase ganz zu Beginn haben Sie in dieser Phase jedoch eine viel weiter entwickelte Fragestellung. Sie können die Lösung direkt mithilfe

Ihres Prototyps testen. Dadurch schränken Sie Ihren Blickwinkel nicht auf den Test-Prozess ein, sondern interagieren direkt mit dem Nutzer.

Nutzung des Prototyps: Fragen Sie nach dem Warum und nicht nach dem Wie. Konzentrieren Sie sich dabei auf das, was Sie sowohl über den Nutzer als auch über die mögliche Lösung lernen können.

Am besten ist es, wenn Sie direkt im realen Umfeld Ihrer Testperson die Lösung anwenden können. Wenn Sie einen physischen Prototyp gebaut haben, bitten Sie die Nutzer, dass sie ihn direkt in ihren normalen Tagesablauf integrieren. Wenn Sie eine Erfahrung entwickelt haben, versuchen Sie ein Szenario zu erstellen, das die reale Situation bestmöglich erfasst. Ist der Test des Prototyps – aus welchem Grund auch immer – am realen Ort nicht möglich, versuchen Sie die Situation so realistisch wie möglich nachzubilden. Das kann eine Erzählung oder eine Art Imaginationsreise sein. Der Test ist die Chance, Ihre Lösungen zu verfeinern und den Prototyp besser zu machen.

Es kann passieren, dass die Lösung gar nicht angenommen wird und Sie zurück an den Start müssen. Sie können dann entweder mit einem neuen Prototyp beginnen, oder Sie lernen noch mehr über den Nutzer durch Beobachtungen und Verstehen. Auch Ihren Point of View werden Sie durch das Testen wesentlich verfeinern. Der Test kann durchaus zeigen, dass nicht nur die Lösung nicht passt, sondern Sie auch das Problem falsch verstanden haben.

Tipps für die vierte Phase

- Machen Sie keine Angaben: Legen Sie den Prototyp in die Hände des Benutzers, und versuchen Sie so wenig wie möglich zu erklären. Lassen Sie Ihre Tester den Prototyp selbst interpretieren, und beobachten Sie, wie sie diesen verwenden. Erst am Schluss lassen Sie sich erzählen, was der Nutzer darüber denkt, und beantworten Sie mögliche Fragen dazu.

- Machen Sie Erfahrungen möglich: Lassen Sie Ihren Prototyp als Erfahrung testen. Die Benutzer sollten damit agieren und nicht eine Erklärung bekommen.

- Bitten Sie die Benutzer um Vergleiche: Wenn es möglich ist, versuchen Sie gleich mehrere Prototypen und Szenarien auszutesten, und bieten Sie den Benutzern so eine Grundlage für einen Vergleich. Vergleiche zeigen oft latente Bedürfnisse.

Methoden für diesen Schritt

Orientierungshilfe für Feedback-Gespräche

Warum?

Ein gutes Feedback-Gespräch ist eine Mischung aus spontanen Reaktionen auf Ihre Prototypen und strukturierten Fragen, um so die Meinungen verschiedener Gruppen zum selben Thema vergleichen zu können.

Wie?

- Wählen Sie immer offene Fragen.
- Denken Sie an Fragen, die Sie sich selbst während der Entwicklung Ihrer Idee stellten.
- Laden Sie ausgewählte Personen ein, mit denen Sie diskutieren wollen.
- Formulieren Sie die Fragen so, dass sie zu konstruktivem Feedback, weiteren Ideen und Ermutigungen führen.

- Lassen Sie die Teilnehmer aus den Feedbackrunden mit Ihren Ideen spielen, zum Beispiel »Können Sie beschreiben, was Sie am meisten an dieser Idee reizt? Warum?«, »Wenn Sie etwas an diesem Prototyp ändern würden, was wäre das?«, »Wie würden Sie gerne diese Idee verbessern?«.
- Organisieren Sie die Fragen nach der folgenden Struktur:
  - Beginnen Sie mit den allgemeinen Eindrücken der Teilnehmer. Lassen Sie sie gemeinsam ihre ersten Gedanken zu dem Konzept aussprechen.
  - Stellen Sie spezielle Fragen über Ihre Idee.
  - Eröffnen Sie eine Diskussion, und fördern Sie so ein offenes Gespräch. Machen Sie sich dabei Notizen.

Feedback-Gespräche

Warum?

Wir bekommen ständig Feedback: Jedes Mal, wenn Sie mit jemandem sprechen oder jemandem zuhören und Sie dabei den Tonfall, die Worte aufgreifen oder auch wenn Sie Stille zulassen, kommunizieren Sie Feedback. Sie drücken damit aus, wie weit Sie jemandem vertrauen oder ihn respektieren. Wenn Sie zu einem anderen Menschen sprechen, ist es für Sie wichtig zu wissen, dass Sie verstanden worden sind, und Sie wollen ebenfalls spüren, dass das, was Sie sagten, eine Form von Wert hatte. Feedback zu geben, bedeutet deswegen auch, dass Sie einerseits zuhören, aber andererseits auch den Sinn hinter den Worten verstehen.

Für viele ist Feedback gleichbedeutend mit Kritik oder einem verbalen Angriff. Vielleicht ist das der Fall, weil wir nur selten jemandem glauben, der uns begeistert zustimmt. Dabei ist Feedback eine unterstützende Handlung, um auf konstruktive Weise jemandem zu helfen, seine oder ihre Leistung auf ein höheres Niveau zu entwickeln.

Gerade im Design Thinking werden Sie in interdisziplinären Teams zusammenarbeiten, die unterschiedliche kulturelle Vielfalt besitzen. Von Zeit zu Zeit werden Dinge schieflaufen, und Sie werden vielleicht in einer Weise kommunizieren, die auf andere verwirrend und womöglich unhöflich wirkt.

Der einzige Weg sicherzustellen, dass Sie auf dem richtigen Weg sind und wirklich Nutzen bringen können, ist, nach Feedback zu fragen. Vergessen Sie aber nicht: Feedback ist, was es ist – eine Meinung und nicht eine Tatsache.

Wie?

- Bitten Sie Ihre Teilnehmer offen und ehrlich um Feedback.
- Machen Sie deutlich, dass die Entwicklung Ihrer Idee noch nicht abgeschlossen ist und dass Sie nicht viel Zeit für den Aufbau des Prototyps oder für raffinierte Details verwendet haben.
- Bieten Sie mehrere Prototypen an: Bereiten Sie verschiedene Versionen Ihres Prototyps vor, um Menschen zu ermutigen, diese miteinander zu vergleichen.
- Bleiben Sie möglichst neutral: Präsentieren Sie alle Konzepte mit demselben neutralen Ton. Hören Sie sich das Feedback kommentarlos an, und machen Sie sich Notizen dazu (auch zum negativen Feedback), die Sie nachher in Ruhe besprechen können.
- Anpassung vor Ort: Fordern Sie Ihre Teilnehmer auf, die Idee gleich an Ort und Stelle umzubauen und zu ändern. Bereiten Sie sich selbst aber geistig darauf vor, und seien Sie nicht überrascht, wenn am Ende Ihre ursprüngliche Idee nur noch in Teilen existiert oder gar vollkommen eliminiert wurde.

Feedback integrieren

Warum?

Feedback ist von unschätzbarem Wert für die Entwicklung einer Idee, kann aber auch ziemlich verwirrend sein. Durch Sortieren der Antworten können Sie leichter entscheiden, wie Sie weiter vorgehen wollen.

Wie?

- Clustern Sie das Feedback: Diskutieren Sie im Team die Reaktionen auf Ihren Prototyp. Beginnen Sie damit, dass Sie Ihre Eindrücke als Notizen und auf Haftzetteln einfangen. Sortieren und gruppieren Sie das Feedback: Was wurde positiv angenommen? Welche Bedenken kamen auf? Welche Vorschläge gab es?
- Bewerten Sie die Wichtigkeit: Nehmen Sie sich einen Moment Zeit, um wieder zurück an den Anfang Ihrer Überlegungen zu kommen. Schauen Sie sich dafür Ihre früheren Erkenntnisse und Ideen an. Was war die ursprüngliche Absicht? Passt der Ansatz noch, auch nach dem Feedback?

- Priorisieren Sie das Feedback: Was ist für die Umsetzung am wichtigsten? Schaffen Sie sich einen Überblick über Ihre eigenen Notizen.
- Integrieren Sie das Feedback – nehmen Sie das Feedback in Ihr Konzept auf, und erstellen Sie basierend darauf einen neuen Prototyp.
- Holen Sie neues Feedback ein.

Einkaufsliste / Checkliste

Die theoretischen Grundlagen, um einen erfolgreichen Design-Thinking-Prozess zu starten, haben Sie jetzt. Eigentlich könnten Sie jetzt starten … aber halt! Ein paar Dinge brauchen Sie noch. Viele sind es nicht – aber sie sind deshalb nicht weniger wichtig. Einige davon bekommen Sie tatsächlich im Bastelgeschäft, andere dagegen müssen Sie selbst schaffen:

Das ist wichtig für die Raumgestaltung:

- Ort: Achten Sie darauf, dass Sie genügend Platz für alle Teilnehmer haben.
- Raum: Wählen Sie eine helle Umgebung, die Ihre Teilnehmer motiviert.
- Beleuchtung: Viel Tageslicht ist wichtig!
- Achten Sie auch auf gute Raumluft.
- Akustik: Der Raum sollte schallgedämmt sein. Auf keinen Fall darf es zu viel Hall oder gar ein Echo geben!
- Stehtische und Hocker sind besser als normale Tische und Stühle. Vermeiden Sie alles, was nach einer konventionellen Meetingsituation aussieht!
- Setzen Sie Whiteboards und Flipcharts ein – am besten solche, die sich leicht von Ort zu Ort verschieben lassen.

Um gute Ideen zu entwickeln, brauchen Sie …

- Papier
- Haftzettel (verschiedene Farben, unterschiedliche Größen und Varianten)
- Marker (Whiteboard-Marker und Permanent-Marker in allen Farben)
- Magnete

Um einen einfachen Prototyp zu bauen, brauchen Sie …

- Zeitschriften für Collagen
- eine Pinnwand
- Klebeband
- Klebstoff
- LEGO®

Wenn Sie einen etwas fortgeschritteneren Prototyp bauen wollen, brauchen Sie …

- Plastilin
- Kabelbinder
- farbiges Isolierband
- Filz
- eine Schaumstoffplatte
- Papierrollen
- Bänder
- Sticker
- Faden / Garn
- eine Klebepistole
- eine Lochzange
- eine Heftmaschine
- ein Lineal
- ein Maßband
- Stoffstücke

Mit diesen Utensilien und einem schönen passenden Raum sind Sie schon bestens ausgerüstet, um mit Ihrem Design-Thinking-Prozess zu starten. Und hier noch ein ganz allgemeiner Tipp: Meist ist es sinnvoll, wenn Sie mit Ihrem Team außerhalb der gewohnten Umgebung einen Raum bzw. Räume finden, in denen Sie sich treffen können. Losgelöst vom Alltag denkt es sich unbeschwerter und besser!

Die Phasen in der Praxis

Das Faszinierende am Design-Thinking-Prozess ist für mich, dass mindestens so viel Zeit in die Erkundung des Umfelds und die Analyse des Problems gesteckt wird wie in die Lösungsfindung. Bis ich Design Thinking entdeckte, bin ich in der Praxis nur Projekten begegnet, die all ihre Anstrengung in die Umsetzung bereits erdachter Lösungen steckten – ohne diese (geschweige denn die Annahme des Problems) in irgendeiner Form vorher zu hinterfragen!

Auch wenn in der Fachliteratur meist mehr Phasen für den Design-Thinking-Prozess propagiert werden – in der Praxis verwende ich diese vier Phasen:

1. Einfühlen
2. Definieren des Problemfeldes
3. Ideen generieren
4. Experimentieren

In Kapitel 6 werde ich Ihnen genauer beschreiben, wie ich diese vier Phasen umsetze.

> **Egal, in wie viele Phasen Sie Ihren Design-Thinking-Prozess aufteilen: Die einzelnen Stufen bauen nicht linear aufeinander auf, sondern treten gleichzeitig auf und können – sollen! – wiederholt werden.**

Der Wert von Design Thinking liegt in der Chance, bahnbrechend zu denken – und das auf strukturierte und produktive Weise. Das fördert die geistige Beweglichkeit. Durch die verschiedenen Methoden lassen sich alle Formen der Intelligenz – analytisch wie emotional – entwickeln. Das wiederum schafft ungeahnte Synergien in einem Team bzw. auf Unternehmensebene.

Die zentralen Aussagen dieses Kapitels auf einen Blick:

- Innovationen entstehen, wenn das, was Menschen wollen, brauchen und mögen, beobachtet und zutiefst verstanden wird.

- Eine gut formulierte und vor allem richtig fokussierte Problemstellung erzeugt Klarheit, entfacht neue Energie und schafft mehr quantitative und qualitativ höherwertige Lösungen.

- Die 12 Gebote des Design Thinking: Beginnen Sie am Anfang – Der Mensch im Mittelpunkt – Experimentieren Sie früh und oft – Suchen Sie Hilfe von außen – Mischen Sie große und kleine Projekte – Achten Sie beim Budget auf die Prozessdauer hin zur Innovation – Halten Sie Ausschau nach talentierten Mitstreitern – Begreifen Sie Design Thinking als Mindset – Verstehen Sie den Prozess – Vertrauen Sie dem Prozess – Verwenden Sie Methoden und Werkzeuge – Ein Drahtseilakt, der echten Nutzen schafft

- Ganz egal, welche Methode Sie einsetzen: Achten Sie darauf, dass Sie die Entwicklung der Ideen unbedingt von der Bewertung der Ideen trennen.

- Egal, in wie viele Phasen Sie Ihren Design-Thinking-Prozess aufteilen: Die einzelnen Stufen bauen nicht linear aufeinander auf, sondern treten gleichzeitig auf und können – sollen! – wiederholt werden.

- Die Phasen des Prototypings und Testens gehen meist ineinander über. Sie werden zunächst einen Prototyp entwickeln, den Sie dann testen, um bestimmte Aspekte zu prüfen, die Sie dann wiederum in den Prototyp einbauen. Beide Phasen sind sehr wichtig, um eine passende Lösung für den Nutzer zu entwickeln.

- Nutzung des Prototyps: Fragen Sie nach dem Warum und nicht nach dem Wie. Konzentrieren Sie sich dabei auf das, was Sie sowohl über den Nutzer als auch über die mögliche Lösung lernen können.

KAPITEL 3

Design Thinking im Einsatz

Wie lässt sich Design Thinking konkret im Unternehmen einführen und umsetzen? Können das tatsächlich nur kreative Menschen? Welche Qualifikationen müssen die Mitglieder des Design-Thinking-Teams mitbringen? Welche Werte und Denkansätze? Welche Räume sind dafür ideal, und mit welchen Utensilien müssen sie ausgestattet sein? In diesem Kapitel liegt der Fokus auf der Umsetzung von Design Thinking – wobei hier weniger die Methoden zählen als vielmehr das Mindset und die Haltung der eingebundenen Personen. Sie erfahren, warum auch Kreativität Regeln braucht, warum eine Gruppe nicht unbedingt bessere Ergebnisse produziert als einzelne Individuen und wie und wo Sie die richtigen Informationen finden, die aus Ihren Ideen echte Innovationen machen.

Einführung

Moderne Start-ups wie Airbnb oder Starbucks haben bereits gezeigt, dass industrielle Disruption möglich ist, wenn wir uns nicht auf simple Produktmerkmale konzentrieren oder darauf, dass die Menschen mehr kaufen – sondern darauf, Produkte und Dienstleistungen so zu konzipieren, dass die Menschen sie gerne nutzen. Solche Produkte, Services und Strategien entstehen in Prozessen, bei denen die Menschen den Dingen Leben einhauchen. Die Ergebnisse wirken dann weniger wie Artefakte und mehr wie alte Bekannte.

Unternehmen, die Design Thinking nutzen, bauen schon fast automatisch eine tiefe Empathie zu ihren Mitarbeitern und Kunden auf, um deren Probleme erkennen und dann lösen zu können.

Im Kern jeder Design-Thinking-Entwicklung steht emotionales Engagement: ein tiefgehendes Verständnis für die Person, die den Prozess oder das Produkt erlebt. Menschen identifizieren sich mit Produkten. Deswegen reicht es nicht, wenn Sie nur wissen, was Ihre Kunden bewegt. Sie müssen beginnen zu fühlen, was diese umtreibt.

In diesem Kapitel beantworte ich Ihnen eingehend die Frage, wie sich Design Thinking in Unternehmen eingliedern und umsetzen lässt. Wie soll die Umgebung aussehen (hinsichtlich der Menschen, aber auch der Räumlichkeiten)? Reicht es, etwa Stehtische statt der normalen Sitzgelegenheiten zur Verfügung zu stellen, oder ist mehr nötig? Gibt es Spielregeln, die das Geschehen beeinflussen? Inwiefern ändert Design Thinking das Innere der beteiligten Personen? Worauf ist zu achten? Doch zuvor noch ganz kurz ein Blick auf die Fähigkeiten, die Sie mitbringen müssen, wenn Sie Design-Thinking-Prozesse in einem Unternehmen etablieren wollen:

Das Persönlichkeitsprofil des Design-Thinking-Beraters

Entgegen der landläufigen Meinung brauchen Sie weder einen schwarzen Rollkragenpullover zu tragen noch eine teure Ausbildung als Grafiker zu haben, um als Design-Thinking-Berater Menschen zu unterstützen. Ich bin davon überzeugt, dass es gerade die Menschen außerhalb der kreativen Branche sind, die eine natürliche Begabung für Design Thinking mitbringen und die dadurch Impulse weiterentwickeln und dank ihrer Erfahrungen aus anderen Bereichen maßgeblich zur Lösung beitragen können.

- **Empathie.** Die Welt aus der Sicht von Kollegen, Kunden, Endverbrauchern und Nutzern sehen – das ist wichtig! Es gibt so viele unterschiedliche und multiple Perspektiven zu entdecken! Mit dieser Einstellung lassen sich deutlich einfacher Lösungen finden, die schließlich wirklich weiterhelfen und latente oder explizite Bedürfnisse erfüllen. Design Thinker beobachten deshalb auch die Welt bis ins kleinste Detail. Sie bemerken Dinge, die nicht offensichtlich sind und denen andere meist keine Bedeutung schenken. Sie nutzen neu gewonnene Erkenntnisse, um mit Innovationen Menschen zu begeistern.

- **Integratives Denken.** Design Thinker haben nicht nur Vertrauen in analytische Verfahren, sondern auch in ihre Fähigkeit, Dinge zu erahnen und zu erspüren. Sie erkennen eindeutige, aber oft auch widersprüchliche Aspekte bei komplexen Problemen. Sie schaffen neue Lösungen, die über Bestehendes hinausgehen und momentane Ansätze drastisch verbessern.

- **Optimismus.** Design Thinker gehen davon aus, dass zumindest eine Lösung existiert, die besser als die vorherige ist – egal wie komplex und verfahren die Rahmenbedingungen einer Fragestellung zunächst aussehen.

- **Experimentierfreudigkeit.** Bedeutende Innovationen entstehen im seltensten Fall aufgrund einer einzelnen Idee. Design Thinker stellen alles Bestehende infrage und erkunden vorhandene Einschränkungen auf neue Art und Weise. Mit kreativen Methoden ermöglichen sie andere Sichtweisen und können dadurch völlig neue Wege gehen.

- **Austausch.** Die zunehmende Komplexität der Produkte, Dienstleistungen und Erfahrungen hat den Mythos des einsamen kreativen Genies durch die Realität der vielversprechenden interdisziplinären Zusammenarbeit ersetzt. Design Thinker arbeiten mit Menschen aus verschiedenen Disziplinen und mit unterschiedlichem Hintergrund zusammen, um eine möglichst große Auswahl an Erfahrungswissen und Perspektiven in die Lösungsfindung miteinzubeziehen.

Mit Design Thinking auf Erfolgskurs

Unternehmen müssen umdenken, damit sie in unserer Zeit des digitalen Wandels dem Wettbewerb standhalten und überleben können – aber wie erkennen sie, dass sie sich ändern müssen?

Kunden, Wettbewerb und Change haben eine neue Ära für Unternehmen eingeläutet und es wird immer deutlicher, dass es keinen sicheren Weg gibt, den Unternehmen gehen können, um dauerhaft erfolgreich zu sein. Unternehmen, die auf Massenproduktion, Stabilität und kontinuierliches Wachstum gesetzt haben, werden in einer Welt nicht überleben können, in der diejenigen erfolgreich sind, die flexibel und schnell auf die Änderungen von Kundenwünschen und Wettbewerb reagieren.

Manche Unternehmen suchen die Ursache ihrer Probleme außerhalb des eigenen Managements und machen Faktoren wie ausländische Wettbewerber, die niedrige Kapitalkosten haben und dadurch einen Verdrängungswettbewerb starten können, für ihr eigenes Scheitern verantwortlich. Sie versuchen, die Schuld auf falsche Entscheidungen der Regierungen oder schlecht ausgebildete und unmotivierte Mitarbeiter zu schieben.

Wenn diese Gründe wirklich verantwortlich für das Dilemma wären, würden alle Unternehmen untergehen. Das ist aber nicht der Fall. Während Unternehmen wie Rewe weiterhin wachsen, gehen kleinere Supermarktketten ein. VW hat Probleme bei der Vermarktung seiner Autos und greift auf unlautere Mittel zurück, Toyota aber nicht. In fast allen Branchen, in denen Unternehmen die gleichen Rahmenbedingungen und die gleichen Mitspieler haben, widerlegen die Erfolge weniger die Ausreden der vielen anderen.

Sobald Probleme auftauchen, reagieren einige Manager mit der Hoffnung, das Unternehmen würde von selbst wieder auf die Beine kommen, sobald es nur die richtigen Produkte oder Dienstleistungen entwickelt hat. Dabei wissen wir, dass Produkte und Dienstleistungen nur eine begrenzte Lebensdauer haben. Aber letztlich sind es nie die Produkte, sondern vielmehr die Prozesse, die Unternehmen den langfristigen Erfolg einbringen. Nicht gute Produkte oder Dienstleistungen machen Gewinner. Sondern Gewinner machen gute Produkte oder Dienstleistungen.

Andere Unternehmen hoffen wiederum, dass es hilft, die Unternehmensstrategie anzupassen. Vielleicht sollten sie in andere Märkte einsteigen oder neue Märkte erschließen? Aber auch diese Art zu denken führt Unternehmen nicht zu den nötigen grundlegenden Veränderungen, die sie brauchen, um wieder erfolgreich zu sein. Denn es sind nach wie vor die Menschen, die das Unternehmen ausmachen! Menschen, die miteinander arbeiten, etwas entwickeln und anbieten. Wenn ein Unternehmen nicht mehr so läuft wie es sollte, dann deswegen, weil die Menschen nicht die Produkte und Dienstleistungen anbieten, die tatsächlich gebraucht werden.

Viele Unternehmen sehen auch in der Automatisierung von Prozessen die Lösung für ihre Probleme. Natürlich können Prozesse so automatisiert werden, dass sie die Arbeit beschleunigen. In den letzten Jahrzehnten haben Unternehmen auch viel Geld für genau solche Automatisierungen ausgegeben. Sie bekommen dadurch zwar schnellere Ergebnisse, aber es werden die immer selben Prozesse ausgeführt, und das sind nicht unbedingt die richtigen.

Eines ist klar: Unternehmen müssen aufhören, einfache Lösungen, die sie bereits eingeführt haben, immer wieder aufs Neue anzuwenden. Vielmehr sollten sie ihre Probleme ernst nehmen und darauf achten, was das Herz des Unternehmens ist – sprich: was das Unternehmen macht und wie die Ausführung dessen aussieht.

> **Der Unterschied zwischen erfolgreichen Unternehmen und Verlierern besteht darin, dass die erfolgreichen Unternehmen ständig überprüfen, wie sie ihre Arbeit besser machen können – und sich nicht darauf beschränken, ihre Strategie zu ändern oder die Prozesse zu automatisieren. Wenn Unternehmen Erfolg haben wollen, müssen sie darüber nachdenken, wie sie was tun. Innovation geschieht nicht über neue Produkte, sondern darüber, dass ein Unternehmen etwas Entscheidendes ändert: sein Verhalten.**

Kunden sind die neuen Experten

Verhalten ist eine wichtige Variable in jeder Form der Innovation. Es bestimmt, wie und ob sich ein neues Geschäftsmodell entwickeln wird. Wir sind mitten in einer Ära, die sich fast ausschließlich auf die Innovation von Verhalten konzentriert. Neue Geschäftsmodelle fragen nicht, wie etwas getan wird, sondern sie stellen die Frage, warum sie das tun, was sie tun. Und die Frage »Warum?« kann zu wundervollen Einsichten führen.

Apple hat es mit iTunes geschafft, die Beziehung des Menschen zur Musik zu ändern. Musik wurde schneller, billiger und besser dank der neuen digitalen Form. Google hat die Internetsuche nicht erfunden, aber veränderte die Art, wie Menschen mit dem Internet interagieren. Beides ist auf eine Weise passiert, die vorher nicht denkbar gewesen wäre. Diese Innovationen haben zu neuen Geschäftsmodellen geführt – ohne dass Apple oder Google ein Produkt erfunden hätten.

Die größten Veränderungen stehen noch bevor: Wir müssen Innovation als einen kontinuierlichen Prozess sehen. Wir haben den Wandel und die neuen Möglichkeiten, die sich uns durch die Technologien anbieten, noch nicht vollständig verstanden.

Innovative Unternehmen sind diejenigen, die je nach Bedarf schnell ihren ausgetrampelten Pfad verlassen und neue Wege gehen. Es sind die Unternehmen, die eine aktive Rolle bei der Einführung neuer, bis dahin unbekannter Verhaltensweisen spielen. Letztlich kommt es auf die Geschwindigkeit an, mit der Unternehmen das tun, und ihre Bereitschaft, sich neue und ungeahnte Bereiche zu erschließen und damit zu experimentieren.

Dadurch ändert sich auch die Art und Weise, wie Unternehmen innerhalb und außerhalb der eigenen Wände kommunizieren.

Die Experten sind nicht mehr innerhalb des Unternehmens zu finden – sondern außerhalb, bei den Kunden. Unternehmen müssen ihre eigene Rolle und die Rolle der Kunden hinterfragen und neu definieren. Es werden nur die Unternehmen überleben, die den Kunden studieren, mit ihm interagieren, auf den Markt reagieren und beobachten, um ihm durch unerwartete Innovationen einen Mehrwert zu bieten.

Design Thinking als Chance

Design Thinking ist für mich die ultimative Lösung für diese Art der Innovation. Eine, die durch Faktoren beeinflusst wird, die sowohl unbekannt als auch noch nicht erkennbar sind. Mit anderen Worten: Unternehmen sollten keine Zeit mehr verschwenden, indem sie Informationen durch Fokusgruppen oder traditionelle Marktforschung bestätigen. Sie müssen beginnen, Ideen zu realisieren und das mit einer Offenheit, die auch Platz für Unerwartetes bietet. Dann erst können sie die Risiken und Unsicherheiten minimieren, die Chance für neue Ansätze zur Lösung von bestehenden Problemen erhöhen und ihre Fähigkeit erweitern, zu skalieren. Dadurch können Unternehmen schneller Probleme angehen – weil sie den Nerv der Zeit treffen.

Erfolgreiche Unternehmen reagieren bereits so. Nehmen wir als Beispiel Facebook: Immer, wenn Facebook eine neue Funktion wie beispielsweise die Timeline anbietet, gibt es eine fast unmittelbare Marktgegenreaktion, auf die entweder eine ruhigere Phase oder eine Akzeptanz und Integration der neuen Funktion folgt. Diesen Zyklus wiederholt Facebook in regelmäßigen Abständen. Er schafft ein gewisses Maß an Spannung, ist aber im Endeffekt ein konsequenter Weg, um den Nutzern nachhaltige Innovation zu bieten. Facebook etabliert so aber auch eine neue Verhaltensweise, die die meisten Unternehmen für sich als unglaublich riskant ansehen würden.

Innovation ist immer ein spannender Dialog zwischen den Betroffenen. Das wird und sollte sich auch in Zukunft nicht ändern. Er ist der grundlegende Mechanismus, mit dem Unternehmen Ideen an dem Wert ausrichten, den sie produzieren können.

Jeder ist kreativ

Im österreichischen Lehrplan der »allgemeinbildenden höheren Schulen, Fassung vom 13.12.2015« steht unter anderem geschrieben, *»der Unterricht in Bildnerischer Erziehung soll (…)*
- *vielfältige Methoden und Strategien für Problemlösungen erschließen und dazu befähigen, innovativ zu denken und zu handeln (…)*
- *neben der fachspezifischen Sach- und Methodenkompetenz auch zur Entwicklung von Selbst- und Sozialkompetenz beitragen (Selbsterfahrung, Zielstrebigkeit, Engagement, Selbstorganisation, Flexibilität, Kommunikationsfähigkeit, Reflexionsbereitschaft, Kritik- und Konfliktfähigkeit, Fähigkeit und Bereitschaft zu Initiative und Kooperation und zur Übernahme von sozialer Verantwortung) und zu emanzipatorischem, solidarischem und verantwortungsbewusstem Handeln führen (…)*
- *das geistige und emotionale Potential von Kunst erschließen und den Wert von Gestaltung für die Entwicklung der Persönlichkeit betonen.«*

Ich weiß nicht, wie es Ihnen ergangen ist, aber als ich noch zur Schule ging, war der Kunstunterricht für die Schüler alles andere als geeignet zur »Entwicklung von Selbst- und Sozialkompetenz«. Wirklich bildnerisch begabt waren nur ganz wenige, die anderen versuchten die Stunde irgendwie auszuhalten.

Ich erinnere mich an einen Tag, an dem wir wieder einmal Kunstunterricht hatten. Unsere Aufgabe lautete, dass wir einen Eisberg zeichnen und dabei unserer »Fantasie freien Lauf« lassen sollten. Das Thema gefiel mir, also machte ich mich gleich daran und begann zu malen. Ich war mit Leidenschaft dabei und – künstlerische Freiheit war ja ausdrücklich erlaubt – ließ sämtliche Farben mit einfließen. Als ich damit fertig war, erklärte mir unsere damalige Zeichenlehrerin vor der versammelten Schülerschaft, dass sie noch nie etwas derart Schiefes und Krummes gesehen hätte. Es hat lange gedauert, bis ich jemals wieder einen Pinsel auch nur in die Hand genommen habe.

Ich frage mich, wie oft so etwas auch heute noch passiert, aber ich nehme an, dass sich nicht viel geändert hat. Wenn ich diese Geschichte in Workshops erzähle, kommen immer wieder Menschen zu mir und berichten von ganz ähnlichen Erfahrungen. Für viele waren diese Erfahrungen der Punkt, an dem sie aufhörten, Kreativität mit etwas Positivem zu verbinden. Diese Entscheidung begleitet sie dann ein Leben lang. Sie entwickelt sich zu einer Art Phobie vor allem Kreativen, weil die Erinnerungen so tief verwurzelt sind.

Ich erlebe in vielen Design-Thinking-Projekten immer wieder, dass just an dem Punkt, wo kreative Arbeit gefordert ist, die Manager wichtige Telefonate führen müssen oder sonst eine Ausrede benutzen, um das Setting verlassen zu können. Der Glaubenssatz dahinter ist immer derselbe: »Ich bin nicht kreativ.« Aber glauben Sie mir eines: Jeder ist kreativ. Wirklich jeder. Auch Sie. Wenn Sie nur am Prozess dranbleiben, kommen am Ende ganz verblüffende Lösungen heraus, und Sie erkennen, wie innovativ Sie und Ihr Team in Wahrheit sind.

Viele denken, Kreativität sei etwas Magisches und gute Ideen nur schwer zu produzieren. Sie gehen davon aus, dass sich Ideen einfach zeigen, ohne dass sie etwas dazu tun müssten. Umso enttäuschter sind sie dann, wenn sie erkennen, dass diese Theorie nicht aufgeht – von gelegentlichen Geistesblitzen unter der Dusche oder bei der Heimfahrt im Auto mal abgesehen.

Die gute Nachricht ist, dass die Entwicklung von Ideen nichts weiter als ein Prozess ist, und wenn wir diesen üben, werden wir immer mehr (und hoffentlich bessere!) Ideen produzieren können.

Aber lassen Sie uns zuerst die wissenschaftliche Seite des kreativen Prozesses näher anschauen.

Wie unser Hirn kreativ arbeitet

Bis heute hat die Wissenschaft noch nicht wirklich genau herausgefunden, was in unserem Gehirn während eines kreativen Prozesses passiert. Die Schwierigkeit liegt darin, dass eine ganze Reihe von verschiedenen Gehirnprozessen dabei beteiligt ist. Mittlerweile wissen wir auch, dass die rechte und die linke Seite unseres Gehirns zusammenarbeiten – sie sind untrennbar miteinander verbunden. Sie unterscheiden sich lediglich durch die Art, wie dort Informationen verarbeitet werden.

Die Vorstellung, dass es Menschen gibt, die nur mit der rechten oder der linken Gehirnhälfte denken, ist also ein Mythos, der schon lange entlarvt ist. Die Ursprünge dieses verbreiteten Mythos finden sich in Forschungen aus den 1960er-Jahren. Damals wurde bei Patienten das Corpus Callosum (der sogenannte Hirnbalken, ein Band aus Nervenfasern, das die Hemisphären miteinander verbindet) durchgeschnitten – die Ärzte hofften, so Epilepsie behandeln zu können. Dieser Vorgang unterbrach den natürlichen Prozess der Kommunikation zwischen den beiden Hemisphären und erlaubte den Wissenschaftlern, Experimente an beiden Hemisphären getrennt voneinander durchzuführen. Aber wie gesagt: Heute weiß man, dass Menschen immer mit beiden Gehirnhälften gemeinsam denken – es sei denn, die Verbindung zwischen beiden Hirnhälften wurde künstlich gekappt.

Auch wenn die Wissenschaft noch keine genauen Kenntnisse von dem hat, was während kreativer Prozesse in unseren Gehirnen passiert, existiert dennoch eine ungefähre Vorstellung davon, wie der Prozess der Ideengenerierung funktionieren könnte: Unter allen Netzwerken und spezifischen Zentren in unserem Gehirn gibt es vor allem drei, die für den Einsatz des kreativen Denkens verantwortlich sind:

1. Das Aufmerksamkeitskontroll-Netzwerk hilft uns, dass wir uns auf eine ganz bestimmte Aufgabe fokussieren können. Dieses Netzwerk ist dann aktiviert, wenn wir uns auf

komplizierte Probleme konzentrieren oder auf eine Aufgabe, wie Lesen oder Hören.

2. Das Vorstellungs-Netzwerk ist, wie Sie vielleicht schon erraten haben, für Dinge wie die Vorstellung von Zukunftsszenarien bzw. für die Erinnerung an Geschehnisse aus der Vergangenheit verantwortlich. Dieses Netzwerk hilft uns, innere Bilder zu konstruieren.

3. Das Netzwerk, das die Aufmerksamkeit regelt, spielt auch eine wichtige Rolle bei der Überwachung dessen, was um uns herum und innerhalb unseres Gehirns passiert. Es schaltet auch zwischen dem Vorstellungsnetzwerk und dem Aufmerksamkeitskontroll-Netzwerk hin und her.

Die Wissenschaft geht davon aus, dass sich in der Regel die Tätigkeit des Aufmerksamkeitskontroll-Netzwerks verringert, wenn Menschen kreativ sind. Diese Reduktion hilft dabei, dass wir uns inspirieren lassen und neue Ideen entwickeln. Gleichzeitig intensivieren sich die Tätigkeiten des Vorstellungs- und Aufmerksamkeits-Netzwerks. Das haben auch Forschungen bei Jazz-Musikern und Rappern nachgewiesen, deren Hirnaktivitäten gemessen wurden, während sie eine improvisiert kreative Arbeit vortrugen.

Die Entwicklung neuer Ideen ist ein Prozess

Wollen Sie kreative Ideen entwickeln, ist es nicht damit getan, dass Sie lediglich herausfinden, wo Sie diese Ideen finden. Vielmehr müssen Sie Ihr Gehirn trainieren, neue Ideen zu produzieren.

Der Autor James Young[7] unterscheidet dabei zwei Wege:

1. Kombinieren Sie eine Idee aus mehreren »alten« Ideen. Seiner Auffassung nach ist eine Idee im Grunde eine neue Kombination aus alten Elementen.

2. Finden Sie Gemeinsamkeiten zwischen den Elementen. Verschiedene Zusammenhänge verbinden die einzelnen

Elemente miteinander. Jede Idee an sich ist ein Glied in einer Wissenskette.

Um Ihr Hirn zu trainieren, dass es schneller und erfolgreicher gute Ideen entwickelt, bedarf es einiger Vorbereitungen. Wenn wir nun davon ausgehen, dass Ideen durch die Verkettung mit anderen Ideen entstehen, ist es gut, wenn wir zunächst eine Art Inventar von den Dingen erstellen, die wir kennen. Dazu können Sie systematisch Ihr »Rohmaterial« an Wissen zusammentragen (siehe Phase 1 des Design-Thinking-Prozesses).

Durch diese Vorbereitung des Gehirns werden neue Verbindungen aufgebaut. Das erfordert Zeit und Mühe und vor allem Ausdauer. Machen Sie es sich deswegen zur Gewohnheit, Informationen zu sammeln, damit das Gehirn auch etwas bekommt, mit dem es nachher arbeiten kann.

Sie können dazu Ihr Wissen auf Karteikarten schreiben, eine Datei erstellen, die Sie mit Verweisen versehen, oder eine entsprechende Software nutzen (wie beispielsweise Evernote). Wann immer Sie dann etwas brauchen, können Sie darin nach bereits Vorhandenem suchen.

Folgende Punkte sind dabei von besonderer Bedeutung bzw. sollten von Ihnen beachtet werden:

Bringen Sie alle Informationen zusammen

Der wirklich anstrengende Teil der Arbeit besteht in der Anschaffung des Materials, das Ihr Hirn braucht, um neue Verbindungen zu bilden. Ein Aha-Moment oder eine wirklich geniale Idee ist letztlich das Sammelsurium aus verschiedenen Aspekten und Prozessen, basierend auf verschiedenen Zeitskalen. Das ist mitunter ein Grund, warum Design Thinking so auf Interdisziplinarität schwört: Je mehr Menschen aus unterschiedlichen Kreisen Sie an einem Tisch zusammenführen, desto größer ist der Wissensschatz, in dem Sie die Lösungen suchen können.

Gedanken brauchen Zeit, um sich niederzulassen. Bevor sich Ihre Kreativität sicher genug fühlt, dauert es, und es ist eben auch ein wenig Vorbereitung notwendig. Abgesehen von investierter Zeit brauchen Sie viel und oft Entspannung, um Ihren Geist zu trainieren. Machen Sie bewusst Pausen, und lassen Sie Ihre Gedanken fließen. Ihre Kreativität wird es Ihnen danken, wenn Sie sich regelmäßig Zeit gönnen.

Finden Sie einen kreativen Raum

Eine andere Hilfestellung liegt darin, in einem kreativen Raum zu arbeiten. Wie Sie noch später erfahren werden, zeigen etliche Studien, wie wichtig Ort und Geräusche für unsere Kreativität sind.

Lassen Sie Ihr Hirn die Arbeit machen

Sie haben bestimmt auch schon den Rat gehört, einfach mal eine Nacht drüber zu schlafen, oder? An dieser Redewendung ist wirklich einiges dran! Wenn wir schlafen, arbeitet unser Unterbewusstes für uns. Vielleicht erwachen Sie dann nicht jedes Mal mit einer genialen, neuen Idee, aber das Problem selbst erscheint in einem anderen Licht. Der Trick ist derselbe wie auch beim Duschen: Wir schicken unser Bewusstsein auf die Reise und lassen das Unterbewusste nach Beziehungen in allen Daten suchen, die wir bisher gesammelt haben.

Der Aha-Augenblick

Der Aha-Moment ist meistens dann da, wenn Sie ihn am wenigsten erwartet haben. Mitten in der Nacht weckt die Idee Sie auf, oder sie fällt Ihnen auf dem Weg zum Supermarkt ein. Ideen entstehen nämlich in Etappen. Sobald Sie Material gesammelt haben, dem Unterbewusstsein diese Daten eingegeben haben und so Zusammenhänge gefunden werden können, haben wir einen der berühmten und gesuchten Aha-Momente.

So entwickeln Sie immer öfter großartige Ideen

Das Verständnis des Prozesses, den unser Gehirn durchläuft, um Ideen zu entwickeln, kann Ihnen dabei helfen, diesen zu replizieren. Abgesehen davon gibt es aber ein paar weitere Dinge, die Sie tun können, um bessere Ideen zu entwickeln:

Kritisieren Sie Ihre eigenen Ideen

Auch wenn prinzipiell eine Regel im Design-Thinking-Prozess lautet, niemals zum falschen Zeitpunkt Ideen zu kritisieren, ist hier der richtige Platz für konstruktive Kritik. Wenn Sie Ihre Idee von mehreren Seiten betrachten, hilft Ihnen das dabei, sie zu erweitern und neue Möglichkeiten zu entdecken, die Sie sonst vielleicht übersehen hätten.

Überfordern Sie ruhig mal Ihr Hirn

Der Wissenschaftler Robert Epstein erklärt in einem Artikel[8], wie schwierige Situationen unsere Kreativität förmlich herauskitzeln können. Auch wenn Sie nicht sofort Erfolg haben bei dem, was Sie gerade machen, werden Sie trotzdem Ihre Kreativität damit anspornen. Wenn Sie an einer Aufgabe scheitern, werden Sie danach noch besser und intensiver nach einer Lösungsidee suchen.

Mehr schlechte Ideen führen zu mehr guten

Wenn Sie eine Menge schlechter Ideen haben, ist die Wahrscheinlichkeit um ein Vielfaches größer, dass auch gute Ideen darunter sind. Das haben Studien der University of California Davis ebenfalls gezeigt.

In viel zu vielen Unternehmen herrscht eine Kultur, die Negativität und Zynismus unterstützt – und viel zu viele Manager sind selbst schon davon vergiftet. Viele von uns leiden auch bereits an chronischem Stress. Der konstante Druck des Jobs, verbunden mit einer sich verändernden und oft verwirrenden Welt, lässt viele von uns zu sarkastischen Wesen mutieren. Das tut dem menschlichen Organismus alles andere als gut. Unser Gehirn beginnt buchstäblich damit, herunterzufahren. Wir filtern die Informationen und behalten nur das, was wir brauchen, um zu überleben. Wir sehen die Realität nicht mehr klar.

Die negativen Emotionen wirbeln in und um uns herum und lassen die normalen Gehirnfunktionen entgleisen – ganz zu schweigen von der Kreativität, die dabei auf der Strecke bleibt.

Wenn Sie Ihre angeborenen kreativen Fähigkeiten zurückgewinnen wollen, müssen Sie diesen Kreislauf unterbrechen. Beginnen Sie damit, besser auf sich zu achten. Das bedeutet auch mehr Schlaf. Neue Studien bestätigen, dass erwachsene Menschen tatsächlich mehr schlafen müssen – sieben bis neun Stunden. Wenn Ihnen jemand sagt, dass er nur vier oder fünf Stunden Schlaf pro Nacht braucht, lügt diese Person ziemlich sicher.

Es gibt keine wirkliche Formel, wie Sie kreativer werden oder wie Sie Ihr Team dabei unterstützen, besser zu innovieren. Wir können jedoch bewusst eine Menge tun, um die Umgebung dafür zu schaffen und die Begeisterung und den Teamgeist zu fördern. Menschen reagieren auf ihre Umgebungen. Und weil Kreativität in unserem Gehirn passiert, hilft uns eine angenehme Umgebung dabei, klarer zu denken – und kreativer.

Das richtige Team

Die Antwort auf die Frage, welche Fähigkeiten der ideale Mitarbeiter für Ihr Design-Thinking-Team haben sollte, ist eine höchst umstrittene. Es gibt hier leider keine »One size fits all«-Antwort – einfach deshalb, weil Design Thinking für eine Vielzahl von Problemlösungen und Aktivitäten verwendet werden kann.

Sofern Sie nicht in einem großen Konzern arbeiten und auf einen großen Pool an Kollegen zugreifen können, hilft es, wenn Sie wissen, welche Experten Sie in Ihrem Unternehmen haben.

Als Faustregel bei der Zusammenstellung für ein Team können Sie sich merken, dass Sie vor allem Querdenker und Andersdenker suchen sollten bzw. generell Personen, die sich trauen, zum richtigen Zeitpunkt zu widersprechen und offen ihre Meinung zu sagen. Verschiedene Köpfe mit divergierenden Vorstellungen kommen dem Ziel eines gut zusammengestellten Teams am nächsten.

Darüber hinaus suchen Sie nach Mitgliedern, die Begeisterung und Einfühlungsvermögen ausstrahlen. Ihre Tendenzen haben oft einen sehr positiven Einfluss auf die gesamte Mannschaft und verbessern dadurch die Ergebnisse. Sie brauchen auch Menschen, die spezifisches Wissen mitbringen und die auch mit dem Design-Thinking-Ansatz arbeiten wollen. Niemand kann gezwungen werden, kreativ zu sein. Begeisterung sticht Realismus. Das ist vor allem in den frühen Phasen des Design Thinking wichtig, insbesondere bei der Ideenfindung. Schließlich suchen Sie sich Macher und keine Schwätzer. Und wenn in Ihrem Team doch Schwätzer dabei sein sollten – ermutigen Sie sie dazu, dass sie einfach mal machen und weniger reden.

> **Das perfekte Team besteht aus Menschen, die mit einer offenen Neugier die Welt erkunden wollen. Am besten dafür geeignet sind »T-shaped People« – Menschen, die sowohl eine spezielle Ausbildung in einem konkreten Fachgebiet haben als auch ein sehr breites Allgemeinwissen. Dadurch sind sie in der Lage, Erkenntnisse aus verschiedenen Perspektiven einzubringen und Muster zu erkennen.**

Je vielfältiger die Disziplinen sind, in denen sich die Teammitglieder auskennen, desto eher stoßen sie auf Muster, die auf ein menschliches Bedürfnis hinweisen. Das ist auch das eigentliche Ziel von Design Thinking: Muster zu finden, die die Neugier der Teammitglieder wecken und ihnen eine Idee davon geben, was wirklich gebraucht wird.

Solche interdisziplinären Teams arbeiten auf sehr experimentelle Weise zusammen. Sie werden sie weniger in sterilen Meetingräumen finden, wie sie rund um einen Tisch sitzen und dabei die Stirn in Falten gelegt haben. Vielmehr sind sie draußen auf der Straße unterwegs, mit ihren Fotoapparaten, um dann später zusammenzutreffen und ihre Notizen und Gedanken zu dem, was sie erlebt haben, auszutauschen. Die Wände ihres Projektzimmers sind schnell mit Bildern, Grafiken, Notizzetteln und Diagrammen bunt geschmückt.

Das gesamte Team ist tief in eine kollektive Ideensuche verwickelt: Die Teammitglieder besprechen ihre Beobachtungen, entdecken sehr schnell Muster und bauen auf den Einsichten der anderen auf. Auf diese Weise erzeugen sie viele und stärkere Ideen, die auf dem Markt wirklich Fuß fassen können – weil alle diese Beobachtungen direkt aus der realen Welt stammen.

Weitere Erfolgsfaktoren für gute Design-Thinking-Teams:

- Für Variabilität sorgen:
  – Alter (alt – jung)
  – Wie lange in der Firma (lang – kurz)
  – Geschlecht
  – Abteilungen
  – Erfahrung mit dem Thema (intensiv, wenig, gar nicht)
  – Persönlichkeitstyp (introvertiert, extrovertiert oder weitere Kategorien)
- »Normale« Menschen auswählen, keine speziellen Idealtypen, die es in der Realität nicht gibt
- Silos vermeiden – mehr dazu lesen Sie gleich im nächsten Abschnitt

Design Thinking bringt Silo-Denken zum Einsturz

Vielleicht kennen Sie eines dieser Beispiele auch aus eigener Erfahrung: Die Vertriebsmannschaft spricht sich nicht mit dem Innendienst ab, das Marketing macht Pläne, die das Vertriebsteam nicht erfüllen kann. Der Kundendienst hat gerade mit einem Shitstorm in den Social Media zu kämpfen, und parallel dazu bewirbt das Unternehmen gerade einen gewonnenen Kundenzufriedenheits-Award …

Silo-Denken ist eine weit verbreitete Krankheit in vielen Unternehmen. Unter Silo-Denken wird eine Denkweise verstanden, bei der einzelne oder ganze Abteilungen in Unternehmen ihre Informationen mit anderen in der gleichen Firma nicht teilen oder nicht teilen wollen. Diese Art von Mentalität schränkt die Effizienz im gesamten Unternehmen drastisch ein, reduziert die Motivation und kann – im schlimmsten Fall – eine vormals produktive Unternehmenskultur zerstören.

Wenn wir einen genaueren Blick auf die Ursachen dieser Probleme werfen, dann erkennen wir, dass Silos in vielen Fällen das Ergebnis von Konflikten im Führungsteam sind. Deshalb ist vor allem das obere Management gefordert, das Unternehmen und seine Teams mit der richtigen Denkweise auszustatten, sodass diese zerstörerische Mentalität schnell abgebaut werden kann.

Wie können Sie in Ihrem Unternehmen nun eine Umgebung schaffen, die das Silo-Denken verhindert? Die Antwort lautet: Führen Sie Design Thinking ein – denn es setzt konsequent auf übergreifende, ganzheitliche Zusammenarbeit der unterschiedlichen Bereiche. Diese Dinge sind dabei hilfreich:

1. Aufbau einer fruchtbaren Umgebung

Gerade in Unternehmen ist es wichtig, dass Sie eine Umgebung schaffen, in der die Vielfältigkeit der Mitarbeiter gefördert und gleichzeitig Aktivitäten zum Austausch unterstützt werden. Kleinere, ruhige Büros helfen dabei, sich zurückzuziehen, wenn Kopfarbeit angesagt ist, während offene Räume Treffen, Zusammenarbeit und Teamarbeit ermöglichen.

2. Stellen Sie einfache Regeln auf

In kreativen Teams wirkt es mitunter chaotisch, und es scheint so, als sei es schwierig, einen gemeinsamen Konsens zu finden. In konservativen Unternehmen übernimmt dafür ein Einzelner die Macht und trifft alle Entscheidungen allein. Dieses Vorgehen birgt aber die Gefahr, dass gute Ideen erst gar nicht entstehen können. Die Herausforderung besteht darin, dass Sie die Aktivitäten eines Teams koordinieren und die Motivation und Energie der einzelnen Mitarbeiter erhalten. Versuchen Sie dazu zum Beispiel, einfache gemeinsame Regeln zu erstellen, die dann auch von allen eingehalten werden – etwa: »Die Auswahl der Ideen, die beim Brainstorming entstanden sind, wird erst am Ende der Session getroffen« oder: »Es darf immer nur einer sprechen, es gibt kein Durcheinanderschreien«.

3. Fördern Sie Ideen-Produktivität

Aus Angst vor Versagen und niederschmetternden Urteilen neigen Menschen dazu, schnell der erstbesten Idee zu folgen und diese gleich umsetzen zu wollen. Wenn aber die Investition von Zeit und Energie in eine Idee erfolglos verläuft, kann das das Team demotivieren. Setzen Sie deshalb lieber auf eine Reihe an Ideen – mit dem Wissen, dass nicht jede Idee davon umgesetzt werden wird, sondern dass auch schlechte Ideen darunter sein können. Wenn Sie dann noch mehrere Ideen in einem iterativen Prototyp umsetzen, lernen die Teams gleich dabei, was funktioniert und was nicht – und das alles bei minimalen Investitionen.

Werte und Denkansätze – der Mensch im Mittelpunkt

Vor ein paar Jahren hatte ich einen Auftrag, in dessen Rahmen ich auf einen interessanten Stakeholder traf: Es ging darum, dass ich Menschen interviewen sollte, unter anderem eine Projektleiterin, die – während sie mit mir sprach – ihren Mitarbeitern Aufgaben erteilte. Jeder Unternehmensfremde, der in den Raum kam, hätte die Hände über dem Kopf zusammengeschlagen, aber für sie und ihre Mitarbeiter funktionierte alles tadellos. Das war für mich extrem interessant zu beobachten. Ein Stolperstein, der sich uns in einem solchen Fall oft in den Weg stellt, ist, dass wir Verhalten gleich versuchen zu kategorisieren und zu beurteilen. Daran ist nichts Verwerfliches, im Gegenteil: Wir Menschen müssen schnell Dinge in Kategorien einteilen, damit wir unsere Handlungen fortsetzen können – sonst wären wir von der Vielzahl der Erlebnisse schlicht und ergreifend überfordert. Im Design Thinking gibt es allerdings kein richtiges oder falsches Verhalten.

> **Es ist wichtig, sich immer wieder vor Augen zu halten: Menschen handeln aufgrund ihrer Erfahrungen, und jede Handlung hatte in der Vergangenheit einen gewinnbringenden Aspekt! Deshalb ist jede Handlung von großer Bedeutung für die Design-Thinking-Arbeit.**

Design Thinking verwandelt im Grunde latente bzw. bewusste Bedürfnisse in ein Angebot. Eigentlich dreht sich alles darum, Ihre Zielperson genau zu studieren und dann zu experimentieren, was genau er oder sie braucht, um sich besser zu fühlen. Die Menschen stehen im Mittelpunkt einer jeden Geschichte – egal, um was für eine Art von Unternehmen es sich auch handeln mag. Der menschenzentrierte Ansatz ist vor allem dann unumgänglich, wenn es um Innovationen geht. Design-Thinking-Ergebnisse sollten letztlich immer Antworten auf wichtige menschliche Bedürfnisse liefern.

Allerdings gibt es einen Haken an der Sache: Oft wissen die Leute nämlich gar nicht, wonach sie suchen oder was genau sie brauchen. Viele von uns kennen häufig die eigenen Bedürfnisse nicht bzw. machen sich die meiste Zeit auch keine Gedanken darum. Denken Sie an Henry Fords berühmtes Zitat »Wenn ich die Menschen gefragt hätte, was sie wollen, hätten sie mir ›schnellere Pferde‹ geantwortet.«

Wir Menschen agieren vielfach unbewusst: Wir schreiben unsere PINs auf unseren Handrücken, rücken Stühle weg, egal wo sie stehen, oder trinken nur aus bestimmten Gläsern. Das ist auch der Grund, warum bestimmte Methoden wie Umfragen, Meinungsforschungen etc. nicht immer aussagekräftig sind. Ergebnisse aus diesen Methoden können uns weiterhelfen, wenn es darum geht, mengenmäßige Verhältnisse zu verstehen oder Verbesserungen anzustreben. Aber Sie werden damit nie herausragende Ideen oder bahnbrechende Erfindungen erschaffen. Das ist der Unterschied von bekannten Methoden – wie der deskriptiven Statistik oder den standardisierten Interviews – zum Design Thinking: Design Thinker finden den wirklichen Bedarf der Menschen heraus, den diese in den meisten Fällen selber noch gar nicht artikulieren können – und geben nicht auf, bis sie die dazu passende Lösung gefunden haben. Einige der Werkzeuge, die das Design Thinking dafür hat und die den Menschen in den Mittelpunkt stellen, sind Beobachtungen, die daraus resultierenden Erkenntnisse und Empathie.

Beobachtungen und Erkenntnisse: Direkt vom Leben lernen

Erkenntnisse sind die wichtigste Quelle im gesamten Design-Thinking-Prozess. Diese erhalten Sie in den seltensten Fällen durch Marktforschungen oder genaue Messungen über das, was Sie bereits wissen oder schon haben. Ein vielversprechender Ansatz ist es, raus in die Welt zu gehen und mit offenen Augen zu beobachten. Auch hier gilt es wieder, den Menschen in den Mittelpunkt zu stellen: Sehen Sie sich die Welt in all ihren bunten Facetten an, und begleiten Sie verschiedene Menschen in ihren unterschiedlichen Umfeldern und in ihrem Alltag. Achten Sie vor allem auf unbewusste Handlungen – wenn zum Beispiel der Arbeiter seine Säge als Vesperbrett verwendet oder wenn unter dem Tisch des CIOs der Kabelsalat überhandnimmt. Die Menschen können selten in Worte fassen, was sie bewegt oder welchen Problemen und Schwierigkeiten sie gegenüberstehen – aber sehr wohl zeigen sie es. Durch ihr tatsächliches Verhalten verraten uns die Menschen viel mehr, als sie es jemals beschreiben und erklären könnten.

Eines Tages wurde ich zu einem Projekt gerufen, bei dem ein Restaurantbesitzer einfach nicht wusste, wieso die Gäste, kaum angekommen, schon wieder seinen Laden verließen. Die Kellner waren freundlich, das Essen war gut, die Einrichtung modern, die Preise angemessen. Was war das Problem?

Es dauerte nicht lange, sondern war im Gegenteil für eine betriebsfremde Person wie mich schnell offensichtlich: Die Leute mussten zu lange auf ihr bestelltes Essen warten. Es dauerte mindestens eine Stunde, bis ich mein Essen auf dem Tisch hatte. So lange möchte niemand warten, und sei der Kellner noch so nett.

Bei meiner Beobachtung fiel mir aber noch etwas auf: Das Lokal selbst war nicht groß, die Gänge lagen nicht weit auseinander. Zwar war der Koch nicht der Schnellste, aber daran lag die extreme Wartezeit auch nicht. Irgendetwas ging schief – aber was? Also bestellte ich wieder etwas und beobachtete genau jede einzelne Bewegung und Handlung. So erkannte ich, dass der Kellner zwar die Bestellung annahm, dann aber das Papier, auf dem die Bestellung notiert war, einsteckte, noch zwei Tische säuberte, wieder eine neue Bestellung aufnahm, die Getränke zapfte, servierte etc. und dann erst in der Küche die Bestellung aufgab. Dazwischen stellte er ständig Teller, Gläser etc. ab und ging die Wege doppelt.

Die Lösung lag nun darin, dass ich empfahl, ein elektronisches Bestellsystem zu integrieren, damit der Koch gleich mit dem Kochen starten konnte, und den Kellner besser einzuweisen. Mehr war nicht nötig – weder musste das Personal aufgestockt, noch musste jemand entlassen, noch mussten bauliche Maßnahmen getroffen werden.

Das Beste bei der Beobachtung ist, dass sie – im Gegensatz zur Marktforschung, die auch noch sehr zeitaufwendig und ressourcenfressend ist – immer und überall möglich ist, dass jeder diese Methode durchführen kann und Sie außer guten Augen nicht viel brauchen. Schauen Sie sich einfach an, was die Menschen tun!

Menschen bei dem beobachten, was sie tun – und nicht nur hören, was sie sagen

Der einzige Weg, Ihre Zielkunden wirklich kennenzulernen, ist, sie direkt in deren Alltag abzuholen und dort zu beobachten, wo sie leben, arbeiten und sich bewegen. Stellen Sie den Menschen in den Mittelpunkt Ihrer Arbeit!

In meiner Beratung verbringe ich deswegen viel Zeit damit, das menschliche Verhalten zu studieren. Ich betrachte Menschen bei dem, was sie machen (und auch bei dem, was sie *nicht* machen), und höre ihnen zu, wenn sie mir Geschichten und Anekdoten aus ihrem Leben erzählen (oder eben auch nicht). Das mag am Anfang ganz einfach klingen, in Wahrheit stecken hinter dieser Arbeit Methoden, die viel Erfahrung und Wissen voraussetzen.

- Zunächst ist es gar nicht so einfach, Personen ausfindig zu machen, bei denen es sich lohnt, die Zeit zu investieren.
- Dann müssen Sie die richtigen Methoden wählen, um das meiste Wissen aus der Beobachtung herauszuholen.
- Ein weiterer wichtiger Aspekt ist auch die Wahl des richtigen Zeitpunktes. Es macht nicht nur einen Unterschied, ob ich jemanden bei einer Tätigkeit, die er oder sie immer wieder

durchführt, über die Schulter schaue oder ob diese Arbeit zum ersten Mal ausgeführt werden soll. Auch, ob ich am Montagmorgen, wenn die Person gerade relaxt aus ihrem dreiwöchigen Urlaub kommt, oder in der heißesten Projektphase dabei bin, ist eine wichtige Entscheidung, die es gut zu überdenken gilt.

Dank der Anthropologie wissen wir, dass bei der Beobachtung die Qualität und nicht die Quantität ausschlaggebend für den Erfolg eines Projektes ist. Die Entscheidungen, die Sie treffen, beeinflussen direkt das Ergebnis Ihrer Observation.

Im Gegensatz zur Marktforschung, die Ihnen meist nur das bestätigen wird, was Sie ohnehin schon wussten, bekommen Sie durch die Beobachtung neue Erkenntnisse und vor allem überraschende Einsichten.

Methode: »Extreme User«

Nicht selten wird Ihnen bei Ihren Beobachtungen auch der »extreme User« begegnen. Ich treffe ihn auch regelmäßig. Vor allem eine Beratungssituation ist mir in starker Erinnerung: Für einen Auftrag war es notwendig, das Verhalten der Menschen innerhalb eines Unternehmens zu beobachten. Dabei ging es darum, ein teures Tool zu durchleuchten und zu erkennen, welche Auswirkungen dieses Tool auf den Prozess und auf die Mitarbeiter hatte und welche Folgen es haben würde, dieses Tool einfach zu ersetzen oder wegzulassen. Dazu beobachtete ich die Mitarbeiter und deren Vorgehen innerhalb des Prozesses. Dabei fand ich heraus, dass die Angestellten teilweise sogar den Prozess sabotierten, indem sie sich nicht an die Regeln hielten oder genau das Gegenteil machten.

Im Laufe dieser Arbeit traf ich auf einen »extremen User«. Dieser Mitarbeiter führte zwar jeden einzelnen Schritt in Perfektion aus, aber er hielt sich nicht an die vom Management vorgeschlagene Reihenfolge. Auch kannte er sämtliche Funktionen des Tools und Kurzzeichen für die Befehlsausführungen im Schlaf. Als ich ihn befragte, fand ich heraus, dass es durchaus Sinn ergab, einige Schritte in einer anderen Reihenfolge als vorgegeben durchzuführen. Mithilfe einiger Anpassungen konnte das Tool dadurch sinnvoll in den Prozess integriert werden, und die Mitarbeiter mussten nicht wie vorher viel Zeit für die Durchführung aufwenden.

Die Lösung lag darin, dass der extreme User auch noch die Mitarbeiter neu schulte und so dem Unternehmen viele Kosten durch externe Schulungen ersparen konnte. Nebenbei wurde so aus dem Freak auch noch ein respektierter Mitarbeiter.

Tipp: Umgang mit einem »extremen User«

Der extreme User zeigt versteckte Bedürfnisse und Verhaltensweisen der Zielgruppen – sein Verhalten lässt Aufschluss auf Anforderungen zu, die auch für den normalen Benutzer gelten. Um diese herauszufinden, gehen Sie folgendermaßen vor:

1. Überlegen Sie, welche Merkmale oder Funktionen Sie genauer analysieren wollen. Zum Beispiel können Sie sich ansehen, was Menschen machen, während sie auf die Bahn warten.

2. In welchen Situationen können Sie sich einen extremen User vorstellen? In unserem Beispiel könnte das ein Obdachloser sein, der seinen Schlafplatz an einer Bahn-Haltestelle hat und sich dort den größten Teil des Tages aufhält. Oder Touristen, die die lokale Sprache nicht beherrschen und nicht wissen, wie sie ein Zugticket lösen können.

3. Treten Sie in Interaktion mit diesem extremen User. Beobachten Sie ihn und fragen Sie nach, warum er oder sie das tut, was er oder sie eben tut. »Warum?« ist eine sehr gute Frage, um tiefer zu graben. Wenn Sie wirklich verstehen wollen, warum Menschen

Dinge tun, nehmen Sie sich die Neugier von Kindern als gutes Beispiel.

Die Erkenntnisse, die Sie durch die Anwendung dieser Technik gewinnen, sind oft ungewöhnlich. Einige davon werden sicher nicht auf die normalen Nutzer zutreffen, aber einige werden sich als Goldgruben entpuppen. Mit diesen können Sie dann weiterarbeiten, um Lösungen zu entwickeln, die wirklich wichtig sind.

Übrigens: Beobachtungen, die den Menschen derart in den Mittelpunkt stellen, liefern Ihnen nicht nur spannende Erkenntnisse, sondern sind auch Gift für Vorurteile jeglicher Art!

Empathie: Durch die Brille anderer sehen

Beobachtungen lassen Stunden oder Tage unglaublich schnell verrinnen. All die dabei gesammelten Mengen an Videomaterial, Notizen, Fotografien etc. werden Ihnen jedoch nichts nützen, wenn Sie nicht eine Art unsichtbare Verbindung zu den Menschen, die Sie beobachtet haben, aufbauen konnten. Diese Verbindung ist das, was wir Empathie nennen, und es ist wahrscheinlich die wichtigste Komponente im Design Thinking bzw. im menschenzentrierten Ansatz überhaupt.

Die Mission von Design Thinking liegt nicht darin, neue Hypothesen aufzustellen oder zu verifizieren oder neues Wissen zu erarbeiten. Sie liegt darin, Ihre Beobachtungen und Erkenntnisse in Produkte, Dienstleistungen und Strategien, die das Leben der Menschen verbessern, umzuwandeln.

Empathie ist die Fähigkeit, die uns von anderen Lebewesen maßgeblich unterscheidet. Wenn wir uns die Brille des anderen ausborgen wollen, um seine oder ihre Perspektive zu verstehen, werden wir auch das Verhalten des anderen beginnen zu begreifen und erkennen, warum es im jeweiligen Kontext so sehr von Bedeutung ist.

Beispiel: Im Callcenter

Hier ein Beispiel, an dem Sie erkennen können, wie wichtig es ist, einen Stakeholder wirklich zu verstehen: In einem Callcenter wurden die Mitarbeiter darauf gedrillt, möglichst viele Kunden in einer gewissen Zeitspanne »abzuarbeiten«. Pro Kunde durfte ein Callcenteragent nur eine vorgegebene Anzahl an Minuten aufwenden, egal wie kompliziert das Problem oder die Anfrage war. Das Problem, das mit dieser Vorgabe gelöst werden sollte, lag darin, dass vorher zu viel Zeit in die Betreuung von Kunden investiert worden war – weil es kein einheitliches Vorgehen, keine Checkliste gab. Das bedeutete neben viel Frust auch hohe Kosten, die durch mehrfache Abfragen von Informationen bei den Kunden entstanden.

Der Manager war einer der früheren Callcenteragents, der noch mit genau diesem Problem des uneinheitlichen Vorgehens konfrontiert gewesen war. Von ihm stammte daher auch die Idee, die Gespräche mit den Kunden auf ein bestimmtes Zeitlimit zu beschränken. Damit löste er zwar das Zeitproblem, ihm wurde jedoch nicht bewusst, dass nun ein anderes Problem herrschte: In der geringen vorgegebenen Zeitspanne war es nicht mehr möglich, eine Beziehung zum Kunden aufzubauen. Der Kunde fühlte sich missverstanden und nicht ernstgenommen mit seinem Problem und war frustriert. Das spiegelte sich in den Absatzzahlen wider.

Ein Design Thinker, Marketing-Spezialist oder HR-Leiter, der von seinem eigenen Standpunkt aus Lösungen sucht, wird automatisch das Feld der Möglichkeiten drastisch einschränken. Jemand, der seit 30 Jahren das Familienunternehmen leitet, hat einfach ganz andere Erfahrungen als jemand, der direkt von der Uni ins Jobleben eintritt. Ein Programmierer, der den ganzen Tag nichts anderes tut, als Programme zu analysieren, und der alleine lebt, wird andere Anforderungen und Bedürfnisse haben als eine alleinerziehende Mutter aus der Buchhaltungsabteilung, die in Teilzeit angestellt ist.

Wir bauen Brücken mittels Empathie, indem wir die Welt der anderen durch deren Augen, mit ihren Emotionen und Erfahrungen betrachten.

Beispiel: Im Krankenhaus

Eines meiner Projekte entführte mich in den Alltag eines Spitals – Interviews und Beobachtungen mit dem Personal sollten meine erste Tätigkeit sein. Aber es kam anders: Genau an dem für die Interviews vorgesehenen Tag verletzte ich mich böse am Arm. Ein guter Zeitpunkt also, um direkt mit der Beobachtung zu starten. Ich begab mich ins Krankenhaus und durchlebte jeden einzelnen Schritt selbst – von der Aufnahme über das Ärztegespräch bis hin zur Entlassung und späteren Kontrolle. Ich erlebte am eigenen Leib, wie es ist, wenn man stundenlang mit Schmerzen warten muss, aufgerufen wird, herumirrt, weil einem keiner sagt, wohin man eigentlich soll etc.
Dank dieser schmerzhaften Erfahrung hatte ich dann jedoch einen anderen Zugang und konnte besser in die Rolle des Patienten schlüpfen und dessen Anforderungen anders vermitteln.

Wir alle kennen das Gefühl, wie es ist, zum ersten Mal hinter dem Lenkrad zu sitzen, zum ersten Mal ohne Eltern zu verreisen oder unsere erste eigene Wohnung zu beziehen. Bei all diesen Erfahrungen beobachten wir die Welt aus einer ganz anderen Perspektive. Wir hatten bis dahin keine ähnliche Erfahrung in diesem Kontext. So fühlt es sich an, wenn Sie im Rahmen eines Design-Thinking-Prozesses die Welt in den Schuhen anderer Menschen betreten.

Allerdings müssen Sie dabei aufpassen, in welchen Schuhen Sie sich auf die Reise machen. In dem Krankenhausprojekt war es offensichtlich, dass es zwei verschiedene Sichten gab: Einmal die des Patienten, aber auch die des Krankenhauspersonals. So hatte ich sehr schnell viele Ideen, wie dem Patienten geholfen werden könnte, aber die Frage, was das Krankenhauspersonal in der Arbeit miteinander verbessern konnte – darauf hatte ich nicht so schnell eine Antwort. Aber: Die Außenperspektive eines Patienten, gepaart mit Interviews und empathischen Erkenntnissen des Krankenhauspersonals selbst, hat schließlich ungeahnte Ideen an den Tag gebracht und eine Lösung ermöglicht, an die wohl keiner von uns zu Beginn gedacht hätte.

Durch meine Erfahrung als Patientin konnte ich das gesamte Team teilhaben lassen: Ich habe Fotos zeigen können, wie es für den Patienten aussieht, wenn er auf dem Korridor sitzt, oder wie es ist, in der Liege herumtransportiert und abgestellt zu werden. Oder aussprechen können, wie man sich als Patient fühlt, wenn die Krankenschwester sich mit einer anderen unterhält und die Frage ignoriert wird, wann man drankommt, während die Schmerzen immer stärker werden. Für das Personal ist es ganz klar, wo sich welcher Raum und welches Zimmer befindet, wer wann der geeignete Ansprechpartner ist und dass für einen Aufenthalt ein Parkschein für 15 Minuten nicht ausreichen wird. Aber es war den meisten nicht bewusst, wie sich diese Umgebung und die Interaktion eines Patienten auf die gesamte Umgebung auswirkt und wie der Stress und der Schmerz sich auch auf andere überträgt und was das mit dem gesamten Team anstellt.

All diese Erkenntnisse tragen zu einem kognitiven Verständnis bei, wenn wichtige Hinweise entschlüsselt werden können: Wie sieht die Situation aus der Sicht eines Patienten aus? Wie findet sich ein Fremder in der neuen Welt zurecht? Solche Fragen sind entscheidend, um die latenten Bedürfnisse der Menschen aufzudecken. Bedürfnisse, die oft akut und wichtig für die Personen selbst sind, die sie aber vielleicht nicht artikulieren können.

Neben der kognitiven und der funktionalen Ebene spielt die
emotionale Ebene eine wichtige Rolle, wenn es darum geht,
Bedürfnisse von Menschen optimal zu befriedigen. Wenn Sie sich
Fragen stellen wie »Wie fühlen sich die Mitarbeiter in diesem
Prozess?«, »Was motiviert meine Mitarbeiter?«, »Was interes-
siert/bewegt sie?«, entwickeln Sie das, was wir emotionales
Verständnis nennen.

Nicht nur der einzelne Mensch zählt – sondern viele

Wenn wir nur an dem Menschen alleine interessiert wären und
an seinen Bedürfnissen, dann könnten wir an dieser Stelle Schluss
machen. Wir haben ja bereits durch die Beobachtung viel über ihn
erfahren und sein Verhalten kennengelernt. Aber es geht letztlich
nicht darum, nur den Bedarf eines einzigen Menschen zu erfüllen,
sondern den vieler Menschen. Gerade im Zeitalter der Globalisierung und des Internets wird es immer spürbarer, dass die Interaktion mit vielen Menschen im Fokus steht. Vor allem webbasierte
Dienste führen uns die Schnelligkeit und die Auswirkungen auf
Menschen vor Augen.

Wir müssen uns diese Interaktionen näher ansehen und herausfinden, was diese Personen dabei zu erreichen versuchen – wie interagieren diese Gruppen untereinander, welche Dynamiken entstehen dabei? Sie werden sich schwertun, einzelne Menschen zu
verstehen, wenn Sie sich nicht mit der internen Gruppendynamik
beschäftigen.

Das Phasenmodell von Tuckman zum Beispiel setzt sich mit den
verschiedenen Phasen auseinander, die eine Gruppe durchlebt
(Forming, Storming, Norming, Performing). Wenn sich nun intern
eine Gruppe gebildet hat und als solche »performt«, dann entsteht
innerhalb dieser Gruppe auch ein Bewusstsein dafür, wie sie mit
Themen wie Entscheidungen, Kooperationen, Kommunikation
und Konflikten intern umgeht. Da diese Gruppe über diese zen-

tralen Themen ihre eigene, selbstorganisierte Kultur entwickelt hat, muss sie auch nicht mehr von außen gesteuert werden. Um arbeitsfähig zu bleiben, wird diese Gruppe sich diese Kultur bewahren und auf Veränderungen gegebenenfalls mit Widerstand reagieren. Aus der Perspektive der Gruppe antwortet diese mit Widerstand, um die eigene Integrität und Handlungsfreiheit aufrechtzuerhalten. Widerstand hat in diesem Sinne eine systemstabilisierende Funktion.

Beispiel: Ein Projekt in Schieflage

Ein großer Konzern beauftragte mich damit, ein Projekt fertigzustellen, das anscheinend in Schieflage geraten war. Dem zuständigen Projektleiter war nicht klar, was das Problem sein könnte. Nach einigen Gesprächen stellte sich heraus, dass das Team bereits seit mehreren Monaten an der Lösung gearbeitet hatte und der Prototyp bereits fertiggestellt war. In dieser Phase war eine neue Mitarbeiterin dazugekommen. Diese hatte eigene Ideen und gute Inputs dazu, die sie auch einbrachte. Am Anfang wurden einige dieser Ideen besprochen und teilweise eingearbeitet. Bald aber boykottierte ein Teil der Gruppe jegliche Einwände. Das Projekt kam dann doch noch zu einem guten Ende – aber erst, als die Mitarbeiterin in ein neues Team wechselte, das gerade erst zusammengestellt worden war.

Wenn ich von einem Unternehmen beratend hinzugezogen werde, um etwas zu entwickeln oder ein Projekt mit aufzusetzen, achte ich zuerst auf die Teammitglieder. Aus meiner Erfahrung reicht es allerdings nicht, einfach nur die Menschen zu befragen. Würden Sie das machen und fragen, mit wem diese Leute die meiste Zeit ihres Bürolebens verbringen, wie sie ihren Tag einteilen, mit wem sie sprechen etc., würden Sie vermutlich nicht die richtigen Antworten bekommen. Nicht, weil diese Menschen Sie anlügen würden, sondern einzig und alleine, weil Menschen sich nicht richtig erinnern! Sie geben Ihnen Antworten, von denen sie glauben, dass sie stimmen. Wenn Sie aber Werkzeuge wie die Video-Analyse einsetzen, bei denen Sie Gruppen filmen oder Computerprotokolle von Gruppen analysieren, bekommen Sie mit Sicherheit ganz andere

Antworten – und zwar solche, die die Gruppendynamik mit in Betracht ziehen.

Ein weiterer, wichtiger Punkt, den Sie dabei nicht vergessen sollten, sind kulturelle Unterschiede. Unser Büro-Beispiel sähe ganz anders aus, wenn Sie sich amerikanische Büros ansehen würden. Viele Missverständnisse bei der Arbeit sind nichts anderes als Auswirkungen kultureller Unterschiede am Arbeitsplatz – Menschen mit Unterschieden in Alter, Herkunft und Religion treffen aufeinander und interpretieren die Verhaltensweisen der anderen fälschlicherweise als Persönlichkeitsmerkmale. Das beginnt schon bei der Begrüßung oder auch bei der Zustimmung oder der Ablehnung von Bitten und Fragen. In manchen Kulturen ist es verpönt, in einem Meeting die Idee eines anderen abzulehnen. In der hispanischen Kultur wird Eigenlob nicht gerne gesehen, sondern es geht darum, möglichst viel und hart zu arbeiten und dabei nicht zu murren, und wir Europäer etwa stellen unsere Leistung sicherlich nicht so sehr in den Vordergrund, wie es den Amerikanern nachgesagt wird.

Kulturelle Unterschiede am Arbeitsplatz können also ein Grund dafür sein, warum es zu Missverständnissen bei Projekten kommt. Aber diese Unterschiede bilden auch genau die Fasern, die das Gewebe der Arbeit mit Design Thinking stärker machen. Lernen Sie, Unterschiede anzuerkennen und zu schätzen! Dann eröffnen sich neue Möglichkeiten für Innovationen, die uns wiederum helfen, universelle Lösungen zu finden. Der Ursprung aller Lösungen liegt immer in der Empathie.

Hand in Hand mit den Kunden

Für Design Thinking gilt es also, mit der Haltung »Design Thinker gemeinsam mit dem Nutzer« und nicht »Wir gegen ihn« zu denken. In der Vergangenheit wurde der Nutzer oft als unpersonalisiertes Zielobjekt von Analysen oder Marketingstrategien gesehen. Jetzt ist es an der Zeit, zusammenzuarbeiten und Design Thinker direkt mit dem Nutzer zu vernetzen. Die neuen Technologien zeigen bereits großartige Möglichkeiten auf, wie das zukünftig aussehen kann.

Unsere Sicht auf Menschen im Entwicklungsprozess wandelt sich gerade entscheidend. Noch bis vor Kurzem diskutierten Marketingexperten und Vertriebsprofis darüber, wie sie Menschen Dinge am besten verkaufen. Meistens mit der Strategie, ihnen Horrorszenarien wie zum Beispiel einen rasanten Absturz der Verkaufszahlen bei Nichtanwendung des Erfolgsproduktes XY der Firma Z anzukündigen. Langsam ändert sich dieser Ansatz und wir versuchen mehr, die Herzen der Menschen zu erreichen, indem wir sie und ihren Alltag beobachten, ihre Erfahrungen und ihr Verhalten studieren und uns so von neuen Ideen inspirieren lassen.

Bei Open-source-Programmen wie Firefox oder auch Wikipedia beispielsweise kann jeder und jede Teil von einem Ganzen werden und maßgeblich die Richtung mitbestimmen. Dieser Open-source-Ansatz hat bis dahin ungeahnte Möglichkeiten eröffnet, und neue Produkte sind entstanden. Die Idee, dass jeder ein Entwickler und auch ein Design Thinker ist, eröffnet ein vollkommen neues Denken. Aber wir stehen dabei erst am Anfang. Noch sind Firmen Ausnahmen, die mit diesen Konzepten wirkliche Produkte schaffen konnten. Momentan liegt der Fokus noch immer darauf, dass die Firmen Produkte und Services anbieten und damit Kundenbedürfnisse direkt ansprechen. Dass Kunden ihre eigenen Produkte schaffen, ist noch Zukunftsmusik. Design Thinking bietet das geeignete Instrumentarium dafür, denn hier stehen die Kunden in jedem Fall im Mittelpunkt der Aufmerksamkeit bzw. der Entwicklungsprozesse.

Methode: Fokus-Gruppendiskussion

Eine hilfreiche Methode, in deren Rahmen Design Thinker und Nutzer gemeinsam eingebunden sind, ist die Fokus-Gruppendiskussion. Dabei arbeiten beide Gruppen – Design Thinker und Nutzer – in einem Workshop rund um ein bestimmtes Thema zusammen. Normalerweise befinden sich bei solchen Workshops Forscher hinter verdunkelten Spiegeln in einem eigenen Raum; in diesem Fall aber geht es um die interaktive Interaktion.

Fokusgruppen werden dann eingesetzt, wenn es darum geht, die Einstellung der Menschen zu erforschen, oder auch, um die Lebensfähigkeit von Produktkonzepten zu überprüfen. Die Herausforderung dabei ist, dass mitunter leicht verzerrte Meinungen der Teilnehmer entstehen und auch der Eindruck erwachsen kann, dass sich die Gruppe auf etwas »konzentriert«.

Es ist sehr einfach, in einer Gruppe von Fremden beeinflusst zu werden. Menschen sind versucht, den Forschern und anderen Beteiligten zu gefallen und sie durch Gesagtes zu beeindrucken. Ich habe im Rahmen meiner Arbeit mit Fokusgruppen immer wieder festgestellt, dass die Meinungen einer Person, die hartnäckig genug ist, schnell zur Gruppenmeinung wird, auch wenn sie vorher noch im Widerspruch zu den Ansichten aller anderen stand.

Oftmals werden Fokusgruppen zur Einführung von neuen Produkten oder Services hinzugezogen. So fand auch eines Tages eine Fokusgruppe statt, bei der über die Einführung eines neuen Tools in einem Unternehmen diskutiert wurde. Einer der Fokusgruppenteilnehmer beschrieb dabei, wie viel zufriedener er mit dem neuen Tool war und wie sehr es ihm die Arbeit erleichterte. Er war der einzige in der Gruppe, der das Tool ausprobiert hatte, und jeder wollte davon hören. Der Moderator behandelte ihn wie einen Experten zu dem Thema. Nach der Sitzung saß ich mit ihm im Pausenraum. Er wusste nicht, dass ich eine der Beobachterinnen war, die hinter einem verdunkelten Spiegel die Szenen verfolgte. Ich fragte ihn noch einmal nach dem Tool und er sagte mir, dass er eigentlich nur die Demo bei einer Vorstellung gesehen habe, aber irgendwie wirke das Programm cool.

Eine weitere Gefahr ist, dass Sie zu viel Information von den Teilnehmern erwarten. Sobald Sie beginnen zu fragen »Wie würden Sie dieses neue Gadget / Programm / diesen neuen Service nutzen?«, bitten Sie die Menschen, dass sie sich etwas vorstellen, das sie bis dahin noch nie als Teil ihrer Arbeit gesehen haben. Dazu müssen sie zunächst dieses neue Produkt oder den neuen Service, das bzw. den sie noch nie live erlebt haben, ihrem Denken anpassen und dann noch im Gespräch mit einem fremden Menschen (= Forscher) in einer vollkommen anderen Situation (= Forschungssituation, nicht Unternehmen) Rede und Antwort stehen. Die Menschen versuchen in der Regel zu helfen und haben Angst davor, etwas zu kritisieren, das vielleicht in Zukunft das »nächste große Ding« werden könnte.

Und so gehen Sie vor, wenn Sie eine Fokusgruppe bilden wollen:

- Wählen Sie als Standort für Ihre Fokusgruppe einen Ort, an dem sich die Teilnehmer meistens entspannt fühlen – wie ein Restaurant oder ein Café. Lassen Sie sie erst einmal miteinander bekannt werden und sich austauschen.
- Danach stellen Sie einige ausgewählte Fragen, um eine Diskussion in Gang zu bringen. Wenn Sie Fragen stellen wie »Wie gehen Sie mit Sonderlingen im Unternehmen um?«, provozieren Sie die Teilnehmer und bekommen intensivere Reaktionen. Gespräche, die mit solchen Fragen eingeleitet werden, sind unerwartet und führen zu spontanen Rückmeldungen, die dabei helfen, das Gegenüber noch besser zu verstehen.
- Ihre Rolle während des Gesprächs ist es, die Interaktionen zu erleichtern. Sie können die Teilnehmer bitten, ihre Antworten zu erklären, neue Fragen stellen, oder Sie hören einfach nur zu und lassen das Gespräch laufen.

> **Die wertvollsten Aha-Momente und Einsichten entstehen oft zwischen den Fragen. Manchmal sind diese Erkenntnisse klar und unmissverständlich, aber oft sind sie nuanciert und subtil. Audio-Aufnahmen von der Sitzung ermöglichen es, das Gespräch wiederholt anzuhören und entsprechende Zusammenhänge zu erkennen.**

Ich arbeite immer noch mit traditionellen Fokusgruppen, um Feedback zu Ideen zu bekommen, die bereits vorhanden sind. Aber um neue Lösungen und Ideen zu generieren, sind Fokusgruppen wunderbar geeignet – sie führen zu neuen, unerwarteten und unbegrenzten Erkenntnissen.

Ich habe diese Methode der Fokusgruppe im Laufe der Jahre für meine Zwecke verfeinert und eine Reihe an kreativen Wegen entdeckt, um noch mehr über die Menschen zu erfahren. Zum Beispiel habe ich Fotos von den Teilnehmern gemacht, wie sie ein Produkt nutzen oder in einem neuen Prozess agieren – denn oftmals sagt bereits deren Körperhaltung etwas Einzigartiges aus. So gewinne ich ein neues Verständnis davon, und die Nutzer entwickeln einen anderen Zugang zu einem Produkt oder Service.

Schwarmintelligenz

Sind viele klüger als wenige? Ist der »Herr der Ringe« wirklich das größte Werk der Literatur des 20. Jahrhunderts und »Die Verurteilten« der beste Film aller Zeiten? Beiden wurde dieser Titel von der öffentlichen Stimme verliehen. Kein Wunder, dass sich das Gerücht hartnäckig hält, Entscheidungen, die von einer Gruppe getroffen werden, seien fraglich und gehörten nicht zu den besten. Dabei setzen wir ja gerade im Design Thinking auf die Weisheit der Vielen, weil mit ihr verschiedene Perspektiven und Sichten erst möglich werden. Ob das ein Fehler ist?

Die Vorstellung, das Urteil einer Gruppe könnte überraschend gut sein, entdeckte zum ersten Mal ein Cousin von Darwin, Francis Galton. Im Jahr 1907 schrieb Galton folgende Erkenntnis nieder: Bei einem Jahrmarkt wurde das Gewicht der Ochsen geschätzt. Die Schätzung der Gruppe war erstaunlich genau. Sie konnte nicht nur die meisten der einzelnen Vermutungen schlagen, sondern auch die Schätzung der mutmaßlichen Rinder-Experten. Das war die Geburtsstunde der Weishcit der Vielen: Die durchschnittlichen Urteile kommen der richtigen Lösung am nächsten.

Der Begriff »Groupthink« stammt von dem Psychologen Irving Janis. Janis fragte sich, wie es sein konnte, dass Gruppen mit an sich kompetenten und intelligenten Teammitgliedern teilweise wirklich desaströse Entscheidungen trafen. Die Antwort auf diese Frage nannte Janis »Groupthink-Theorie«: Das Gruppendenken oder Herdenverhalten ist ein bestimmter Denkmodus, der bei Gruppen auftritt. Dabei ist das Ziel der Gruppe, eine Entscheidung zu treffen, noch bevor Konflikte überhaupt aufkommen können. Sind Konflikte bereits entstanden, werden diese minimiert, um einen Konsens zu erreichen. Dabei werden jedoch die Ideen nicht angemessen kritisch analysiert, bewertet oder gar getestet. Individuelle Sichtweisen gehen verloren, da Querdenken vermieden wird und Kreativität fehl am Platz zu sein scheint. Dabei verspüren die Gruppenmitglieder aber keinerlei Zwang. Vielmehr fühlen sie sich mit der Gruppe sehr verbunden und vermeiden es deswegen, in eine Konfliktsituation zu geraten.

Die Harmonie der Gruppe wird als wichtiger eingestuft als die realistische Einschätzung der Situation. Das Ergebnis einer solchen Gruppensitzung sind dann schlechte Entscheidungen von einer Gruppe von an sich intelligenten Menschen. Nach Jarvis sind folgende Faktoren ausschlaggebend, die zu Gruppendenken führen:

- Es herrscht ein hoher Gruppenzusammenhalt (starke Ausprägung des Wir-Gefühls).
- Es gibt keine anderen Meinungen, es herrscht eine Art Isolation nach außen.

- Zur Entscheidungsfindung werden keine systematischen Methoden angewandt.
- Die Gruppe besteht aus homogen zusammengesetzten Mitgliedern (z.B. dieselbe soziale Herkunft, gleiches Alter, gleicher Bildungsweg etc.).
- Es gibt einen starken Führer innerhalb der Gruppe.

Herrscht nur ein einzelner Faktor vor, ist die Gefahr zwar hoch, aber dadurch allein kommt kein Gruppendenken zustande. Erst wenn mehrere Faktoren gleichzeitig zutreffen, wird die Sache heikel. Meiner Erfahrung nach ist es vor allem der vorletzte Punkt, die Zusammensetzung der Gruppe, der für die Ideenfindung im Design Thinking so wichtig ist.

Achten Sie unbedingt darauf, dass Sie Menschen aus vielen unterschiedlichen Hierarchiestufen, verschiedenen Schichten und mit unterschiedlichem Denken für Ihr Projekt gewinnen können.

Wie erkennen Sie Gruppendummheit?

Spätestens bei diesen typischen Symptomen sollten Ihre Alarmglocken anschlagen – dann gilt es die bisher getroffenen Ideen und Entscheidungen der Gruppe kritisch zu bewerten:

- Illusion der Unverwundbarkeit: Extreme Risiken werden in Kauf genommen, es herrscht allgemeiner Optimismus.
- Warnsignale werden missachtet: Was nicht passt, wird passend gemacht bzw. so lange interpretiert, bis es keine Gefahr mehr darstellt.
- Unerschütterlicher Glaube, das Richtige zu tun: Entscheidungen, die von der Gruppe getroffen werden, aber auch Ziele der Gruppe werden nicht infrage gestellt.
- Ausgrenzung von andersdenkenden Personen: Wer eine

andere Meinung als die Gruppe vertritt, wird als boshaft, voreingenommen oder dumm tituliert.

- Druckausübung auf Zweifler: Ausgesprochene Zweifel werden als illoyal eingestuft und wieder angepasst.
- Selbstzensur: Eigene, abweichende Ideen oder gar Kritik an der Gruppenmeinung wird nicht bzw. abgeschwächt geäußert.
- Illusion der Einstimmigkeit: Selbst Schweigen wird als Zustimmung gedeutet.
- »Mindguards«: Selbsternannte Wächter der Gruppenmeinung schirmen die Gruppe und Informationen von möglichen Andersdenkern ab.

Brainstorming: Eine besondere Form von Gruppendummheit?

Der Austausch von Ideen in Gruppen ist nicht das eigentliche Problem. Viele setzen jedoch diese Form, Ideen mit anderen zu teilen, gleich mit Brainstorming-Sessions. Dabei führt ein lautes Aussprechen der eigenen Gedanken eben zu Gruppendenken – anstatt zu einer einzigartigen Idee. Brainstorming ist als Begriff sexy und wird gerne inflationär eingesetzt. Dabei passiert in Gruppen, die spontan und ohne Regelungen Ideen miteinander austauschen, meist nicht viel anderes, als dass dabei Ideen in die Luft geknallt werden wie Sektkorken. Tatsächlich geschieht aber nichts anderes, als dass bereits Gesagtes zusammengefasst wird. Die Ideen aus Gesprächen, in denen Gruppendenken vorherrschend ist, zementieren die Vorstellung davon, was angemessene Beispiele oder mögliche Lösungen für das Problem sind.

In meiner Beratung hatte ich es schon mit allerlei Vorurteilen und fast schon magischen Gedanken in Bezug auf Brainstorming zu tun. Das Skurrilste war, was mir einmal über einen Geschäftsführer erzählt wurde: Er halte die Mitarbeiter jeden Morgen dazu an, mit ihrer nicht dominanten Hand eine Seite vollzuschreiben. Das ist

sicherlich eine gute Idee, um generell die Kreativität anzukurbeln, aber inwiefern das die Chancen auf mehr Ideen beim Brainstorming erhöht, lasse ich mal dahingestellt.

Joel Chan und Christian Schunn von der Pittsburgh-Universität haben in einem Versuch[9] gezeigt, dass die Suche nach dem Aha-Moment durchaus umsonst sein kann. Dabei untersuchten sie, ob Gedanke A zu Gedanke B und der wiederum zu C führt, bis der große Durchbruch kommt.

Dazu analysierten sie Transkripte aus den Brainstorming-Sitzungen eines professionellen Design-Teams, das in diverse Entwicklungen involviert war. Die Transkripte zeigten, dass bahnbrechende Lösungen nicht aufgrund einer einzigen anderen Idee entstehen.

Stattdessen ist Kreativität eine Reihe von vielen kleinen Fortschritten. Idee A spornt einen neuen Gedanken an, der eng mit dem Ursprungsgedanken verbunden ist. Daraus entstehen wiederum mentale Fortschritte, die im besten Fall in einer innovativen Idee enden. Vor allem Assoziationen helfen dabei, dass es zu weiteren Ideen kommen kann.

Eine Assoziation basiert auf einer ähnlichen Struktur und bedeutet aus dem Neulateinischen übersetzt »Vergesellschaftung«. Assoziation bezeichnet einen Prozess, bei dem mehrere psychische Inhalte (z. B. Empfindungen, Gedanken, Vorstellungen) gleichzeitig bewusst auftreten und dadurch für uns miteinander gedanklich verknüpft, also in diesem »Gesellschaftsbund« dauerhaft zusammenbleiben werden. Tritt nun einer der »Gesellschafter« in unser Bewusstsein, erscheinen die anderen Begriffe automatisch ebenfalls in unserem Bewusstsein. Aristoteles sprach bereits in seiner Schrift »Gedächtnis und Erinnerung« über drei Assoziationsgesetze: die räumlich-zeitliche Kontinuität (z. B. Tisch – Stuhl), die Ähnlichkeit (z. B. Ratte – Maus) und der Kontrast (z. B. schwarz – weiß). Zum Beispiel kann eine Assoziation zu einem Gartenzaun der Heckenschneider sein, auch wenn beide auf den ersten Blick nichts miteinander zu tun haben und ganz verschiedene Dinge sind. Aber solche »Vergesellschaftungen« sind für uns Menschen selbstverständlich. Unser Gehirn zieht ständig unbewusst Vergleiche, um der Welt um uns herum einen Sinn zu geben. Analogien dienen als eine Art Brennstoff für unser Denken und sind eine tolle Hilfestellung, um beim Brainstorming vorwärtszukommen. Unser Kopf ist nämlich mit einer Menge an Lösungen gefüllt, die wir in der Vergangenheit gesehen haben. Und dementsprechend basieren neue Ideen auf Erfahrungen und Dingen, die wir bereits in der Vergangenheit erlebt haben. Ideen werden verschoben, verändert und verwandelt. Brainstorming muss also nicht direkt zu einer bahnbrechenden Innovation führen, aber durch den Vergleich mit bereits Erfahrenem oder Erlebtem werden Ideen sinnvoll miteinander verknüpft.

Brainstorming funktioniert also nur dann, wenn Sie es im gesamten Design-Thinking-Prozess als einen Schritt sehen, der nicht getrennt von den anderen Schritten existieren kann.

Gruppendenken: Von Denkfehlern und anderen negativen Konsequenzen

Warum Gruppendenken eine große Gefahr für wirkliche Innovation und gute Entscheidungen ist, liegt nun auf der Hand. Aber Gruppendenken birgt noch weitere Stolpersteine und Nachteile:

• Alternative Ideen / Lösungen werden nicht berücksichtigt.
• Ziele oder Zielvorgaben sind unvollständig.
• Risiken werden falsch eingeschätzt.
• Getroffene Entscheidungen werden nicht hinterfragt.
• Externe Experten werden ausgeklammert.

- Relevante Informationen werden nicht berücksichtigt, wenn sie nicht zur Lösung passen.
- Es gibt keinen Plan B.

Diverse historische Beispiele erzählen von den Auswirkungen des Groupthinking-Phänomens:

- Das Schweinebucht-Fiasko: Im Jahr 1961 wollten Exilkubaner in Kuba landen, um Castros Regierung zu stürzen. Dieses Projekt wurde von der CIA geplant. Allerdings scheiterte die Invasion Kubas vollständig an genau diesem Plan, der sich als absolut unrealistisch entpuppt hatte.
- Als die Raumfähre Challenger beim Start 1986 explodierte, starben alle sieben Besatzungsmitglieder. Ursache war eine falsche Einschätzung des Risikos – trotz eines defekten Dichtungsrings wurde für den Start entschieden.

Auch der Autor James Surowiecki weist in seinem Buch »Die Weisheit der Vielen« darauf hin, dass die Menschenmenge bei Weitem nicht unfehlbar ist. Vielmehr ist eine Voraussetzung für ein gutes Urteil, dass die Beteiligten voneinander unabhängig entscheiden. Wenn alle Beteiligten sich von der jeweils anderen Vermutung beeinflussen lassen würden, wäre die Wahrscheinlichkeit groß, dass die Urteile in die komplett falsche Richtung gehen und dementsprechend zum Scheitern verurteilt sind.

Dieser Effekt wurde 2011 auch von einem Team der Eidgenössischen Technischen Hochschule (ETH) in Zürich nachgewiesen: Zu diesem Zweck wurden die Teilnehmer gebeten, Schätzungen zu geografischen Sachverhalten sowie Verbrechen abzugeben, bei denen sich die Forscher sicher waren, dass keiner der Teilnehmer tiefere Kenntnis haben konnte. Beispielhafte Schätzungen betrafen die Länge der schweizerisch-italienischen Grenze oder die jährliche Zahl der Morde in der Schweiz. Um die Schätzungen so authentisch wie möglich zu gestalten, wurden den Teilnehmern für diejenigen Schätzungen, die am dichtesten am richtigen Ergebnis liegen, finanzielle Belohnungen versprochen.

Das Ergebnis war eindeutig: Je mehr Informationen die Teilnehmer über die Schätzung anderer Personen hatten, desto näher kamen sich die einzelnen Schätzungen. Mit dieser Nähe driftete aber auch der Mittelwert vom tatsächlichen Wert weiter ab. In anderen Worten: Wenn die Gruppe zu einem Konsens neigt, geht das zu Lasten der Genauigkeit. Diese Erkenntnis fordert ein Umdenken in Bezug auf die Entscheidungsfindung einer Gruppe.

Die Studie brachte aber noch eine weitere interessante Kenntnis ans Licht: Wie willkürlich die Entscheidungsfindung ist, hängt vom Pool an unterschiedlichen Meinungen und Ideen ab, der in der Gruppe existiert. Werden generell in der Gruppe gute und faire Entscheidungen getroffen und neue Ideen gefunden, verfeinert der Einfluss anderer Menschen die Ergebnisse, aber verändert die grundlegenden Ideen und Annahmen nicht vollständig.

Niemand sollte sich aber vor Herdendenken fürchten, auch nicht schlecht informierte Entscheidungsträger: Das Nachahmungsverhalten ist nach wie vor der bedeutendste Faktor bei schlecht getroffenen Entscheidungen. Das Schweizer Team kommentierte, dass der Herdeneffekt dann am größten ist, wenn es keine objektiv richtige Antwort gibt. Das erklärt vielleicht, warum manch getroffene Entscheidungen in den Augen Dritter oft zu unglaublich dummen Ergebnissen führen.

Anders ist es allerdings in Gruppen, die – wie es im Design Thinking gefordert wird – durchmischt sind. Dass die weisesten Gruppen diejenigen sind, die die verschiedensten Perspektiven einschließen, zeigt eine Studie der University of Michigan aus dem Jahr 2004. Die Forscher fanden dabei heraus, dass Gruppen, die heterogen durchmischt wurden, kollektiv bessere Schätzungen anstellten als Gruppen, die hauptsächlich aus Experten bestanden. Mit anderen Worten: Unterschiedlichste Köpfe arbeiten gemeinsam besser zusammen, als wenn das Team nur aus Branchenexperten besteht.

All diese Studien verdeutlichen, dass es wirklich wichtig ist, sich bewusst zu machen, wer in eine Design-Thinking-Gruppe eingeladen werden soll und wer nicht. Je heterogener die Teilnehmer, desto besser – vor allem, wenn es darum geht, Ideen zu entwickeln oder Entscheidungen zu treffen.

Gruppendynamische Prozesse

Nehmen wir einmal an, Sie haben für Ihren Design-Thinking-Workshop unterschiedliche Personen aus Ihrem Unternehmen zusammengebracht, um ein Problem zu lösen. Aber irgendwie haben Sie das Gefühl, dass etwas schiefläuft – die Gruppe macht nicht so mit, wie Sie gehofft haben. Sie haben den Eindruck, dass sich die Gruppe die Parole gegeben hat: »Gemeinsam sind wir unausstehlich!« Plötzlich ist der sonst freundliche Kollege beinahe übertrieben höflich, wobei er scheinbar seine Gesprächspartner nach Wichtigkeit und Nützlichkeit einstuft. Mit Außenstehenden kommuniziert er stattdessen auf kühle und distanzierte Weise, so wie es der vorherrschenden Gruppennorm entspricht – eine Person, die sich ständig Ideen anderer Kollegen gegenüber kritisch äußert, aber selber nicht viel beiträgt, und Sie haben Angst, dass diese Fehlersuche andere entmutigt, ihre Ideen auszusprechen. Ein anderer Kollege wiederum ist höchstens körperlich anwesend. Wenn Sie nach seiner Meinung fragen, bekommen Sie nur eine Zustimmung zu dem, was dominantere Kollegen bereits gesagt haben. Noch dazu haben Sie vielleicht ein Mitglied in der Gruppe, das ständig herumblödelt und dadurch die Dynamik der Diskussion stört.

Das alles sind klassische Beispiele für eine schlechte Gruppendynamik, die den Erfolg eines Projektes sowie die Moral und das Engagement der Menschen sehr schnell untergraben kann.

Was ist Gruppendynamik?

Kurt Lewin, Sozialpsychologe und Change-Management-Experte, hat in den 1940er-Jahren den Begriff Gruppendynamik geprägt. Er stellte fest, dass Menschen oft unterschiedliche Rollen und Verhaltensweisen annehmen, wenn sie in einer Gruppe arbeiten. Die Gruppendynamik beschreibt die Auswirkungen dieser Rollen und Verhaltensweisen auf andere Gruppenmitglieder bzw. auf die Gruppe als Ganzes.

Eine Gruppe mit einer positiven Dynamik ist leicht zu erkennen. Die Teammitglieder vertrauen einander, sie arbeiten kollektiv auf eine Entscheidung hin, und sie fühlen sich gemeinsam verantwortlich für die Dinge, die geschehen. Wenn eine solche Dynamik in einer Gruppe herrscht, ist schon sehr viel gewonnen. Forschungen zeigen, dass Teams mit einer solch guten Gruppendynamik doppelt so kreativ sind wie Gruppen mit schlechter Gruppendynamik. In einer Gruppe mit schlechter Gruppendynamik stört das Verhalten der Menschen ihre Arbeit. Ein mögliches Ergebnis davon kann sein, dass die Gruppe zu keiner Entscheidung findet oder eine falsche Wahl trifft, da die Gruppenmitglieder die verschiedenen Möglichkeiten nicht gut genug auskundschaften konnten.

Was sind die Ursachen für eine schlechte Gruppendynamik?

Sowohl die Moderatoren/Gruppenleiter als auch die einzelnen Mitglieder des Teams können zur negativen Gruppendynamik beitragen. Werfen wir einen Blick auf einige der häufigsten Probleme, die auftreten können:

Führungsschwäche

Wenn dem Team ein starker Führer fehlt, übernimmt oft das dominanteste Mitglied der Gruppe die Führung. Das kann dazu führen, dass die Gruppe in die falsche Richtung läuft, Machtkämpfe austrägt oder den Fokus auf die falschen Prioritäten legt.

Übertriebene Obrigkeitshörigkeit

Das passiert, wenn Menschen unterstreichen wollen, dass sie mit dem Gruppenleiter / Moderator vollkommen einverstanden sind. Sie halten dann ihre eigene Meinung gänzlich zurück.

Abblocken

Wenn die Teammitglieder sich so verhalten, dass der Informationsfluss in der Gruppe gestört wird, kommt es zu Blockaden. Vor allem diese Rollen führen dazu:

- **Der Angreifer** ist oft nicht einverstanden mit anderen oder äußert sich unangemessen.
- **Der Verneiner** spricht sich oft entschieden gegen andere Ideen aus.
- **Der Außenstehende** will sich nicht an Diskussionen beteiligen.
- **Der nach Anerkennung Suchende** ist prahlerisch und versucht das Meeting zu dominieren.
- **Der Joker** hat lauter Witze auf Lager, die vollkommen unpassend sind.
- **Der Trittbrettfahrer** lässt seine Kollegen die ganze Arbeit machen. Trittbrettfahrer sind oft für sich alleine sehr fleißig, aber begrenzen sehr stark ihre Arbeit in Gruppensituationen. Auch bekannt unter dem Begriff »soziales Faulenzen«.

Angst vor Bewertungen

Die Wahrnehmung von Teammitgliedern kann auch schnell eine negative Gruppendynamik schaffen. Das ist vor allem der Fall, wenn die Mitglieder spüren, dass sie übermäßig hart von anderen Gruppenmitgliedern beurteilt werden. Als Ergebnis halten sie dann ihre eigene Meinung zurück.

Strategien zur Verbesserung der Gruppendynamik

Kennen Sie Ihr Team

Als Moderator / Gruppenleiter müssen Sie Ihr Team durch den Design-Thinking-Prozess führen. Starten Sie damit, dass Sie zunächst selbst über Gruppendynamik reflektieren. Versuchen Sie, die verschiedenen Gruppenrollen schon vorab zu identifizieren und zu verstehen, wie diese sich auf die Gruppe als Ganzes auswirken wird. Das wird Ihnen helfen, schnell auf Probleme reagieren bzw. diese schon im Vorfeld abfangen zu können.

Identifizieren Sie schnell mögliche Probleme

Wenn Sie merken, dass ein Mitglied Ihres Teams sich so verhält, dass es wenig hilfreich für die anderen Mitglieder ist, sollten Sie schnell handeln. Geben Sie dem Betroffenen Rückmeldung über die möglichen Auswirkungen der Handlung und ermutigen Sie ihn oder sie dazu, das Verhalten zu ändern.

Definieren Sie Rollen und Verantwortlichkeiten

Ein Team, dem der Fokus oder die Richtung fehlt, kann schnell eine schlechte Dynamik entwickeln, da die Menschen kämpfen, um ihre Rolle in der Gruppe zu verstehen. Erstellen Sie deswegen eine Team Charter, in der Sie die Mission der Gruppe und die einzelnen Pflichten festlegen, wenn Sie das Team bilden. Stellen Sie sicher, dass jeder dieses Dokument kennt, und erinnern Sie die anderen regelmäßig daran, sich dieses Dokument anzusehen.

Überwinden Sie Grenzen

Verwenden Sie Team-Building-Maßnahmen, um einander besser kennenzulernen, insbesondere wenn neue Mitglieder in die Gruppe kommen. Diese Übungen erleichtern neuen Kollegen den Einstieg in die Gruppe und tragen auch dazu bei, dass die Gruppenmitglieder sich gegen negative Äußerungen und Zweifel anderer zusammenschließen und füreinander einstehen.

Konzentrieren Sie sich auf Kommunikation

Offene Kommunikation ist von zentraler Bedeutung, um eine gute Teamdynamik herzustellen. Sorgen Sie also dafür, dass jeder klar kommuniziert. Besprechen Sie Regeln für alle Formen der Kommunikation, die Ihre Gruppe verwendet – E-Mails, Meetings, Beobachtungen, Interviews etc. –, um Unklarheiten zu vermeiden. Wenn sich der Status eines Projekts ändert oder wenn es wichtige Neuerungen gibt, sollten alle Beteiligten so schnell wie möglich davon erfahren. Auf diese Weise können Sie sicherstellen, dass jeder die gleichen Informationen hat.

Passen Sie auf, und achten Sie auf Warnzeichen

Achten Sie besonders auf auffallend häufig stattfindende, einstimmige Entscheidungen, da diese ein Zeichen für Gruppendenken sind. Wenn dies der Fall ist, ermutigen Sie das Team, neue Wege zu gehen, anonym abzustimmen oder die Ansichten zu diskutieren. Ein wichtiger Teil Ihrer Rolle als Moderator einer Design-Thinking-Session ist, dass Sie darauf achten, wie Ihre Gruppe interagiert. Viele der Verhaltensweisen, die zu einer schlechten Dynamik führen, können leicht überwunden werden – wenn Sie rechtzeitig damit anfangen.

Die richtigen Informationen finden

Um funktionierende Prozesse etablieren zu können, die im Unternehmen einen Mehrwert generieren, benötigen Sie zunächst ein grundsätzliches Verständnis vom Markt. Ein Markt ist ein (physischer) Ort, an dem Menschen in ihren diversen Rollen (z. B. als Konsument, Nutzer, Konkurrent mit politischen, gesetzlichen Restriktionen) aufeinander- und auf verschiedene Trends stoßen.

Ein Beispiel:

*Ein Unternehmen will eine App auf den Markt bringen. Die Ent-
wicklungen sind fertig und abgeschlossen. Was läge näher als die
Annahme, die App müsse nun einfach nur im App Store hochgeladen
werden? Aber halten Sie kurz inne, und überlegen Sie nochmals:*

- *Es gibt Interessierte: Das sind die Menschen, die die App herunterladen werden, aber auch diejenigen, die sie nicht kaufen wollen. Es
gibt jene, die die App zuerst testen wollen, und manche, die sich die
Reputation des Unternehmens zunächst genauer ansehen. Auf jeden
Fall gibt es eine Vielzahl an unterschiedlichen Varianten und Menschen, die Sie in verschiedene Gruppen clustern können.*
- *Dann gibt es noch die Kunden: Das sind die Menschen, die die App
für Geld herunterladen. Diese Personen haben meistens hohe Erwartungen – selbst wenn die Kosten für die App bei unter einem
Euro liegen. In einer Welt, wo es vieles umsonst gibt, ist die Erwartungshaltung bei Produkten, die fast nichts kosten, trotzdem sehr
hoch. Zumindest müssen die Erwartungen mit den Werbeverspre-
chen übereinstimmen.*
- *Die Konkurrenz: Es wird bestimmt das eine oder andere Unternehmen geben, das eine ähnliche App schon auf dem Markt hat
oder zumindest eine solche App entwickeln wird.*
- *Der Markt: Die App wird den momentanen Trends am Markt entsprechen müssen, um überhaupt Interesse zu wecken.*
- *Rahmenbedingungen und Gesetze: Es ist meistens alles andere als
einfach, eine App zu launchen. Oft gibt es eine Vielzahl an Regeln
und Bestimmungen, anhand derer überprüft werden soll, ob und in
welcher Form die App über pornografische Inhalte verfügt.*

Und das sind bei Weitem noch nicht alle Eckpfeiler, die Sie sich
noch vor dem Launch eines neuen Produktes oder Services ansehen müssen. Auch wenn Sie einen Prozess optimieren oder anpassen wollen, müssen Sie tiefer in die Materie eintauchen und sich
mögliche Parameter ansehen. Sie müssen wissen, was Sie wollen,
aber auch, wen das alles betrifft, um die richtigen Informationen
zu bekommen und zu überlegen, wie Sie die Sache am besten angehen können.

Nach den Signalen Ausschau halten

Ein Signal ist ein Hinweis, ein kleines Puzzleteilchen. Das Signal alleine ist generell noch vollkommen uninteressant. Aber in einer Gruppe, eingebettet in eine Interpretation, hat das Signal eine unglaublich starke Wirkung auf die gesamte Strategie. Ein einziger Satz oder ein einziger Kommentar eines unzufriedenen Mitarbeiters kann genauso ein Signal sein wie ein neues Tool, das eingeführt werden soll. Die Entscheidungen über die Benutzeroberfläche ist genauso ein Signal wie die Überlegung, wie ein Prozess in Zukunft aufgebaut werden soll.

Die Signale richtig zu deuten, erfordert neben Zeit auch Erfahrung, weil das ein sehr subjektives Unterfangen ist. Und es bedeutet auch ein gewisses Risiko. Das Signal an sich ist objektiv und neutral, die Interpretation dagegen ist subjektiv.

Ein Interview mit einer fremden Person zu führen, ist am Anfang oft befremdlich. Es gibt aber unterschiedliche Wege, um den Einstieg zu erleichtern, und Sie werden auch sehen, dass die meisten Menschen wirklich erfreut sind, wenn Sie sie fragen, wie sie sich fühlen und was sie den ganzen Tag über so machen – weil sich in der Regel sonst niemand dafür interessiert. Ihr Interesse an dem, was sie machen, und die Tatsache, dass Sie diese spezielle Person für kurze Zeit ins Rampenlicht stellen, lässt sie sich als etwas Besonderes fühlen.

Methode: Erkenntnisse sammeln

Die folgenden Schritte sollen Ihnen zeigen, wie Sie wichtige Erkenntnisse sammeln können – indem Sie die Menschen bei dem beobachten, was sie machen, und mit ihnen sprechen, während sie es machen.

Suchen Sie sich einen bestimmten Ausschnitt, auf den Sie sich fokussieren wollen

Bevor Sie sich in eine Sache vertiefen, ist es wichtig zu überlegen, was genau Sie eigentlich untersuchen wollen. Das kann sein, dass Sie erfahren wollen, wie Menschen über den Service ihrer Bank denken oder wie sie sich bei Transaktionen verhalten. Oder vielleicht wollen Sie herausfinden, wie Personen Aufträge aufgeben. Egal, was Ihr Fokus genau sein wird, er wird ihnen helfen, das Profil Ihrer Zielperson früher und genauer zu beschreiben, sodass Sie auch schneller zu Ihrer Zielperson gelangen. Und dadurch werden Sie auch gute Anknüpfungspunkte für ein erstes Gespräch haben.

Entwickeln Sie einen Pool an Fragen – aber versuchen Sie, diese nicht zu verwenden

Eine Art Leitfadenfragebogen hilft Ihnen, den Fokus nicht aus den Augen zu verlieren. Diese Fragen sollten sich um die Aktion drehen, den Workflow und den Prozess. Fragen Sie keine Statistiken oder Meinungen ab.

Gute Fragen können sein:
- »Können Sie mir zeigen, wie Sie den Auftrag in die Software eingeben?« (Mit dieser Frage zielen Sie auf die Aktion ab, die real und nicht hypothetisch passiert.)
- »Wann ist Ihnen zuletzt beim Prozess das System abgestürzt? Was hat Sie daran so gestört? Können Sie mir zeigen, was Sie an diesem Schritt nicht mögen?« (Ein negatives Ereignis haftet vier Mal stärker im Gedächtnis als ein positives. Deswegen können sich Menschen eher an etwas Negatives erinnern. Durch die Bitte, den Vorgang durch Wiederholung zu zeigen, kann Ihr Gegenüber leichter die Geschichte im Detail wiedergeben.)

Schlechte Fragen sind:
- »Mögen Sie diesen Vorgang?« (Eine typische Ja-Nein-Frage, die die Meinung und nicht das Verhalten abfragt.)

- »Welche Features nutzen Sie am meisten? Welches Feature sollten wir verbessern?« (Menschen können meistens ihre eigenen unbewussten Muster nicht identifizieren. Hypothetische Annahmen werden auch nicht ernst genommen, weil sie im seltensten Fall auch umgesetzt werden. Wieso also sich anstrengen, wenn etwas doch nie eintreten wird?)

Sich zu Beginn Fragen zu überlegen, hilft Ihnen, dass Sie sich selbst bewusst mit der Situation auseinandersetzen und überlegen können, wie Sie sich verhalten werden. Sie werden auch erkennen, welche Fragen einfach und zielführend sind. Und Sie haben einen Plan B, wenn das Gespräch stocken sollte.

Achten Sie auf jedes Detail

Jemand direkt an seinem Arbeitsplatz zu befragen, ist gar nicht so einfach. Sie werden wahrscheinlich den Impuls verspüren, mit der befragten Person einen anderen Ort zu wählen, aber wenn Sie diesem Impuls nachgeben, werden Sie eine Zusammenfassung und keinen Tatsachenbericht bekommen. Sie wollen ja die vielfältige, detaillierte und vor allem reale Situation untersuchen. Das bedeutet, dass Sie sich genau für diese Umgebung interessieren müssen. Das kann aber auch heikel sein. Sie können zum Beispiel nicht einfach am Flughafen im Sicherheitsgebäude auftauchen und davon ausgehen, dass es in Ordnung ist, wenn Sie einen Tag lang dort »abhängen«. Das heißt, Sie müssen zuerst Ihre Hausaufgaben machen, im Vorfeld recherchieren, Erlaubnisse einholen, nachfragen etc., bevor Sie mit der eigentlichen Beobachtung beginnen können. Betreten Sie auch immer mit der notwendigen Portion Respekt den Ort des Geschehens – gerade dann, wenn es persönliche Räume wie das Zuhause oder das Büro sind. Wenn Sie dann Ihren Beobachterposten eingenommen haben, versuchen Sie, so viele Details wie möglich einzufangen. Bitten Sie die Person, dass Sie Aufnahmen (Ton und Video) machen dürfen, damit Sie für Ihr Team mitdokumentieren können. Das erleichtert auch die spätere Datenauswertung.

Fragen Sie nach Beispielen und lassen Sie sich diese in Aktion zeigen

Wenn Menschen einen Workflow oder einen Prozess beschreiben, bitten Sie gleich darum, dass sie Ihnen genau das, was sie gerade beschreiben, auch zeigen. Statt über die Software zu sprechen, bitten Sie Ihren Gesprächspartner, dass er Ihnen gleich zeigt, was er oder sie meint.

Bitten Sie darum, es selbst ausprobieren zu dürfen

Wenn Sie mit einer neuen Situation konfrontiert werden, scheuen Sie sich nicht davor, darum zu bitten, selbst mal die Software, den Arbeitsschritt etc. ausprobieren zu dürfen. Sie können nichts verlieren, selbst wenn die Person einen Grund kennt, warum das nicht gehen würde. Aber wenn er oder sie Ja sagt, dann haben Sie nicht nur einen besseren Einblick in das Geschehen gewonnen, sondern können noch viel mehr Empathie aufbauen. Der Befragte wird dann zum Lehrer – und ein guter Lehrer will seinen Schülern zeigen, wie es richtig geht.

Beobachten Sie mehrere Personen und suchen Sie nach Ausreißern

Je mehr unterschiedliche Personen und Situationen Sie beobachten können, desto wahrscheinlicher ist es, dass Ihnen Unstimmigkeiten und Fehler auffallen werden. Auch gibt es in fast allem einen »extremen User«, also jemand, der die Software zum Beispiel in- und auswendig kennt und der Ihnen auch bestimmte Kniffe zeigen kann, die Ihnen wiederum einen neuen Einblick ermöglichen werden.

Was Sie jedoch bei den wenigsten dieser Befragungen und Beobachtungen erfahren werden, ist die Antwort auf die Frage, warum sich Ihre Zielperson auf diese oder jene Weise verhalten bzw. für einen bestimmten Ablauf der gesetzten Aktionen entschieden hat. Sie werden vermutlich nach der Beobachtung erkannt haben, was nicht so gut und was sehr gut funktioniert. Aber Sie werden sicherlich nicht den kausalen Zusammenhang zwischen den Verhaltensmustern, die Sie beobachtet haben, und den getroffenen Entscheidungen auf Anhieb erkennen können.

Es gibt aber einen Geheimtrick, der immer dann funktioniert, wenn Sie auf der Suche nach dem Warum sind: Bitten Sie die Person, die Ihnen zum Beispiel gerade den Workflow zeigt, laut zu sprechen. Sagen Sie ihr, dass das Ziel dabei ist, dass sie einfach nur laut denkt. Das bedeutet, dass sie sagen soll, was sie in jedem einzelnen Moment macht – ohne dass Sie sie dabei unterbrechen. Oder fragen Sie sie, wie sie sich bei der Ausführung fühlt. Das hilft ungemein dabei, ein Verständnis dafür aufzubauen, warum jemand etwas macht und wie er es macht, sowie die Entscheidungen dahinter zu verstehen. Gerade in einem Ihnen unbekannten Terrain hilft das laute Sprechen, die einzelnen Schritte zu verstehen und ein Gesamtverständnis für die Entscheidungen zu entwickeln. Mit ziemlicher Sicherheit werden Sie keine statistisch relevanten Daten damit sammeln können, aber Sie werden das Gesamtmuster besser und treffender definieren können.

Sie sehen: All diese Methoden und Ansätze setzen voraus, dass Sie sich aktiv mit dem Nutzer auseinandersetzen. Sie können keinen Fragebogen erstellen, ihn dann ausschicken und erwarten, dass dabei Empathie aufgebaut wird oder Geheimnisse ans Tageslicht treten. Um Dinge zu erfahren, die hinter dem Offensichtlichen liegen, müssen Sie rausgehen und mit den Menschen über deren Erfahrungen sprechen, verstehen, welche Gefühle sie dabei haben und mit ihnen interagieren. Sie müssen raus ins echte Leben, das mitunter sehr chaotisch und aufregend sein kann. Aber als Entschädigung wartet auf Sie die Welt Ihres Nutzers in all seinen Facetten – und Erkenntnisse, die Sie niemals auf Computerbildschirmen finden werden.

Erkenntnisse und Bedürfnisse aufdecken
durch Interpretation

Interpretation kann Ihnen ebenfalls helfen, die verschiedenen Perspektiven der Menschen kennenzulernen. Wenn Sie etwa Menschen während ihres Einkaufs beobachten, werden Sie feststellen, dass es welche gibt, die hastig durchbrausen, während andere gefühlte Stunden vor den Warenregalen verbringen. Wenn Sie das Einkaufsverhalten Ihrer Kunden optimieren wollen, werden Ihnen verschiedene Dinge aufgrund des unterschiedlichen Verhaltens auffallen: Menschen, die oft hin- und herlaufen und /oder die Verkäufer nach Produkten fragen, finden sich anscheinend nicht so gut zurecht. Andere, die den Müsliriegel schon im Geschäft essen, wollen sich vielleicht nachher ausruhen und würden eine entsprechende Möglichkeit schätzen. Oft ist der Unterschied zwischen Ihrer Interpretation und dem, was Sie beobachten, gering. Die Wahrscheinlichkeit, dass jemand, der noch den Müsliriegel im Geschäft isst, im Stress ist und Hunger hat, ist größer, als dass der- oder diejenige gleich nach dem Einkauf in ein Lokal gehen und dort essen wird. Wenn Sie also nun davon ausgehen, dass eine Person, die einen Müsliriegel isst, wahrscheinlich eher gesundheitsbewusst lebt, als sich den Bauch mit Junkfood vollzustopfen, könnte dies zu der Idee führen, dass dieser Person vielleicht die Möglichkeit fehlt, nach dem Einkauf in Ruhe und genussvoll einen kleinen, gesunden Snack einzunehmen. Durch Ihre Beobachtung und die folgende Interpretation des Gesehenen finden Sie also sehr schnell passende Lösungen, da Sie gleich mit dem Bedürfnis konfrontiert werden.

Wenn Sie allerdings mehrere Interpretationen haben, wird es etwas schwieriger. Angenommen, Sie beobachten Menschen morgens im Autoverkehr. Ein paar werden zu zweit fahren, aber die Mehrheit der Menschen wird alleine unterwegs sein. Viele wollen einfach lieber alleine fahren – so haben sie noch ein wenig Zeit zum Munterwerden, können ungestört telefonieren – oder aber in der Nähe wohnt einfach kein Arbeitskollege, den sie mitnehmen könnten. Bei diesem Beispiel gibt es also mehr als nur eine Hypothese. Bei der Frage, warum viele Autofahrer allein unterwegs sind, reichen die möglichen Gründe von Zeit für sich bis hin zu keinem möglichen Wegbegleiter in der Nähe. Sobald Sie mehrere solcher Hypothesen zu einem bestimmten Thema haben, ist die Lücke zwischen Beobachtung und Interpretation größer – es gibt einfach mehrere wahrscheinliche Möglichkeiten, die in vollkommen unterschiedliche Richtungen führen. In solchen Fällen müssen Sie ein wenig tiefer graben, um an die passende Lösung zu kommen.

Methode: Transkription

Viele Dinge, die uns beschäftigen, kreisen unbewusst in unserem Kopf – bis wir sie mit jemandem besprechen oder bewusst irgendwo niederschreiben. Letzteres hilft vor allem deshalb, weil Sie bereits beim Niederschreiben beginnen, die Dinge zu analysieren, zu ordnen und zu priorisieren. Auf diese Weise werden Verbindungen, Anomalien und Abweichungen von Mustern sichtbar. Sie bekommen einen neuen Blick und ein neues Verständnis für die Verbindungen und Kausalitäten. Wenn Sie Ihre Aufzeichnungen dann noch in einen Ordner schreiben, der für das ganze Team sichtbar ist, schaffen Sie dadurch einen gemeinsamen Raum, der andere dazu einlädt, diese Daten mit ihren eigenen zu vergleichen, Beziehungen aufzubauen und vor allem zu diskutieren. Um ein gemeinsames Verständnis zu bekommen, ist es wirklich wichtig, dass Sie die Sachverhalte auch gemeinsam immer wieder hinterfragen und diskutieren.

Das Transkribieren funktioniert so, dass Sie alles aufschreiben, was Sie bei Ihren Interviews und Befragungen aufgenommen, erlebt und gesehen haben. Achten Sie dabei darauf, dass Sie tatsächlich nur Gesagtes und Gehörtes aufschreiben und nicht Ihre Meinung oder Gedanken dazu. Auch wenn es verlockend sein mag: Nehmen Sie an dieser Stelle bitte niemals eine Abkürzung! Schreiben Sie wirklich alles auf, auch wenn Sie das Gefühl haben, dass dieses oder jenes Detail absolut vernachlässigbar ist! Warum? Weil Sie während der Transkription nochmals die Erfahrung durchleben.

Sie werden merken, dass Sie sich schon bald immer wieder »Warum?« fragen. Warum hat er das gesagt? Was hat er damit eigentlich wirklich gemeint?

Eine Transkription ist ein sehr langer und aufwendiger Prozess, der meistens mehrere Stunden dauert. Während Sie transkribieren, erinnern Sie sich aber nicht nur an die gesprochenen Worte, sondern auch an Bilder, Stimmen und die Umgebung – die Sie an Ort und Stelle noch nicht so deutlich in Zusammenhang zueinander setzen konnten. Durch die Transkription integrieren Sie die Welt des Befragten in Ihre eigene Welt – und aus dem Zusammenhang heraus ergibt sich ein ganz neuer Sinn. Wenn Sie mehrere Transkriptionen zum selben Thema zur Verfügung haben, können Sie die einzelnen Zitate unabhängig voneinander studieren und erkennen so Muster und Anomalien.

Tipp: Transkription eines Gesprächs mit mehreren Personen

1. Legen Sie zusätzlich zum Dokument, in dem Sie das Gespräch dokumentiert haben, eine Tabelle mit drei Spalten an.

2. Kopieren Sie einzelne Aussagen und Zitate Ihrer Gesprächspartner aus dem Ursprungsdokument und fügen Sie diese jeweils in die mittlere Spalte der Tabelle ein.

3. Schreiben Sie in die Spalte vor dem Zitat die Initialen des Befragten und in die Spalte dahinter eine Nummer (1, 2, 3 …).

4. Öffnen Sie in Word den Seriendruck-Manager und wählen Sie die Etikettierung. Ordnen Sie die verschiedenen Blöcke zu: das Zitat, die Initialen, die Nummerierung.

5. Drucken Sie die Etiketten aus, und schneiden Sie sie aus.

6. Nun heften Sie die einzelnen Aussagen an eine Pinnwand. Sie können jetzt die Aussagen nach Urhebern sortieren und sehen auf einen Blick die unterschiedlichen Personen mit ihren jeweiligen Äußerungen.

Muster und Anomalien identifizieren

Am besten nehmen Sie sich einen Highlighter und gehen nun die einzelnen Aussagen durch. Es geht nicht darum, dass Sie mit Ihrem rationalen Verstand die einzelnen Aussagen bewerten, sondern streichen Sie zuerst einmal das an, was Sie wirklich interessiert oder was Sie spannend oder neu finden. Nachdem Sie sich bereits intensiv mit der Problemstellung auseinandergesetzt haben, werden Sie ohnehin unbewusst einen Filter haben und die interessanten Stellen herauspicken.

Gruppieren Sie dann die Aussagen so, dass Sie diejenigen, die zueinanderpassen, physisch nebeneinanderhängen. Wenn Sie das mit allen gesammelten Aussagen machen, werden Sie ein neues Verständnis aufbauen. Sie werden Muster erkennen. Am besten benennen Sie diese gleich, schreiben Sie sie auf einen Haftzettel – aber achten Sie bei der Namenswahl darauf, dass die Namen nicht generisch, sondern beschreibend sind. Statt Workflow ist es besser zu sagen »ein Prozess bzw. eine Abfolge von Aktivitäten, den bzw. die alle beteiligten Stakeholder momentan nutzen«.

Durch diese intensive Auseinandersetzung mit den Aussagen werden Sie automatisch beginnen, sich produktive Lösungen auszudenken. Schreiben Sie diese auf, aber versuchen Sie bitte, keinen Fokus darauf zu richten und sie nicht weiter zu beachten. Ideen sind zwar immer gut und interessant, aber in diesem Stadium geht es nur darum, dass Sie möglichst viel entdecken und die neuen Erkenntnisse extrahieren.

Dieser Prozess dauert normalerweise ein bis zwei Wochen in einem Team von acht bis zehn Teilnehmern. Sie müssen nicht die ganze Zeit damit verbringen, aber achten Sie darauf, dass Sie einen ruhigen Platz für Ihre Wand mit den vielen Aussagen suchen, damit Sie dem in Ruhe nachgehen können.

Mitunter ergibt sich daraus, dass Sie eine Art Zeitlinie erkennen können. Sie werden sehen, dass einige wichtige Punkte im Leben

Ihrer Teilnehmer aufgetreten sind, die sie auf ihre Aussagen referenzieren. Nutzen Sie solche Punkte und machen Sie ein einfaches Diagramm, das verschiedene wichtige Ereignisse und Entscheidungen zeigt. Kreisen Sie bestimmte Verbindungen ein, um sie hervorzuheben. Das Ziel dabei ist, dass Sie das Verhalten Ihrer Zielgruppe im Laufe der Zeit sichtbar machen.

So gewinnen Sie noch tiefere Erkenntnisse

Mit diesen Erkenntnissen geht es nun in den Prozess der Extraktion, um neue Erkenntnisse zu identifizieren. Sie können dabei ruhig mit Vorannahmen und Interpretationen arbeiten – es ist gut und wichtig, dass Sie interpretieren, weil Sie ja eine neue Entdeckung machen wollen – und nicht statistische Daten auswerten. Aber achten Sie darauf, dass die einzelnen Aussagen lediglich Beobachtungen und keine Lösungen sind.

Suchen Sie also für jede Gruppe eine bestimmte Aussage, die stellvertretend für deren Ansicht und Verhalten steht.

Nun geht es ans Eingemachte: Erkenntnisse sind die Quelle für Innovationen, sie sind der Schatz, nach dem Sie eigentlich gesucht haben.

Beginnen Sie bei den verschiedenen Aussagen und stellen Sie sich selbst die Frage »Warum?«. Geben Sie Ihren Auswertungen eine Bedeutung, auch wenn diese Interpretation vielleicht falsch ist, aber immerhin ist es ein Versuch. Vergessen Sie nicht: Die Erkenntnisse sind letztendlich das, was Sie brauchen, damit Ihre Neuerung auch wirklich funktioniert. Ein Bedürfnis tatsächlich zu erfüllen, geht nicht nur, indem Sie eine einzig gute Idee haben und diese dann umsetzen. Es geht darum, wichtige Beobachtungen über das momentane Verhalten zu machen und dieses Verhalten so zu transformieren, dass es ein Bedürfnis erfüllt. Sie beginnen immer bei einem Faktum, bei bestimmten Daten, die als Ausgangsbasis dienen.

Je weiter Sie im Prozess voranschreiten, desto riskanter wird das Ganze, weil Sie auf Ihren Interpretationen aufbauen. Sie nehmen eine Annahme als wahr an und versuchen damit zu spielen, bis Sie eine passende Lösung haben. Je mehr Erfahrung und Wissen Sie in diesem Prozess schon haben, desto geringer wird letztlich das Risiko werden. Je mehr Sie selbst schon erlebt haben, desto mehr können Sie beitragen, desto größer ist Ihr Wissen.

Sie werden wissen, wenn Sie *die* Erkenntnis, den berühmten Aha-Moment, erleben. Es wird sich ganz einfach und logisch anfühlen. Weil es einfach und logisch ist. Wenn Sie aber eine Erkenntnis haben, bevor Sie diesen ganzen langen Weg gegangen sind und all diese Erfahrungen gemacht haben, werden Sie enttäuscht über diese Eingebung sein und sich fragen, ob das wirklich alles sein kann. Aber ohne dieses Aha-Erlebnis können Sie nicht weiter an der Komplexität des menschlichen Verhaltens, den verschiedenen Mustern und Verbindungen arbeiten. Diese ganze Methode ist langwierig. Komplex. Und manches Mal nervig. Aber die Ergebnisse auf der anderen Seite sind die Basis für Innovationen, die auf Menschlichkeit basieren und ihre Schönheit durch ihre Einfachheit gewinnen.

Ein wertebasiertes Ziel entwickeln

Wenn Sie bestehende Prozesse optimieren oder neue Services entwickeln wollen, liegt die Vermutung nahe, dass Sie insgesamt Wert schaffen wollen. Wenn Sie nun all die Indizien und Hinweise, die Sie am Markt und im Unternehmen gesammelt haben, zusammengefasst haben, können Sie den Wert identifizieren, den Sie hoffentlich mit Ihrer Neuerung erzielen werden.

Dieser Wert entspricht dem, was Menschen wollen, lieben, respektieren und achten. Das ist auch Ihr Alleinstellungsmerkmal, das Sie von Konkurrenten abhebt. Oft ist es nicht einfach, den eigenen Wert herauszufinden. Sie können das aber ganz leicht üben: Sehen Sie sich Prozesse oder Produkte an, die Sie schätzen und oft benutzen, und identifizieren Sie den Wert, den diese Erfindung für

Sie hat. Versetzen Sie sich beispielsweise in die Lage des Produktmanagers von Airbnb. Versuchen Sie mal diesen Ansatz: »Ich helfe Menschen, neue Orte zu erkunden und dabei sicher und günstig zu übernachten. Anders als Best Western Hotels bieten wir die Möglichkeit, neue Lifestyles, Kulturen und Freunde kennenzulernen.« Achten Sie aber darauf, dass Sie vom Fokus auf das Produkt zum Fokus auf den Kundenwert wechseln, und widerstehen Sie der Versuchung, Werbeslogans oder Marketingversprechen wiederzugeben. Mithilfe dieser Übung können Sie Ihren eigenen Wert herausarbeiten, aber auch mögliche Konflikte zwischen den Unternehmensrichtlinien und Ihren eigenen Werten erkennen.

Methode: Die Zielgruppe mithilfe der 2 × 2-Matrix beschreiben

Die 2 × 2-Matrix ist eine gute Möglichkeit, mit Hinweisen und Signalen weiterzuarbeiten. Es ist eine einfache Diagramm-Technik, die Daten aus zwei verschiedenen Perspektiven einbezieht, um die Beziehungen zwischen den Perspektiven zu verstehen. Sie können die 2 × 2-Matrix auf bestehende Prozesse oder neue Produkte anwenden oder um Ihre Zielgruppe besser zu verstehen.

Dazu müssen Sie zunächst die verschiedenen Gruppensegmente auflisten, die Sie vorab identifiziert haben.

Ein Beispiel: Sie brauchen mehr Kunden in Ihrem Fitnessstudio. Identifizieren Sie zunächst, welche Gruppen es gibt. Da sind zum Beispiel Bodybuilder, Marathon-Läufer, Menschen, die abnehmen wollen, Yogis, Pensionisten, Veganer, Frauen, die gerade ein Kind zur Welt gebracht haben, Menschen, die nur am Wochenende trainieren etc.

Danach überlegen Sie verschiedene Eigenschaften, die auf die unterschiedlichen Gruppen zutreffen und die Ihnen dabei helfen, die Gruppen besser zu differenzieren. In unserem Beispiel könnten Sie

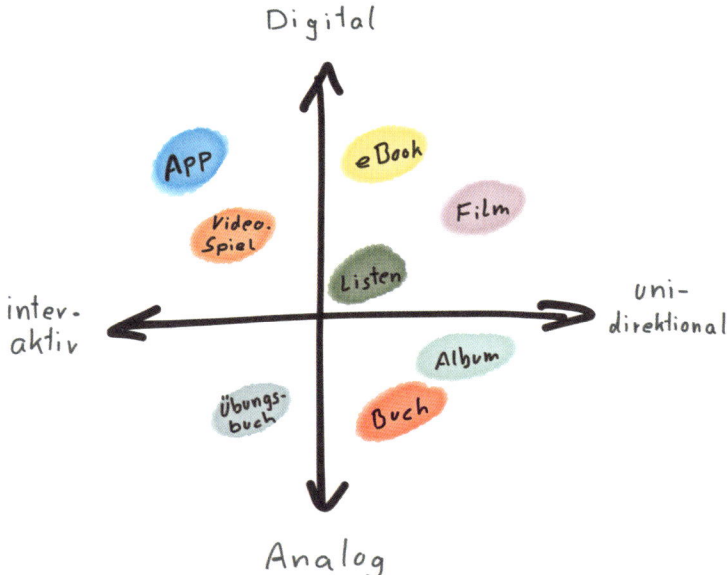

sich fragen: »Welche Unterschiede bestehen zwischen der Gruppe der Frauen, die gerade ein Baby bekommen haben, und der der Bodybuilder?« Die Antwort darauf könnte lauten: »Die Frauen haben weniger Zeit und wollen abnehmen, während die Bodybuilder Muskeln aufbauen wollen und deswegen auch täglich mehrere Stunden kommen.« Oder: »Yogis achten sehr auf Natürlichkeit. Ihnen ist Nachhaltigkeit ein großes Bedürfnis.« Arbeiten Sie sich so durch die verschiedenen Gruppen, und listen Sie alle Eigenschaften auf, die Ihnen dazu einfallen.

Zeichnen Sie nun eine 2 × 2-Matrix auf ein leeres Blatt Papier. Auf der einen Achse schreiben Sie den wichtigsten emotionalen Faktor hin (z. B. auf der einen Seite »Aussehen wichtig« vs. »Aussehen nicht wichtig«), auf der anderen Achse die Fakten (z. B. »kleiner Anteil in der Population« vs. »großer Anteil in der Population«). Nun ordnen Sie die einzelnen Gruppen jeweils ein. Wenn Sie nicht wissen, wohin die eine oder andere Gruppe gehört, müssen Sie zuerst die jeweilige Gruppe besser kennenlernen.

Anhand der Grafik können Sie nun erkennen, wie die einzelnen Segmente miteinander korrespondieren. In unserem Diagramm haben Sie eine große leere Fläche im linken Quadranten und rechts oben. Diese Lücken können neue Marktmöglichkeiten zeigen. Oder sie zeigen, wo es keinen Markt gibt.

Zeichnen Sie eine weitere 2 × 2-Matrix. Entdecken Sie den Raum, vergleichen Sie Eigenschaften, und schauen Sie, was passiert. Ihr Ziel ist es nicht, möglichst viele verschiedene Kombinationen in möglichst kurzer Zeit aufzuzeichnen, sondern ein Gefühl dafür zu bekommen, wie die einzelnen Gruppen miteinander in Verbindung stehen und wo es noch Bedarf gibt, den Sie decken können.

Die 2 × 2-Matrizen helfen Ihnen, potenzielle Innovationsmöglichkeiten zu entdecken und aus verschiedenen Perspektiven zu analysieren. Besprechen Sie diese Diagramme miteinander und finden Sie heraus, was das für Ihr Unternehmen bedeutet.

Methode: »Was wäre, wenn …?«

Ein eher philosophischer Ansatz, über die Weiterentwicklung von Prozessen nachzudenken, ist es, Unsicherheiten zu eliminieren und mögliche Ergebnisse zu reduzieren, um letztlich ein einzelnes Ergebnis zu optimieren. Design Thinking ist grundsätzlich eine sehr generative Aktivität. Design Thinker denken zuerst an verschiedene Möglichkeiten, sie überlegen, wie die Welt sein könnte. Das bedeutet, dass sie vieles ausprobieren und verschiedene Versionen generieren und miteinander kombinieren, anstatt Ideen auszusortieren. Sie fragen nach: »Was wäre, wenn …?«

Wenn Sie eine Strategie entwickeln, dann können Sie mit dieser Frage unterschiedlichste Szenarien durchspielen: Was wäre, wenn sich der Markt in diese oder jene Richtung entwickelte? Was wäre, wenn wir uns nur auf die eine Funktion konzentrierten?

Anhand dieser Frage provozieren Sie unterschiedliche Ideen, von denen ein paar dazu beitragen, dass sich das Risiko einer falschen Entscheidung minimieren wird. Andere werden vielleicht zu einem Richtungswechsel führen oder das Produkt / den Prozess generell ändern. Sich vorzustellen, was die Konkurrenz tun wird, ist etwas ganz anderes, als zu überlegen, was sie bereits getan hat. Sie können so viel strategischer und präventiver vorgehen, ohne zu viel Zeit und Energie in die Umsetzung zu investieren.

Ideen präsentieren

Nehmen wir an, Sie und Ihr Team haben in einer Design-Thinking-Session eine bahnbrechende Idee entwickelt, die das Unternehmen in Nullkommanichts abheben lässt. Eine Innovation, die wirklich die Branche auf den Kopf stellen kann. Aber trotzdem interessiert sich niemand dafür? Der Schlüssel, um andere für Ihre Ideen zu begeistern, liegt darin, dass Sie sie mit Ihrer Begeisterung anstecken!

Im Design Thinking dreht sich alles um den Nutzer – und das ist derjenige, der am Ende den Prozess bedient oder das Produkt kauft. Weil Sie diese Person von Anfang an in Ihre Überlegungen miteinbeziehen und direkt mit ihm oder ihr zusammenarbeiten, holen Sie sich ständig Feedback ein und haben ihn oder sie dadurch schon mit an Bord. Anders ist das aber mit dem Management. Oft fehlt es generell an Ressourcen wie Zeit und Geld, und es muss erst Überzeugungsarbeit geleistet werden, damit am Projekt weitergearbeitet werden kann. Das ist nicht immer so einfach. Nachdem viele Unternehmen noch nicht die Dringlichkeit von Innovationen und Flexibilität erkannt haben, wird solchen Projekten nicht die nötige Aufmerksamkeit zuteil. Oft muss bereits im Vorfeld einiges an Überzeugungsarbeit geleistet werden, damit die Dinge überhaupt erst ins Rollen kommen.

Beziehen Sie das Management mit ein

Spätestens nach der Phase der Definition des Problemfeldes ist es wichtig, dass Sie die Entscheidungsträger zusammentrommeln, um eine gemeinsame Strategie auszuarbeiten. Sie müssen klären, an welcher Stelle weitergearbeitet werden sollte und was momentan außer Acht gelassen werden kann.

Holen Sie Entscheidungsträger dort ab, wo diese sind – nicht da, wo Sie als Team gerade stehen

Sie und Ihr Team haben schon viel Zeit mit der Definition der Fragestellung, Ausarbeitung und Bearbeitung Ihrer Ideen etc. verbracht. Sie kennen Ihren Nutzer genau, wissen, wo er sich am liebsten aufhält, wie er oder sie denkt, arbeitet, lebt etc. Aber welches Wissen hat der Entscheidungsträger? Sicher nicht dasselbe, das Sie haben. Bevor Sie also mit der Vorbereitung zur Präsentation loslegen, stellen Sie sich drei grundlegende Fragen:

1. Was weiß der Entscheider bereits über die Idee?
2. Was weiß er nicht über die Idee?
3. Warum sollte er sich für diese Idee überhaupt interessieren?

Wenn Sie auf diese Fragen eine Antwort im Detail finden, haben Sie auch die Grundlage für den Aufbau Ihrer Präsentation.

Versuchen Sie es mal mit Jazz

Je mehr Sie sich mit dem Problem und dem Nutzer auseinandersetzen, desto enger wird Ihre Beziehung dazu. Das Team will unbedingt eine Lösung finden, die funktioniert, und auch andere davon überzeugen. Weil die Vorstellung der Ideen und der bereits gefundenen Insights so wichtig ist, versuchen alle, ihr Bestes zu geben, damit die Präsentation auch andere überzeugt.

In meiner Beratung habe ich bereits viele Präsentationen gesehen. Die schlechtesten waren die, die entweder auf Punkt und Komma auswendig gelernt und einstudiert waren – und die, die einfach improvisiert wurden.

Die besten Präsentationen sind ein Mittelding zwischen diesen beiden Extremen. Die Vorgehensweise dafür können Sie sich von großen Jazzmusikern abschauen: Diese lernen ein Stück so lange auswendig, bis sie es verinnerlicht haben, dann hören sie damit auf und beschäftigen sich wieder mit etwas anderem. Irgendwann ist dann der Zeitpunkt gekommen, zu dem sie es auf großer Bühne spielen. Dieser Prozess hilft, zu improvisieren und trotzdem einen roten Faden zu behalten.

Erarbeiten Sie also die Inhalte Ihrer nächsten Präsentation, aber bleiben Sie dabei entspannt. Lernen Sie zunächst genau das, was Sie sagen wollen. Studieren Sie die Inhalte ein, bis Sie sie vollkommen verinnerlicht haben. Bevor Sie sie vortragen, machen Sie aber unbedingt ein paar Tage Pause!

Lassen Sie das Publikum mitmachen

Nichts ist packender für einen Zuhörer, als wenn er das Gesagte auch gleich gezeigt bekommt. Wenn ich einen Vortrag halte, dann baue ich bewusst Beispiele ein, die meinen Standpunkt greifbar machen und die sofort eine Erfahrung mitliefern. Für eine Kundenpräsentation habe ich beispielsweise das Alleinstellungsmerkmal herausgearbeitet, dass die Inhaltsstoffe eines Kinderproduktes – eine kleine Schwimmente aus Plastik, die mit einer blauen Flüssigkeit gefüllt war – vollkommen ungefährlich sind. Falls einmal der unwahrscheinliche Vorfall eintreten würde, dass die Ente kaputt ginge, wären die Kinder keinem Risiko ausgesetzt. Um das zu demonstrieren, habe ich während der Präsentation die Ente zerschnitten, die blaue Flüssigkeit in ein Glas geschüttet und davon getrunken. Danach habe ich das Glas herumgereicht.

Nichts verkauft Ihre Idee so gut wie eine Show. Versuchen Sie einen Hauch Dramatik einzuarbeiten, wenn Sie Ihre Ideen präsentieren.

Tragen Sie nicht den Pullover von Hitler

Forscher der University of Pennsylvania haben eine Studie durchgeführt, in der sie die Teilnehmer gefragt haben, ob sie einen Pullover anziehen würden, von dem sie wüssten, dass Adolf Hitler ihn einst getragen habe. Die Probanden weigerten sich alle, da sie glaubten, dass an diesem Pullover emotionale Überreste haften würden.

So ähnlich ist das, wenn wir in einer ängstlichen, unsicheren Stimmung uns und unsere Idee präsentieren wollen. Die Leute spüren diese Stimmung und lassen sich schnell davon anstecken. Oft wirkt diese Stimmung dann auch abstoßend.

Nehmen Sie sich vor jeder Präsentation kurz die Zeit, um Ihre Haltung zu überprüfen und Ihr Vertrauen zu stärken. Sagen Sie sich, dass Sie es können. Dass Sie eine großartige Idee ausgearbeitet haben und dass Sie hier sind, um einen Nutzen zu liefern. So ein Mantra legt den Schwerpunkt auf den Anteil von uns, der helfen will und der von seiner eigenen Idee überzeugt ist. Und nicht auf den Anteil, der sich wegen der Angst und Unsicherheit wie gelähmt anfühlt.

Reservieren Sie einen extra Stuhl für Ihren Nutzer

Menschen neigen dazu, dass sie Ideen aus der eigenen Perspektive und nicht durch die Brille des Nutzers bewerten. Viele lehnen dann Ideen ab, weil sie persönlich dieses oder jenes nicht mögen, keine guten Erfahrungen mit dem Produkt haben oder einfach die vorgeschlagene Farbwahl nicht akzeptieren.

Um das zu vermeiden, bitte ich bei Präsentationen immer um einen extra Stuhl. Nachdem ich ja im Vorfeld schon genaue Details über den Endnutzer habe, suche ich Requisiten, die diesen repräsentieren. Zu Beginn der Präsentation zeige ich dann darauf und sage: »Ich habe diesen Stuhl ausgewählt, damit er uns hilft, uns auf die Wünsche und Bedürfnisse der Endnutzer zu konzentrieren und zu überlegen, was für ihn oder sie das Beste ist.«

Später, wenn der Kunde mich mit einer dieser »Ich persönlich«-Aussagen unterbricht, zeige ich wieder auf den Stuhl und sage: »Ich bin ja ganz bei Ihnen, ich finde das auch nicht so toll. Aber wir haben bei unserer Forschung herausgefunden, dass das genau das Richtige für unseren Nutzer ist.«

So wie man plant und denkt, so kommt es nie

Die meisten von uns haben einen klaren Ablauf Ihrer Präsentation im Kopf, noch bevor die Show begonnen hat. Sobald dann aber etwas nicht wie geplant läuft, kommen wir ins Straucheln und treten von einem Fettnäpfchen in das nächste.

Bereiten Sie sich auf Einwände vor, indem Sie im Vorfeld eine Pro-und-Kontra-Liste in Ihrem Team besprechen. Machen Sie eine Brainstorming-Runde über mögliche Einwände und überlegen Sie sich dann auch gleich, wie Sie auf diese Einwände reagieren können. Suchen Sie nach wirklich guten Antworten und versuchen Sie, diese zu widerlegen.

Können Sie mit dieser Methode wirklich jeden Einwand vorab abwenden? Natürlich nicht. Aber Sie sind jetzt bereit für alles, was Ihnen begegnen wird. Denn eine solche Vorbereitung hilft Ihnen dabei, stärker und zuversichtlicher aufzutreten. Allein dieser Auftritt überzeugt schon Ihre Zuhörer.

Visuell unterstützen – zeigen Sie das große Bild

Machen Sie sich zuerst Gedanken über die Inhalte Ihrer Präsentation – über deren Form denken Sie ganz zum Schluss nach. Neben Slides können Sie auch einen Prototyp zum Anfassen mitnehmen, ein Rollenspiel darstellen, Ihre Wand mit Haftzetteln vollkleben, ein Video zeigen – die Möglichkeiten sind schier unendlich. In den meisten Fällen werden es aber Slides sein, auf die ich mich in diesem Abschnitt auch konzentrieren möchte.

Diese Slides zu erstellen, sollte also ganz am Ende der Vorbereitungen für Ihre Präsentation stehen. Denken Sie lieber über Ihre zentrale Botschaft und den Aufbau Ihrer Argumentation nach, besprechen Sie mögliche Einwände – und dann, erst dann, beginnen Sie mit der Umsetzung. Die Inhalte der Präsentation müssen auf ihren eigenen Beinen stehen, die Folien sind nur der Rahmen des Bildes. Sie dienen dazu, Ihre Botschaft zu unterstreichen.

Nach wie vor sehe ich bei vielen Präsentationen Slides voller Bullet Points und Wörter. Aber ich glaube, es ist viel effektiver, wenn Sie Ihre Standpunkte mithilfe von Bildern unterstützen.

Achten Sie aber dabei unbedingt auf ein einheitliches Erscheinungsbild. Jede Folie sollte einen einheitlichen Rahmen haben. Das bedeutet, dass Sie auf allen Folien die gleiche Typografie, harmonierende Farben und immer dieselbe Art von Bildern auf allen Folien verwenden. Vorgefertigte Folienvorlagen sind ein gutes Hilfsmittel, aber sie führen schnell zu sehr ähnlichen Präsentationen. Versuchen Sie sich ruhig abzuheben, indem Sie mit grafischen Elementen experimentieren.

Achten Sie darauf, dass die Übergänge konsistent sind. Sie wollen nicht, dass jede Folie genau gleich aussieht – setzen Sie deshalb für unterschiedliche Themen unterschiedliche visuelle Mittel ein. Wenn zum Beispiel Ihre allgemeinen Folien einen dunklen Hintergrund mit hellem Text haben, dann verwenden Sie für den Übergang zu einem neuen Punkt einen helleren Hintergrund mit einer dunkleren Textfarbe. So vermitteln Sie den Eindruck, dass diese Folien dazugehören, aber Sie geben dem Publikum damit auch einen visuellen Hinweis, dass ein neues Thema oder ein neuer Punkt beginnt.

Beim Text gilt dieselbe Regel wie beim Make-up: Weniger ist immer mehr. Vermeiden Sie zu viel Text und vor allem: Lesen Sie niemals das vor, was auf den Folien steht. Sobald Ihr Publikum spitzbekommt, dass Sie im Grunde nur die Folien ablesen, werden die Köpfe automatisch nach unten gehen und die Menschen werden lesen statt zuzuhören. Unser Hirn tut sich auch schwer, zwischen Gelesenem und Gesagtem hin und her zu wechseln. Wenn es sich doch einmal nicht vermeiden lässt, machen Sie schrittweise den Text sichtbar – so wie Sie ihn brauchen.

Verwenden Sie Bilder, die die Bedeutung Ihrer Idee unterstreichen. Arbeiten Sie mit einfachen, eindrucksvollen Bildern. Diese sollen Ihnen helfen, Ihre Worte zu veranschaulichen – ohne dass sie die Aufmerksamkeit Ihres Publikums zu sehr fesseln. Dazu brauchen Sie Fotos, die zu Ihrem präsentierten Konzept passen und die nicht zu kompliziert oder gar komplex sind. Das können visuelle Metaphern sein oder auch etwas Sprachliches, wie Zitate einer bekannten Person oder einer von Ihnen entwickelten, fiktiven Persona. Wichtig ist, dass es das unterstreicht, was Sie aussagen wollen.

Vermeiden Sie Effekte oder animierte Übergänge. Ich weiß, Keynote und PowerPoint bieten eine Menge an Effekten und faszinierenden Übergängen. Aber die meisten verbessern meiner Meinung nach keine einzige Präsentation. Im schlimmsten Fall verwirren Sie die Menschen oder deuten an, dass der Inhalt Ihrer Folien extrem langweilig ist, sodass zumindest das Umblättern das Publikum aus ihrer Lethargie reißen wird. Wenn Sie sie verwenden wollen, dann suchen Sie sich subtile Effekte aus, und achten Sie auf eine gewisse Konsistenz.

Hier ist eine Checkliste für eine Präsentation, die Ihre Zuhörer und Zuschauer für Ihre Idee begeistern wird:

1. Der Nutzer: (1 Folie)
- Nutzersituation
- Nutzerbedarf
- Nutzerproblem / Herausforderung / Bedürfnis

2. Unsere Lösung: (1 Folie)
- Zielgruppe (qualitativ und quantitativ)
- Marketing-Mix der neuen Prozesse, Produkte oder Strategie
- Neu für … (die Welt, den Markt, unser Unternehmen)

3. Das macht dieses Konzept einzigartig: (1 Folie)

- Kaufargumente für den Nutzer
- Aktuelle Lösungen und Wettbewerber
- Unsere Positionierung

4. Wir sind in der Lage: (1 Folie)

- Die Leistung zu entwickeln
- Die Leistung selbst zu produzieren
- Den Entwicklungsprozess zu visualisieren

5. Unser Nutzen: (1 Folie)

- Die Zahl der Kunden
- Der geschätzte Umsatz
- Die geschätzten Gewinne

6. Warum jetzt? (1 Folie)

- Begründung
- Wenn wir es jetzt nicht tun, dann …

7. Entscheidung: (1 Folie)

- Warum sich ein Weitergehen jetzt lohnt
- Unsicherheiten
- Weiteres Vorgehen: Follow-up-Team, Prozess und Planung

Die richtige Umgebung schaffen

Ich werde öfter in Unternehmen gerufen, um die Räume »innovationsfit« zu gestalten. Meiner Erfahrung nach können Räume mehr oder weniger effektiv Prozesse unterstützen. Um genau zu verstehen, wie die momentanen Räume in dem Unternehmen wirken, führe ich Interviews und Besuche vor Ort mit Managern und Führungskräften durch.

Der Antrieb, zu innovieren, ergibt sich aus den Auswirkungen der Globalisierung, dem steigenden Wettbewerb und der stetigen Verschiebung in Richtung einer wissensbasierten Wirtschaft. Unternehmen versuchen zu wachsen und einen Vorteil zu schaffen, indem sie zahlreiche Strategien erkunden, um das Innovationspotenzial ihrer Mitarbeiter zu maximieren. Unter den vielen Faktoren gilt der Raum ebenfalls als eine Gelegenheit, diese Innovationspläne zu stützen. Räume prägen unser Verhalten und unsere Erfahrungen, und wenn es richtig gemacht wird, können Räume organisatorische Veränderungen beeinflussen. Unternehmen, die Kulturen und Umgebungen schaffen, die Innovationen unterstützen und beschleunigen, suchen nach effektiven Raumlösungen.

Orte, die Innovation unterstützen, tun dies in mehrfacher Hinsicht:

1. Sie durchbrechen Silo-Strukturen und schaffen stärkere Wissensnetzwerke.
2. Sie schaffen ein Bewusstsein zwischen Menschen aus verschiedenen Abteilungen, um den Austausch von produktiven Ideen zu vereinfachen.
3. Sie schaffen Nähe zwischen Menschen und Gruppen, um geplante und ungeplante Treffen zu unterstützen.
4. Sie schaffen Verbindungen, die die Kommunikation erhöhen und dadurch einen aktiven Austausch von Informationen ermöglichen.

Folgende Parameter zeigen Ihnen, woran Sie erkennen, dass ein Raum die richtigen Design-Thinking-Qualitäten besitzt:

Gemeinsam alleine

Teamwork ist ein unschlagbarer Katalysator, wenn es um die Generierung neuer Ideen geht. Einsamkeit wiederum hilft Menschen dabei, die Ideen auszuarbeiten und weiterzuführen. Räume sollten also einerseits das Individuelle unterstützen, andererseits aber auch Platz zur Förderung einer Gruppenzugehörigkeit schaffen.

Symbolischer Arbeitsplatz

Ein Raum erhält gleich viel mehr an Symbolwirkung, wenn es das explizite Ziel ist, darin Innovationen zu fördern. Achten Sie bei Innovationsprojekten deshalb darauf, dass Sie die nötigen Werkzeuge und Ressourcen für die Arbeit bereitstellen.

Unauffälliges Design

Die besten Design-Thinking-Räume sind hoch entwickelt und organisiert, um die Funktionalität zu maximieren, aber verbergen dies gleichzeitig geschickt. Ein unspezifisches Aussehen und die Fähigkeit, den Zweck zu ändern, sind Schlüsselkomponenten der Innovation. Ich arbeite zum Beispiel in Räumen mit einer schlechten Akustik gerne mit Schallschutzplatten, die wie moderne Bilder aussehen.

Sicherer Risikobereich

Risiko ist ein wesentlicher Aspekt von Innovation. Um kreativ neue Gebiete zu erkunden, ist Risiko unerlässlich. Wenn Sie ein sicheres Umfeld schaffen, beseitigen Sie so auch Hindernisse, die die Erforschung und Entdeckung erschweren. Dadurch erlauben Sie den Mitarbeitern, Risiken innerhalb einer sicheren, stabilen Umgebung einzugehen.

Wenn Sie nun eine Design-Thinking-Session planen, hat die Wahl des Ortes einen erheblichen Einfluss auf das Ergebnis. Ein neuer Trend, gerade in großen Unternehmen, ist es, spezielle Räume ausschließlich für den Zweck von Design Thinking einzurichten. Kleinen Unternehmen fehlen aber oft die Ressourcen bzw. dort ist auch die Notwendigkeit eines dedizierten Design-Thinking-Raums nicht gegeben. Wenn ein solcher Raum fehlt, ist es aber wirklich nicht weiter tragisch! Fast jeder Raum kann schnell zu Design-Thinking-Zwecken umgestaltet werden!

- Das erste Kriterium, das Sie berücksichtigen sollten, ist die Fläche eines Raumes. Achten Sie darauf, ein Zimmer in der passenden Größe zu wählen – je nachdem, wie viele Menschen sich beteiligen werden. Aber nicht nur die Menschen brauchen Platz. Auch Whiteboards und die Prototyping-Materialien nehmen Raum ein. Menschen, die sich aneinander vorbeiquetschen müssen und einander jeweils die Aussicht auf das Whiteboard verstellen, kosten neben Nerven und Zeit vor allem auch die wichtige Dynamik. Wenn Kreativität Sie trifft, muss der Weg frei sein …

- Ein zusätzlicher Aspekt ist der Charakter des Raumes selbst. Warme Naturfarben und Materialien unterstützen das kreative Denken mehr als sterile, kalte Oberflächen.

- Die Beleuchtung des Raumes spielt ebenfalls eine wichtige Rolle. Aufgrund der positiven Aspekte, die mit Sonnenlicht verbunden sind, sollten Sie versuchen, die Einstrahlung des natürlichen Lichtes in den Raum zu maximieren. Selbst an einem bewölkten Tag vermittelt Tageslicht eine ruhigere und komfortablere Atmosphäre als künstliches Licht. Große Fenster sind besonders toll, vor allem weil Sie diese gleich nutzen können, um Notizzettel mit Ideen daran zu heften oder gleich direkt darauf zu schreiben. Bei schönem Wetter können Sie sogar die Fenster offen lassen. Frische Luft sorgt nicht nur für mehr Sauerstoff, sondern der frische Duft stimuliert die Sinne. Wenn es zu kalt oder heiß draußen ist, sollten Sie aber klimatisierte Räume vorziehen.

- Die richtige Temperatur unterstützt auch die Kreativität. Laut einiger Studien liegt die richtige Temperatur zum Arbeiten an einem Schreibtisch zwischen 22 °C und 25 °C. Wenn Sie nun bedenken, dass eine Design-Thinking-Session vor allem mit Bewegung und Stehen verbunden ist, sollte das Thermostat sogar noch etwas niedriger eingestellt werden.

- Die Akustik des Raumes, den Sie wählen, ist ebenfalls von Bedeutung, da es ziemlich laut wird, wenn Menschen ihre Ideen untereinander teilen. Zwar kann ein erhöhtes Volumen sogar Förderung der Kreativität schaffen, aber Lautstärke sollte nicht die Produktivität Ihrer Sitzung beherrschen. Stellen Sie ebenfalls sicher, dass der Raum kein Echo hat bzw. nicht zu stark hallt – das ist einfach nutzlos und störend.

Wenn Sie das richtige Zimmer gefunden haben, lassen Sie uns einen Blick in den Innenraum werfen:

- In den meisten Design-Thinking-Räumen werden Sie erhöhte Tische und Stühle vorfinden, und dafür gibt es gute Gründe: Diese Art der Möbel erlaubt es, dass sich Menschen so nah wie möglich kommen, während ihre aufrechte Körperhaltung sie im Teamprozess engagiert und wach hält.

- Aber ab und an sind auch ein Sofa oder bequeme Stühle vorhanden. Diese nutzen die Teilnehmer dazu, sich zurück-zulehnen und zu entspannen, während die anderen Teams ihre Erkenntnisse und Ergebnisse präsentieren.

- Whiteboards und Flipcharts jeder Größe und Form sind der Mittelpunkt jeder Design-Thinking-Session. Sie werden erstaunt sein, wie schnell diese mit Notizen voller Ideen beklebt werden! Der wichtigste Aspekt dabei ist, dass sie im Idealfall mobil bzw. sehr leicht und tragbar sind. Sie können so auch den Teams in einzelnen Phasen eine Art Schutzgebiet anbieten, indem Sie mit Flipcharts / Whiteboards die Teams voneinander trennen. Und sobald das Flipchart komplett mit Notizen bedeckt ist, nehmen Sie die vollgeklebte Seite, befestigen sie an einer Wand und machen mit einer frischen Seite weiter.

- In der Prototyping-Phase brauchen Sie viel Material, damit alle Beteiligten ihren Ideen Form und Gestalt einhauchen können. Es ist also durchaus eine gute Idee, eine breite Palette von Ressourcen zur Verfügung zu stellen. Das Material sollte für jedermann zu allen Zeiten zugänglich sein und die Teilnehmer sollten einen guten Überblick darüber haben. Nichts ist frustrierender als herauszufinden, dass es ein besseres Material für Ihren Prototyp gegeben hätte – nachdem Sie ihn fertig gebaut haben.

Im Design Thinking ist es das Ziel, einen offenen Zustand des Geistes zu erreichen – ähnlich dem eines Kindes. Daher sollte der ideale Design-Thinking-Raum auf den ersten Blick wie ein Kindergarten für Erwachsene aussehen – mit viel Platz, Tonnen von Material und in einer inspirierenden Umgebung.

Um zu sehen, ob Ihr Raum alle relevanten Kriterien für eine erfolgreiche Design-Thinking-Session erfüllt, gehen Sie diese Checkliste für den idealen Design-Thinking-Raum durch:

- Genügend Platz für alle Teilnehmer
- Viel Tageslicht
- Gute Luft
- Kein Echo oder Hall
- Erhöhte Tische und Stühle
- Whiteboards und Flipcharts (am besten mit einem geringen Gewicht)
- Haftnotizen in verschiedenen Farben und Formen
- Flipchart- und Whiteboard-Marker

Regeln im Design Thinking

In meinem Prozess arbeite ich auch mit bestimmten Regeln, die die Ideenfindung unterstützen sollen. Das klingt in erster Linie etwas bizarr: Regeln und Strukturen, um kreativ zu arbeiten – ist das nicht ein Widerspruch in sich? Darauf sage ich mit aller Bestimmtheit: Nein! Wir leben in einer Welt voller Regeln: Wie wir uns zu verhalten haben, wann wir aufstehen dürfen, wie wir unseren Nachbarn anzusprechen haben etc. – alles ist geregelt. Regeln helfen uns, uns zu organisieren, und leiten uns durch unseren Alltag. Und deshalb ist es auch schlüssig, dass wir Regeln brauchen, die uns helfen, die alten Regeln und Normen zu durchbrechen, die wir sonst in den kreativen Prozess einbrächten. Beispielsweise beim Brainstorming stellen sich dank der Regeln oftmals brauchbarere und kreativere Ergebnisse ein.

Auch für den Design-Thinking-Prozess gibt es Regeln: Bewährte Prinzipien geben diesem Prozess einen Rahmen und unterstützen bei der Umsetzung in interdisziplinären Teams. Sie zeigen aber auch, welche Werte dieser Methode zugrunde liegen. Dabei orientieren sich einige Prinzipien an der Best Practice aus bekannten Kreativitätstechniken, während andere die Besonderheit des iterativen Prozesses widerspiegeln.

There are no good ideas – build on ideas of others
Alle Ideen sind gleich viel wert, über das Pro und Kontra wird nicht diskutiert. Die Tauglichkeit einzelner Ideen wird im Prototyp umgesetzt und anschließend getestet. Somit heißt es: Gleiche Chancen für alle!

Stay focused
Wichtig für die Qualität und das gemeinsame Arbeiten ist es zu wissen, in welcher Phase des Design-Thinking-Prozesses man sich gerade befindet. In jeder Phase liegt der Schwerpunkt auf einer anderen, speziellen Fähigkeit.

The quantity it is

Quantität vor Qualität. In der Ideenphase sollen so viele Ideen wie möglich entstehen. Selektiert, analysiert und bewertet wird später.

Avoid criticism

Diese Regel schafft den Nährboden, sich auf andere Lösungen einzulassen, die vielleicht nicht jedermann zusagen. Damit motiviert man die Teilnehmer zu mehr Kreativität und kommt zu neuen Lösungsansätzen, die sich wiederum weiterentwickeln und kombinieren lassen.

Have fun

Das spielerische Herangehen an ein Problem macht die Teilnehmer frei für Intuition. In solchen Situationen trauen sich alle mehr zu, und es werden eigene Positionen bezogen.

Fail often and early

Legen Sie die Angst vor dem Scheitern ab! Fehlertolerante Unternehmen verhindern Starre und können komplexe und scheinbar unlösbare Probleme lösen. Frühes Scheitern ermöglicht auch eine konstruktive Weiterentwicklung.

Leave titles at the door

Kreative Ideen werden in interdisziplinären Teams entwickelt. Dabei ist es irrelevant, welche Rolle ein Mitglied im Unternehmen hat. Während der Jamsession gibt es keinen Chef und kein »Sie«. Das fördert Offenheit und erleichtert es, Ideen neu zu denken und auszusprechen.

Dare to be wild!

Lassen Sie der Fantasie ihren freien Lauf, und verabschieden Sie sich von Sicherheitsdenken! Jede verrückte Idee hat Punkte, die sich umsetzen lassen. Im schlimmsten Fall geben sie »nur« Impulse für spätere Lösungen.

Don't talk. Do!

Die Zeit verfliegt in jeder Design-Thinking-Jamsession extrem schnell. Um trotzdem die Herausforderung zu meistern, sind striktes Zeitmanagement und fixe Strukturen wichtig. Jede Übung wird mit einem klaren Ziel bearbeitet. Vor allem, wenn unter Zeitdruck gearbeitet wird, entstehen Ideen mit großem Potenzial.

Die zentralen Aussagen dieses Kapitels auf einen Blick:

- Wenn Unternehmen Erfolg haben wollen, müssen sie darüber nachdenken, wie sie was tun. Innovation geschieht nicht über neue Produkte, sondern darüber, dass ein Unternehmen etwas Entscheidendes ändert: sein Verhalten.

- Die Entwicklung von Ideen ist nichts weiter als ein Prozess, der geübt werden kann.

- Der einzige Weg, um Ihre Zielkunden wirklich kennenzulernen, ist, sie direkt in deren Alltag abzuholen und dort zu beobachten, wo sie leben, arbeiten und sich bewegen. Stellen Sie den Menschen in den Mittelpunkt Ihrer Arbeit!

- Im Gegensatz zur Marktforschung, die Ihnen meist nur das bestätigen wird, was Sie ohnehin schon wussten, bekommen Sie durch die Beobachtung neue Erkenntnisse und vor allem überraschende Einsichten.

- Das perfekte Design-Thinking-Team besteht aus Menschen, die mit einer offenen Neugier die Welt erkunden wollen. Am besten dafür geeignet sind »T-shaped People« – Menschen, die sowohl eine spezielle Ausbildung in einem konkreten Fachgebiet haben als auch ein sehr breites Allgemeinwissen.

KAPITEL 4

DESIGN THINKING ALS MINDSET

Storytelling ist das Mittel der Wahl, wenn es darum geht, andere Menschen zu begeistern – und auch das Design Thinking lebt von den Geschichten des Nutzers bzw. des Kunden. Geschichten werden aber nicht nur mündlich erzählt, sondern auch in Bildern weitergegeben. Um Visual Thinking zu betreiben, muss man kein Zeichengenie sein – es reichen schon Strichmännchen, die andeuten, was gemeint ist. Das erleichtert die Kommunikation enorm. In diesem Kapitel lernen Sie, wie Sie mit Worten und Bildern gute Geschichten erzählen können und welches Mindset nötig ist, damit Sie vom Geschichtenerzähler zum Botschafter werden.

Einführung

Vor einem Jahr wurde ich zu einem interessanten Auftrag gerufen: Die Challenge einer Marketing-Strategie lautete, für den Kunden (einen großen Automobilhersteller) etwas Einmaliges zu erschaffen, das seinen Kunden wiederum das Gefühl geben sollte, mit dem neuem Modell »abzuheben«. Mit anderen Worten: Die eigentliche Herausforderung bestand darin, die Story in einem Autohaus vor Ort so zu erzählen, dass sich die Menschen damit nicht nur identifizieren können, sondern das Ganze auch noch Bedeutung und Tiefe bekommt.

Dazu setzten wir uns im Team zusammen und gingen stundenlang meine Rechercheergebnisse durch. Wir überlegten, welche Bedürfnisse wirklich zählen, was die Menschen am meisten angesprochen hatte und vor allem, bei welchen Stichwörtern wir alle das Gefühl hatten, dass sie uns selbst berührten. Jedes Thema wurde dann ausgewählt und danach priorisiert, inwiefern es die Menschen beschäftigte.

Wir tüftelten lange an den Ideen herum und suchten nach dem Schnittpunkt der drei Ebenen Technologie, Wirtschaftlichkeit und Bedürfnis. In einem Brainstorming entstand schließlich die Idee, das Auto auf den Mond zu schießen. Das ganze Team war von Anfang an von diesem Einfall begeistert – allerdings wäre es wohl technisch schwierig und wirtschaftlich desaströs gewesen, diese Idee 1 : 1 umzusetzen. So suchten wir weiter und bastelten schließlich einen Prototyp. Dieser kam sowohl beim Kunden als auch beim Management so gut an, dass gleich darauf das Modell in die Umsetzung ging. Im Endeffekt platzierten wir das Auto so auf einer Startrampe, dass der Eindruck vermittelt wurde, das Auto würde demnächst abheben und auf den Mond fliegen.

Was sich an diesem Auftrag wieder einmal zeigte: Eine Idee alleine ist erst die halbe Miete. Sie funktioniert erst dann, wenn sie selbst ihre eigene Geschichte erzählt und den Gesamtwert der Lösung sichtbar macht.

Menschen denken in Bildern und Geschichten. Storytelling als Werkzeug sollte deshalb möglichst früh im Design-Thinking-Prozess eingesetzt werden.

Lassen Sie sich von Ihrer Zielgruppe Geschichten erzählen, um zu erfahren, was sie wirklich bewegt, was ihr fehlt und wo eine Lücke besteht. Aber auch Sie selbst müssen zum guten Geschichtenerzähler werden, damit die Lösung – umgesetzt als Prototyp – schon in einem frühen Stadium von Erfolg kündet.

Hinterfragen Sie Ihre eigenen Annahmen

Was ist das Ergebnis von 5 + 5? Und welche beiden Zahlen ergeben die Summe 10? Die erste Frage erlaubt nur eine richtige Antwort, während Sie auf die zweite Frage eine unendliche Anzahl von Lösungen anbieten könnten, die alle richtig wären. Der Unterschied der beiden Fragen liegt in der Art, wie sie gestellt werden. Sie merken: Das Spektrum erweitert sich augenblicklich, wenn Sie den Rahmen neu setzen.

Fallen Sie aus dem Rahmen

Im Design Thinking dreht sich vieles um die Art und Weise, wie wir Probleme und Lösungen sehen. Wir ändern den Rahmen, um unsere Perspektive zu erweitern und dadurch eine neue Palette an Möglichkeiten zu bekommen.

Fotografieren ist ein guter Weg, die Fähigkeit zu üben, die Dinge aus einer anderen Perspektive zu betrachten. In vielen Fotografie-Workshops lernen die Teilnehmer, wie sie dieselbe Szene aus verschiedenen Blickwinkeln jedes Mal anders sehen. Mithilfe eines Weitwinkel-Objektivs können Sie zum Beispiel die gesamte Szene erfassen. Wenn Sie dann ein neues Objektiv nehmen und den Fokus näher einstellen, können Sie sogar ein Foto von einem winzigen Marienkäfer auf einer Blume schießen, obwohl Sie meterweit entfernt sind. Sie können die Perspektive ändern, ohne dass Sie sich auch nur einen Zentimeter wegbewegen. Nur durch die Verlagerung Ihres Sichtfelds nach oben oder unten oder nach rechts oder links können Sie das Bild völlig ändern.

Menschen sind in der Lage, jede Situation in der Welt aus verschiedenen Blickwinkeln zu betrachten – nicht nur in Fotografie-Workshops. Wir schaffen einen Rahmen für das, was wir sehen, hören und erleben – den ganzen Tag lang. Dieser Rahmen begrenzt jedoch sowohl die Art, wie wir andere informieren, als auch die Art, wie wir denken. In den meisten Fällen kommen wir noch nicht einmal auf die Idee, dass wir uns einen Rahmen setzen.

Um Lösungen zu erarbeiten, die wirklich funktionieren, müssen wir jedoch in der Lage sein, genau das wahrzunehmen und unseren Bezugsrahmen zu verschieben. Durch dieses Hinterfragen können wir ganz andere und überraschende Erkenntnisse gewinnen. Und genau das machen wir im Design Thinking. Jeder Winkel bietet eine andere Perspektive und entfesselt neue Erkenntnisse und Ideen.

Wenn Sie beginnen, sich in andere einzufühlen, wenn Sie Ihr Bezugssystem erweitern, indem Sie die Perspektive von anderen Personen wahrnehmen, beginnen Sie, das wirklich Wesentliche zu verstehen.

Anstatt ein Problem aus Ihrer eigenen Sicht zu betrachten, sehen Sie es aus der Sicht des Nutzers. Ich habe Ihnen bereits in anderen

Kapiteln gezeigt, wie Sie die Bedürfnisse des Nutzers durch Beobachtung, Zuhören und Interviews erfahren und daraus Erkenntnisse ziehen können, um ein detailliertes Bild aus der Sicht des jeweiligen Benutzers aufzudecken.

Fragen Sie nach dem Warum

Ein weiterer wertvoller Weg, um den Rahmen für eine Lösung für ein Problem zu öffnen, ist, nach dem Warum zu fragen. Ich habe einmal ein Unternehmen begleitet, das seine internen Vertriebsprozesse optimieren wollte. Ich fragte den Nutzer, warum er glaube, dass eine Verbesserung nötig sei. »Weil wir wohl zu wenig verdienen«, lautete die Antwort. Ich fragte weiter nach dem Warum und bekam noch viele Antworten: »Weil wir mehr erreichen wollen«, »Weil wir momentan Ressourcen einsetzen, die woanders besser eingesetzt wären«, »Weil wir dem Kunden unsere Leistung günstiger anbieten wollen«. Es gab also offensichtlich viele Gründe, warum die Prozesse verbessert werden sollten. Kosten, Personen, Zeit einsparen oder näher am Kunden zu sein, waren nur einige davon.

Sie können den Rahmen also generell noch weiter öffnen, indem Sie nach dem Warum fragen: »Warum glauben Sie, dass das Unternehmen momentan zu wenig verdient?« Stellen Sie sich vor, die Antwort wäre gewesen: »Weil ein Mitarbeiter letzte Woche gekündigt wurde.« Das liefert wiederum wertvolle Informationen und erweitert den Bereich der möglichen Lösungen sogar noch mehr.

Der einfache Prozess der Warum-Fragen bietet ein unglaublich nützliches Werkzeug. Die Möglichkeit, Situationen aus verschiedenen Blickrichtungen zu sehen, ist von entscheidender Bedeutung, wenn Sie nach einer nachhaltigen Lösung suchen.

Denken Sie anders

Überlegen Sie einfach einmal, dass die Menschen noch in der ersten Hälfte des 16. Jahrhunderts glaubten, dass die Sonne um die Erde kreist. Für alle, die in den Himmel blickten, schien es offensichtlich zu sein, dass die Erde der Mittelpunkt des Universums ist. Aber im Jahre 1543 änderte Kopernikus mit einem Schlag dieses Weltbild, indem er vorschlug, den Rahmen zu ändern und die Sonne als eigentliche Mitte zu sehen. Das war eine radikale Veränderung der Perspektive. Diese Verschiebung veränderte dramatisch die Art und Weise, wie Menschen über das Universum und ihre individuellen Rollen denken. Das Faszinierende dabei: Auch Sie können eine Revolution entfachen, wenn Sie die Probleme, mit denen Sie konfrontiert sind, aus unterschiedlichen Perspektiven zu betrachten beginnen.

Einige Künstler haben es sich zur Aufgabe gestellt, uns zu ermutigen, die Welt mit anderen Augen zu betrachten, indem sie unseren Bezugsrahmen verlagern. M. C. Escher zum Beispiel ist berühmt dafür, dass er uns herausfordert, den Vordergrund und den Hintergrund in umgekehrter Reihenfolge zu sehen.

Wir können üben, dass wir unseren Rahmen jeden Tag ein wenig verschieben. Denken Sie sich zum Beispiel den Mitarbeiter als künftigen CEO. Oder setzen Sie sich auf den Boden, um die Welt aus den Augen eines Babys zu sehen. Es liegt an Ihnen, den Ermessensspielraum der vielen Entscheidungen zu sehen und einen neuen Weg zu wählen, um Ihren Standpunkt zu verschieben, sodass Sie alternative Ansätze aufdecken können.

Wir machen einen Fehler, wenn wir annehmen, dass die Art, wie wir Dinge tun, der einzig richtige Weg ist. Zum Beispiel glauben wir, dass bestimmte Arten von Kleidung für verschiedene Anlässe geeignet sind, oder wir haben vorgefasste Ideen davon, wie man jemanden begrüßen muss. Wenn wir aber eine Reise in ein anderes Land, in eine andere Kultur machen, erkennen wir, dass dort ganz andere Normen gelten. In Japan werden Sie mit einer Verneigung begrüßt, in Neuseeland beinhaltet der Gruß der Maori ein enges Zusammenführen der Köpfe, um den gegenseitigen Atem wahrzunehmen. Der *War*-Gruß aus Thailand wiederum besteht aus einem Aneinanderlegen der Handflächen, die dann irgendwo zwischen Oberkörper und Kopf vor den Körper gehalten werden. Je höher die Hände gehalten werden, desto höher ist der Respekt, die Höflichkeit oder die Dankbarkeit der anderen Person gegenüber.

Wir müssen beginnen, neu zu denken. Diese Denkweise kann auf jede Industrie in der ganzen Welt angewendet werden. Zum Beispiel hatten die Manager der Tesco-Lebensmittelkette in Südkorea das Ziel, den Marktanteil erheblich zu steigern. Dazu setzten sie Design Thinking ein und erkannten, dass ihre Kunden viel zu beschäftigt sind, um einkaufen zu gehen. Deswegen beschlossen die Manager, das Einkaufserlebnis vollständig neu zu gestalten und Fotos von den Nahrungsmitteln in den Gängen der U-Bahn-Stationen zu installieren. Die Südkoreaner können nun einkaufen, während sie auf den Zug warten, indem sie mittels Smartphones und QR-Codes auswählen und mit Kreditkarte zahlen. Die gekauften Lebensmittel werden dann direkt vom Supermarkt an sie geliefert, sobald sie nach Hause kommen.

Probleme neu zu verstehen, ist kein Luxus. Im Gegenteil, alle Unternehmen sind gefordert, sich neu zu gestalten, wenn sie bei diesem Markt- und Technologiewechsel überleben wollen. Zu üben, wie Sie Ihre Perspektive ändern können, kann sehr unterhaltsam sein. Einer meiner Favoriten ist, Witze zu analysieren. Die meisten Witze finden wir lustig, weil sie genau dann den Rahmen der Geschichte ändern, wenn wir es am wenigsten erwarten. Hier ist ein Beispiel aus einem der Pink-Panther-Filme:

Inspektor Clouseau: *Beißt Ihr Hund?*
Hotelangestellter: *Nein.*
Clouseau: [beugt sich nieder, um den Hund zu streicheln]
    Lieber Hund … [der Hund beißt Clouseau in die Hand]
Clouseau: *Sie sagten doch, dass Ihr Hund nicht beißen würde!*
Hotelangestellter: *Das ist nicht mein Hund.*

Der Rahmen des Witzes verschiebt sich am Ende, wenn Sie erkennen, dass von zwei verschiedenen Hunden die Rede ist. Analysieren Sie ruhig öfters Witze, dann werden Sie feststellen, dass Kreativität und Humor in der Regel dann entstehen, wenn wir den Rahmen verschieben.

Ein Problem neu zu betrachten braucht Ausdauer, Aufmerksamkeit und Übung. Es ermöglicht Ihnen, die Welt um Sie herum in einem neuen Licht zu sehen. Wenn Sie bewusst die Perspektive ändern und mehr nach dem Warum fragen, verbessern Sie im Nu Ihre Fähigkeit, fantasievolle Antworten auf Probleme zu entwickeln – und diese dann entsprechend als Geschichten zu erzählen.

Seien Sie authentisch

Ein Jäger fand im Wald mehrere Zielscheiben. In jeder Zielscheibe steckte in der Mitte des schwarzen Punktes ein Pfeil. Der Jäger war beeindruckt und wollte unbedingt wissen, wer denn dieser Meisterschütze war.

Er reiste umher und fragte jeden, der ihm begegnete. Nach längerer Suche fand er ihn schließlich. Begeistert schüttelte er ihm die Hände und fragte: »Was ist Ihr Geheimnis? Wie schaffen Sie diese Perfektion nur? Können Sie mich das auch lehren?« Der Schütze stutzte zunächst und bekam dann einen Lachanfall. »Ganz einfach«, erwiderte er, als er wieder zu Luft kam: »Ich schieße zuerst den Pfeil ab, und dann male ich die Zielscheibe. Alles eine Frage des Timings.«[10]

Erzählen Sie gute Geschichten

Es ist gar nicht so einfach, zu einem wirklich guten Geschichtenerzähler zu werden. Auf dem Weg dorthin werden Sie bemerken,
dass das, was in einem Moment sinnlos ist, im nächsten Moment
das Richtige sein kann. Das Wichtigste aber ist, dass Sie sich fragen,
wie Sie Menschen dazu bekommen, dass sie Ihnen zuhören. Denn
eines ist klar: Sie können die Menschen noch so sehr inspirieren,
stimulieren, faszinieren – sie werden Ihnen trotzdem nicht zuhören. Das Einzige, was wirklich zieht, ist die Neugier.

**Menschen hören Ihnen dann zu, wenn sie unbedingt erfahren
wollen, wie Ihre Geschichte ausgeht.**

Geschichten sind im Design Thinking deshalb so entscheidend,
weil Sie damit die Aufmerksamkeit anderer auf das lenken können, was wirklich wichtig ist. Und es ist viel einfacher, zuerst eine
Geschichte zu erzählen und dann die Bedeutung daraus abzuleiten
als umgekehrt. Das heißt für Sie aber auch: Wenn Ihnen Geschichten erzählt werden, achten Sie vor allem darauf, was die Kern-
botschaft der Geschichte ist. Welche Gefühle sollen transportiert
werden?

Folgende Punkte sind wichtig, wenn Sie gute Geschichten erzählen
wollen:

»Fühlen« Sie Ihre Geschichte

Wenn Sie eine Geschichte über Mut erzählen, wird sie nicht wie
beabsichtigt ankommen, wenn Sie dabei flüstern und eine zittri-
ge Stimme haben. Eine Geschichte über Menschlichkeit wird sich
merkwürdig anfühlen, wenn sie von jemandem erzählt wird, der
den Ton eines Befehlshabers hat.

Um überzeugend zu wirken, müssen Sie all Ihre Kanäle gleich »einstellen« – am besten, bevor Sie die Geschichte erzählen statt währenddessen.

Versuchen Sie die Geschichte so aufzubauen, dass jeder einzelne Teil von Ihnen die Geschichte so wiedergibt, wie Sie es wollen. Wenn Sie zum Beispiel an einem Projekt arbeiten, bei dem ein Prozess eine manuelle Handlung ausführen soll, dann lassen Sie sich diese auch zeigen bzw. zeigen Sie, was Sie meinen. Das ist visuelles Denken! Wenn Sie jemanden darum bitten, dann achten Sie automatisch darauf, wie diese Person steht, wo die Hände sich bewegen, wie die einzelnen Bewegungen passieren – das ist der Prozess, wie Menschen lernen. Dieser Lernprozess mag sich am Anfang künstlich und seltsam anfühlen. Aber mit ein wenig Praxis werden diese Gefühle verschwinden. Was zählt, ist, dass Sie sich auf den Körper verlassen können. Er wird die Wahrheit erzählen, unabhängig von den gewählten Wörtern.

Aber Vorsicht: Zu viel Konzentration auf zu viele Details macht viele Geschichten nicht nachvollziehbar. Versuchen Sie sich gerade zu Beginn auf ein oder zwei Dinge zu fokussieren – egal, ob Sie selbst eine Geschichte erzählen oder ob Sie eine Geschichte erzählt bekommen. Vergessen Sie dabei alles um sich herum und fokussieren Sie sich nur auf den Geschichtenerzähler und die Geschichte. Und wenn Sie selbst erzählen: Lassen Sie sich auf die Geschichte ein und fühlen Sie sie.

Wörter machen weniger als 15 Prozent von dem aus, was wir tatsächlich hören. Die Zuhörer nehmen die Geschichten von den Händen, Gesten, Augen, Bewegungen wahr. Auch wenn Sie glauben, dass Sie nicht bewerten, jeder Mensch nimmt bewusst und unbewusst verschiedene Stimuli wahr. Sie können sich nicht dagegen wehren, dass Sie mit jeder Geschichte unbewusst miterzählen, wer Sie sind, wovon Sie überzeugt sind, welche Werte Ihnen wichtig sind etc. Wir versuchen z. B. auch nicht, ein Buch alleine aufgrund des Umschlags zu bewerten – aber wir machen es.

Deswegen ist es so wichtig, dass Sie die Geschichte leben und fühlen, die Sie erzählen – und dass Sie umgekehrt in Ihrer Rolle als Beobachter genau darauf achten, ob es Diskrepanzen zwischen Sagen und Tun bei demjenigen gibt, der Ihnen eine Geschichte erzählt. Wir sind so angelegt, dass wir zwar die Worte hören, aber sofort auch realisieren, ob das Gesagte mit dem übereinstimmt, was wir sehen und fühlen. Außerdem nehmen wir alle die Welt durch unsere eigenen Brillen wahr; wir sehen das, was wir aufgrund unserer Erfahrungen, unseres bisherigen Lebens, unserer Erziehung, gelernt haben. Manche Menschen werden Sie als Geschichtenerzähler aufgrund Ihrer Kleidung bewerten, andere werden in Ihren Augen etwas finden, andere beobachten genau Ihre einzelnen Reaktionen. Selbst wenn wir nur über Mail oder Telefon miteinander kommunizieren, wird mehr übertragen als nur die Worte.

Setzen Sie Gesten ein

Sie sollten auf alle Fälle Ihre Hände bei Erzählungen einsetzen bzw. auch auf die Hände achten. Das bedeutet aber nicht, dass Sie selbst bei einer Erzählung wie ein italienischer Designer ausholen müssen! Gesten können subtil und effektiv gleichzeitig sein. Die Wahrheit lautet: Je nuancierter eine bestimmte Gestik ist, desto eher wird sie überzeugen.

Eine bescheidene Bewegung kann Ihre Geschichte unterstützen oder intensivieren und auf eine ganz andere Ebene katapultieren. Sie können die Hände verwenden, um einen Rahmen zu schaffen, eine Szene zu zeichnen, Emotionen Ausdruck zu verleihen oder eine subtile Message zu hinterlassen.

Wenn Sie sich die Zeit nehmen und in Ihrer Vorstellung die Geschichte durchgehen, die Sie anderen erzählen wollen, werden Sie plötzlich Gesten machen, die Sie sonst niemals bewusst durchführen könnten. Die Möglichkeit, mit unseren Händen zu kommunizieren, hilft dem Zuhörer, die Geschichte besser zu verstehen.

Der Gesichtsausdruck kann nicht lügen

Gefühle werden – unabhängig von der jeweiligen Kultur – über die Mimik übertragen. Ein Baby beispielsweise kann zwar noch keine Worte verstehen, aber es wird aufgrund Ihres Gesichtes sofort wissen, ob Sie müde, traurig, lustig etc. sind. Das bedeutet, dass Ihr Gesicht ein Kommunikationswerkzeug ist, das Sprache und kulturelle Barrieren weit hinter sich lässt. Sie können Emotionen innerhalb von Sekunden teilen. Sie müssen Gefühle nicht einmal beschreiben.

Achten Sie darauf, wenn Ihnen jemand eine Geschichte erzählt: »Ich bin total froh, dass endlich der Bericht von Frau Maier bei mir ist«, könnte ein Satz darin lauten. Einfacher und genauso effektiv wäre es, wenn der Erzähler sagte: »Frau Maier ist fertig geworden« und dabei grinst.

Das Gesicht ist ein sehr mächtiges Werkzeug. Es kann keine Gefühle verstecken – vor allem Wut prägt den Gesichtsausdruck so sehr, dass sie unmöglich zu verstecken ist. Wenn jemand in dem Moment, in dem er eine Geschichte erzählt, wütend ist, werden Sie es – egal, wie breit das Grinsen auf seinem Gesicht ist – sofort merken. Das ist bei fast allen Gefühlen so – sie werden sich im Gesicht widerspiegeln, auch wenn der Geschichtenerzähler uns noch so sehr vom Gegenteil überzeugen will.

Schauspieler studieren nicht, welche Muskeln sie anspannen müssen, um sich zu freuen, zu weinen oder einen anderen Gesichtsausdruck zu zeigen. Sie trainieren, wie sie sich schnell in einen solchen Zustand der Freude, des Leids, der Hoffnung etc. versetzen können. Wenn Sie eine Geschichte erzählt bekommen, die von Hoffnung oder von Leid erzählt, werden Sie es im Gesicht Ihres Gegenübers ablesen. Und auch umgekehrt. Versuchen Sie nicht, jemanden von etwas zu überzeugen, von dem Sie selbst nicht überzeugt sind. Ihr Gesicht wird Sie verraten.

Körpersprache – Experten liegen oft daneben

Genauso wie das Gesicht eine ganze Welt ausdrückt, kann auch der Körper die Zuhörer mitreißen. Sie können Rollenspiele nachspielen und dabei gleichzeitig mehrere Personen spielen. Sie müssen dabei nicht sagen: »Er hat gesagt, dann hat sie gesagt …« – Sie können es ganz einfach zeigen. Versuchen Sie mal genau, Ihren Gesprächspartner zu beobachten und zu sehen, wie er sich bei Gesprächen verhält. Sie werden schnell sehen, dass und wie die Menschen ihren Körper benutzen.

Aber Achtung: Verlassen Sie sich immer auf Ihr Gefühl und nicht auf das, was Ihnen sogenannte Experten über Körpersprache erzählen wollen. Gekreuzte Arme bedeuten nicht immer, dass jemand Sie ablehnt. Oft ist es einfach so, dass die Person müde ist oder gewohnt ist, die Arme zu überkreuzen. Authentizität steht immer an erster Stelle.

Bei einem Interview zu einem Produkt befragte ich einmal einen Stakeholder – er wird mir noch lange in Erinnerung bleiben. Als dieser Mann mit seiner Geschichte begann, hatte er die Hände in den Hosentaschen und den Blick auf den Boden gerichtet. Er erzählte mir, dass er sehr hart arbeiten musste, um an diesen Arbeitsplatz zu kommen, dass er sieben Geschwister habe, von denen er der Älteste sei. In seinem Leben habe er schon viel durchmachen und große Verluste hinnehmen müssen. Dann hob er den Blick, schaute mir direkt in die Augen und erzählte mir, dass er der erste in seiner Familie sei, der einen Schulabschluss gemacht und den Doktortitel errungen habe.

Ein Körpersprachen-Experte hätte diesen Mann vermutlich in der Luft zerrissen – aber ich denke, dass sein Erzählen authentisch war. Er hätte sich sicherlich unwohl gefühlt, wenn er mich schon beim ersten Teil seiner Erzählung direkt angeschaut hätte – seine Authentizität wäre zerstört gewesen. Ich war mir in dieser Situation sicher: Er hat nicht aus Angst auf den Boden geschaut oder weil er etwas Falsches gesagt hat. Er wollte vielmehr meine Reaktion nicht sehen, sondern seine Geschichte zu Ende bringen. Wenn er mir in die Augen gesehen hätte, hätte ihn das vielleicht verwirrt.

Es gibt keine Regeln, wenn es um Körpersprache geht. Achten Sie einzig und allein auf die Authentizität – darauf kommt es an.

Vermeintlich irrelevante Details

Warum sich nicht einfach die nackten Fakten erzählen lassen? Ist es nicht egal, ob der Mann sieben, acht oder neun Geschwister hatte? Hätte es nicht gereicht, wenn er gesagt hätte, dass er aus einer großen Familie kommt? Menschen werden sehr schnell ungeduldig, wenn sie vermeintlich irrelevante Details erzählt bekommen. Die meisten von uns sind darauf getrimmt, auf die Fakten zu achten, und das schließt meistens emotionale Aspekte des menschlichen Verhaltens aus. Aber nur, weil wir vielleicht momentan noch keinen direkten relevanten Bezug finden, bedeutet das noch lange nicht, dass Details unnötig sind. Im Gegenteil! Vor allem wenn es darum geht, Bedürfnissen und Entscheidungen auf den Grund zu kommen, sind Sie auf Details angewiesen!

Dazu eine einfache Überlegung: Warum haben Sie eigentlich Ihr letztes Auto gekauft? Welche irrelevanten Details waren dafür ausschlaggebend? Vielleicht haben Sie gerade den Duft des Neuwagens in der Nase, oder Sie vergleichen vor Ihren Augen zwei Autoverkäufer miteinander, oder Sie sehen sich eine bestimmte Strecke fahren?

Design Thinker sind sich dessen sehr bewusst, dass es keine irrelevanten Details gibt. Sie analysieren die Geschichten der Menschen und schaffen rund um ihr Bedürfnis ein Erlebnis, eine Geschichte, die sowohl von Fakten als auch von Gefühlen mitsamt den ganzen – scheinbar! – irrelevanten Details erzählt.

Ich habe einmal für einen Kunden, der auf die Herstellung von Küchen spezialisiert ist, ein besonderes Erlebnis geschaffen: Damit die Verkäufer der Küchen wirklich wissen, was sie verkaufen, verbrachten sie ein Wochenende zusammen in einem Haus, das mit einer der Musterküchen ausgestattet war. Diese Verkäufer kannten zwar alle Statistiken, sie wussten, was Hausfrauen am meisten nutzten, und sie kannten all die Daten und Fakten zu den einzelnen Produkten aus dem Katalog auswendig. Das alleine verkauft aber kein Produkt. Geschichten hingegen schon. Nachdem sie ein Wochenende in diesem Haus erlebt und dabei unter anderem Weihnachtsgebäck in der Musterküche hergestellt hatten, wussten sie, was wo notwendig war. Sie konnten Geschichten erzählen, bei denen den Zuhörern das Wasser im Mund zusammenläuft. Die Geschichten waren so lebendig und authentisch, dass man als Zuhörer quasi direkt in die Vanillekipferl reinbeißen konnte! Und deshalb ist kein Detail irrelevant, das die Geschichte ausschmückt, unterfüttert, plastisch und nachvollziehbar macht.

Struktur und Design von Geschichten, die motivieren

Aber wie können Sie nun eine Geschichte aufbauen, die andere wirklich bewegt? Nancy Duarte[11], die unter anderem für die Präsentationen von Apple verantwortlich ist, schlägt folgende Struktur vor: Beginnen Sie mit der Beschreibung des Lebens aus Sicht Ihrer Zuhörer. Das Ziel ist, die Geschichte so aufzubauen, dass die Menschen Ihnen durch Kopfnicken zustimmen, weil Sie im Grunde nur das artikulieren, was Ihre Zuhörer ohnehin bereits wissen. Dadurch schaffen Sie eine Bindung zwischen Ihnen und Ihrem Publikum, das sich wiederum öffnet, weil es gespannt auf Ihre Ideen und Schlussfolgerungen ist. Nachdem Sie nun das Ist-Bild erklärt haben, verbalisieren Sie Ihre Vision dessen, was sein könnte. Die Lücke zwischen diesen beiden Zuständen – dem, was ist, und dem, was sein kann – soll Ihre Zuhörer ein wenig aus dem Gleichgewicht bringen. Das ist ein wichtiger Punkt! Er rüttelt auf, weil er die Menschen aus ihrer Komfortzone holt.

Hier ein Beispiel:

Was ist: »Unsere Zahlen aus dem letzten Quartal zeigen, dass wir Ziele versäumt haben. Scheinbar waren die Posten nicht gut besetzt, und Ressourcen sind an der falschen Stelle eingesetzt worden.«

Was sein könnte: »Was wäre aber, wenn wir unsere Probleme dadurch lösen würden, dass wir ein neues Segment eröffnen, wo wir andere Kunden erreichen können? Nun, wir könnten das schaffen.«

Sobald Sie diese Lücke geöffnet haben, besteht Ihre Aufgabe darin, die Geschichte so weiterzuerzählen, dass Sie im Laufe der Zeit diese Lücke wieder schließen. Das schaffen Sie, indem Sie den Menschen, die Sie gerade aus ihrer heilen Welt geworfen haben, den Kontrast zwischen dem, was ist, und dem, was sein könnte, noch stärker verdeutlichen. Zurück zu unserem Beispiel:

Stellen Sie sich vor, dass die Umsatzerlöse gerade bedrohlich sind und dass Sie Ihre Mitarbeiter motivieren müssen, anzupacken und mitzumachen. Folgender Vorschlag:

Was ist: »Wir haben unsere Zahlen um ca. 15 Prozent verfehlt.«

Was sein könnte: »Die nächsten Quartalszahlen müssen wieder deutlich stärker sein. Und zwar so stark, dass wir auch wieder Boni auszahlen können.«

Was ist: »Wir haben neue Kunden auf unserer Liste.«

Was sein könnte: »Drei von diesen neuen Kunden haben durchaus das Potenzial, uns mehr Umsatz zu bringen als einer unserer bisherigen besten Kunden.«

Was ist: »Die neuen Kunden werden ziemlich sicher umfangreiche Änderungen bei der Herstellung fordern.«

Was sein könnte: »Wir werden uns dazu Experten holen, die uns weiterhelfen können.«

Sie bewegen sich also ständig hin und her zwischen dem, was ist, und dem, was sein kann – und zwar so lange, bis Ihre Zuhörer Letzteres mehr und mehr verlockend finden.

Achten Sie aber auf ein starkes Ende! Sie wollen doch nicht mit einer mühsamen To-do-Liste enden und alle Motivation auf einen

Schlag wieder zerstören, oder? Auf jeden Fall sollten Sie mit einem sogenannten Call to action enden: einer Botschaft, die zum Handeln aufruft, aber so, dass die Menschen unbedingt gleich loslegen wollen. Beschreiben Sie dazu, wie viel besser die neue Welt sein wird, wenn die Zuhörer Ihre Ideen annehmen und umsetzen.

Also: Aufruf zum Handeln:

»Um die nächsten Quartalszahlen deutlich zu ändern, wird zusätzliche Arbeit in allen Abteilungen erforderlich. Aber wir haben das Potenzial dazu, unsere neuen Kunden pünktlich und fehlerfrei zu beliefern.
Ich weiß, dass jeder von Ihnen bereits aus dem letzten Loch pfeift, aber zusammen schaffen wir das! Die Dinge werden einfacher, wenn wir da jetzt gemeinsam durchgehen. Die Belohnung am Ende sind nicht nur höhere Zahlen, sondern auch wieder Boni.«

Wenn Sie zukünftige Chancen visualisieren, zeigen Sie den Menschen, dass es sich lohnt, von Anfang an dabei zu sein. Ihre Bedürfnisse werden durch Anpacken erfüllt, und dafür zu arbeiten, lohnt sich.

Warum Geschichten so wichtig sind

Menschen unterscheiden sich von anderen Lebewesen in vielerlei Hinsicht, vor allem im Hinblick auf Sprache, Symbolik, Selbstbewusstsein, Kultur, Werkzeuge, Gerechtigkeitssinn, Mitgefühl – und eben auch in der Fähigkeit, Geschichten zu erzählen, die etwas bewirken. Bevor die Menschen Lesen und Schreiben gelernt hatten, waren Geschichten das einzige Mittel, um Informationen zu verbreiten: Die Menschen zogen als Nomaden übers Land, irgendwann wurden sie sesshaft und bildeten Gemeinschaften, bis sie die ersten Städte bauten. Und jedes Mal erzählten sie einander Geschichten, um ihren Ideen einen Kontext und eine Gestalt zu geben. Kein Wunder also, dass Geschichten so wichtig sind, wenn es darum geht, für andere Menschen Probleme zu lösen.

Mit den verschiedenen Methoden, die ich vor allem im Bereich der Beobachtung und des Verstehens benutze, bekomme ich bereits einen guten Einblick in das Design von Erfahrungen. In jedem Fall erzähle ich nicht nur von Fakten, sondern eröffne den Zuhörern eine weitere Dimension. Ich ermögliche durch die Erzählung von Geschichten unterschiedlichen Touchpoints, die miteinander ein großes Ganzes ergeben und die allen Beteiligten helfen, die Ideen zu visualisieren.

Im Design Thinking verwende ich vor allem Geschichten, die das widerspiegeln, was Menschen denken, was sie tun, wie sie sich verhalten. Dabei ist es egal, wo oder unter welchen konkreten Bedingungen sich etwas abspielt. Der Grund ist, dass ich dabei vor allem von Interaktionen spreche, von verschiedenen Aktionen. Die Kunst liegt darin, Geschichten in Verben, nicht in Hauptwörtern zu erzählen. Wenn ich nun eine Interaktion designe, dann erlaube ich der Geschichte, dass sie sich im Laufe der Zeit entwickelt und entfalten kann. Dabei helfen vor allem Techniken wie Storyboards oder Szenarien, die vor allem in anderen Bereichen wie der Filmherstellung eingesetzt werden. Jede Szene beschreibt dabei einen wichtigen Schritt in einem großen Ganzen.

Eine Erfahrung, die sich mit der Zeit entwickelt, verpflichtet die Betroffenen, sich darauf einzulassen, und hilft ihnen dabei, ihre eigenen Ideen zu entwickeln und miteinzubringen. Oft mangelt es aber gar nicht an guten Ideen. Vielmehr werden sie vom Markt abgelehnt, weil dieser noch nicht bereit für wirklich disruptive Ansätze ist. Wenn eine Idee wirklich vollkommen neu und innovativ ist, ändert sie den Status quo. Sie stellt zunächst die bestehenden

Produkte und Prozesse infrage und macht aus den Innovateuren von damals konservative Erfinder. Neue Ideen ziehen auch wichtige Ressourcen von anderen Projekten ab. Dadurch erschweren sie oftmals das Leben von Managern, die plötzlich mit neuen Möglichkeiten und fraglichen Risiken konfrontiert werden. Wenn man all diese Überlegungen in Betracht zieht, verwundert es kaum, dass Ideen es schwer haben, zu überleben.

Im Herzen jeder guten Geschichte lebt allerdings eine Idee, die im Laufe der Zeit immer mächtiger und stärker wird. Zu Beginn mag sie noch klein erscheinen und entsteht wie nebenbei; aber je weiter sie sich ausbreitet, desto stärker präsentiert sie ihren eigentlichen Charakter und ihre tatsächliche Bedeutung und bringt Schwung in die Menschen. Eine gute Story überzeugt und überschwemmt nicht mit unnötigen Einzelheiten, auch wenn sie genügend Details parat hat. Sie wird die Zuhörer mit dem Gefühl zurücklassen, dass die Geschichte, die das Unternehmen erzählt, weitergetragen werden muss. Eine gute Geschichte rührt die Herzen der Zuhörer. Wie diese, in der es darum geht, wie wichtig Wörter sind:

(…) Folgendes lernte ich von einer Frau, die zu den wenigen zählt, die Auschwitz überlebten. Sie kam nach Auschwitz, als sie 15 Jahre alt war. Ihr Bruder war acht, und sie hatten ihre Eltern verloren. Sie erzählte mir: »*Wir saßen im Zug nach Auschwitz. Als ich hinunterblickte, sah ich, dass mein Bruder seine Schuhe verloren hatte. Ich sagte:* ›*Warum bist du so dumm! In Gottes Namen, kannst du nicht einmal auf deine Sachen aufpassen?*‹« – *so, wie eine ältere Schwester eben mit ihrem jüngeren Bruder spricht. Leider war es jedoch das Letzte, was sie jemals zu ihm sagte, denn sie sollte ihn niemals wiedersehen. Er überlebte nicht. Als sie schließlich Auschwitz verlassen konnte, leistete sie einen Schwur. (…)* »*Ich ging hinaus aus Auschwitz zurück ins Leben, und ich schwor. Ich schwor:* ›*Ich werde niemals wieder etwas sagen, das nicht meine letzten Worte gewesen sein dürften.*‹« *Können wir das wirklich versprechen? Nein. Damit würden wir uns selbst und anderen etwas vormachen. Aber wir können es zumindest versuchen. (…) (Auszug aus einem Ted Talk von Benjamin Zander, übersetzt aus dem Englischen)*

Informationen visuell kommunizieren

Studien haben gezeigt, dass Menschen, die während eines Meetings oder Brainstormings mitkritzeln, ihr Kurz- und Langzeitgedächtnis verbessern, sich Inhalte besser merken und ihre Aufmerksamkeitsspanne erhöhen. Wenn der Geist beginnt, Gehörtes zu visualisieren, öffnen wir damit auch einen anderen neurologischen Zugang, den wir nicht aktiviert haben, wenn wir nur sprechen oder hören. Die wenigsten Menschen nutzen aber Zeichenblock und Stift, wenn es darum geht, neue Ideen fließen zu lassen. Der menschliche Geist ist sehr gewohnheitsorientiert – wenn wir Gewohnheiten brechen wollen, müssen wir auch mit unbekannten Mitteln arbeiten. Visuell zu denken, kann eines davon sein.

Die Macht der Bilder und Symbole

Menschen verwenden Symbole und Systeme, um Gedanken sichtbar zu machen und zu teilen. Wenn Sie beispielsweise einen Film ansehen, dann werden Sie verschiedene Symbole entdecken können: Die Schauspieler stehen oft hintereinander, ihren Blick richten sie immer auf das Publikum und nicht aufeinander, wenn sie einen Dialog darstellen. Dadurch wird der Zuschauer direkt in das Geschehen miteingebunden. Wenn es einen Wechsel zu Schwarz-Weiß- oder verschwommenen Bildern gibt, dann weiß der Zuschauer: Jetzt bekommt er etwas erzählt, das sich in der Vergangenheit der Handlung abgespielt hat. Quietschende Türen und sich bewegende Schatten werden mit Schrecken verbunden. Die Sprache der Symbole in Film, TV, Games und Bildmedien bietet viele solcher Beispiele.

Wenn Produkte oder Marken entwickelt werden, berufen sich Designer ebenfalls auf Symbole, um originelle und ästhetische Lösungen für Probleme zu finden. Aber auch umgekehrt ist es leicht möglich, Symbole als Methode im Design-Thinking-Prozess zu verwenden – um Probleme zu identifizieren.

Vertraute Bilder schaffen es, Ideen in Worte zu kleiden. Wenn Sie die neuesten Emoticons überprüfen, werden Sie von der Vielzahl an »alten« Objekten und Darstellungen überrascht sein, die Sie sonst nirgends mehr finden werden: Eine 35-mm-Kamera steht stellvertretend für die digitale Fotografie, die Zeit wird von einer analogen Uhr vertreten, ein Umschlag steht für Ihren E-Mail-Account, der Telefonhörer für das Telefon. Solche Symbole sind in der Regel sehr dauerhaft.

Visuelle Sprache

Sprache spielt sich nicht nur mündlich oder schriftlich ab. Sprache dient als ein Kommunikationsmittel und kann auf keinen Fall getrennt von der restlichen menschlichen Kommunikation gesehen werden – zu der auch visuelle Aktivität gehört. Alleine das Wort »Tagträumerei« deutet darauf hin, dass wir auch in Bildern denken. Was wir uns in unseren Köpfen im Wachzustand vorstellen, ist sehr ähnlich dem, was wir im Traum erleben. Traumbilder können sich mit oder ohne gesprochene Worte, Töne oder Farben abspielen. Schon im antiken Griechenland glaubten die weisen Gelehrten daran, dass ein Traum eine Replik eines Objekts im Auge sei und als komplettes Bild gespeichert in der Seele verweilt.

Visuelle Sprache im Zusammenhang mit Vision beschreibt Wahrnehmung, Verständnis und Wiedergabe von Symbolen und Zeichen. So wie Sie Ihre Gedanken in Worten verbalisieren, können Sie sie auch visualisieren.

Ein Diagramm, eine Karte oder ein Bild sind nur einige Beispiele für Bildsprachen. Linien, Formen, Farben, Texturen, Muster, Bewegungen, Größe, Proportionen – all diese Elemente können visuell genauso gelesen werden und einen zeitlich linearen Verlauf beschreiben. Sprache und visuelle Kommunikation laufen parallel und sind oft voneinander abhängige Mittel, mit denen Menschen Informationen erfolgreich austauschen können.

Visuelles Denken ist wie die verbale Sprache ein Prozess bzw. Ergebnis der Informationsgewinnung und -verarbeitung von Reizen aus der Umwelt. Durch unbewusstes und bewusstes Filtern und Zusammenführen von Teilinformationen kommt es so zu subjektiv sinnvollen Gesamteindrücken. Es scheint, dass alle Menschen eine angeborene Fähigkeit zur kognitiven Modellierung und Expression durch Skizzieren, Zeichnen, Bauen, Darstellen und so weiter haben. Diese Dinge sind grundlegend für das menschliche Denken.

Alphabetisierung (Kommunikation in Worten durch Schreiben und Lesen) und Rechnen (logische Verknüpfung von Objekten und Zahlen) sind bereits gut entwickelte Errungenschaften der menschlichen Spezies. Die Entwicklung des visuellen Aspekts der menschlichen Kommunikation als eine parallele Disziplin liegt aber leider noch in weiter Ferne. Dabei ist visuelles Erzählen nichts Neues. Betrachten Sie nur die frühesten überlieferten Zeichen der Menschheit – es sind einfache Bilder an den Wänden der Höhlen, in denen die Menschen früher lebten. Aus diesen Bildern lassen sich die Geschichten lesen, über die sie sich damals verständigten. Daran hat sich bis heute nicht viel geändert: Ob Video, Infografiken oder Illustrationen – visuelle Elemente können eine Fülle von Informationen schnell kommunizieren.

Jeder Mensch kann visuell denken – und wenn Sie visuell arbeiten, schaffen Sie es, anderen schnell übersichtliche und leicht zu verarbeitende Informationen zu vermitteln.

Kategorien im visuellen Denken

Sie können verschiedene Kategorien für visuelles Denken in der gängigen Literatur finden. Ich halte mich gerne an folgende Einteilung:

- Skizzen
- Diagramme
- Charts
- Metaphern
- Tabellen und Listen
- Kombinationen

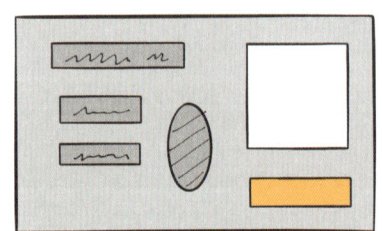

Lassen Sie uns nun einen Blick auf jede dieser Kategorien werfen.

Skizzen

Skizzen sind einfache, grobe Zeichnungen, die eine Geschichte erzählen oder ein Szenario präsentieren, wobei sie noch offen für viele Möglichkeiten sind. In der Tat sind Skizzen das grundlegende Werkzeug, wenn es um visuelle Denkprozesse geht. Zu Skizzen werden oft noch andere Elemente hinzugefügt, um die visuelle Nachricht weiter zu verbessern, die sie versuchen zu vermitteln.

Skizzen werden in vielfältiger Weise während des gesamten Prozesses des visuellen Denkens eingesetzt. Möglichkeiten, um Skizzen zu verwenden, können sein: Storyboards, Notizen, Aufzeichnungen, Comics, Landkarten, Schatzkarten etc.

Diagramme

Diagramme sind vereinfachte Zeichnungen, die dabei helfen, das Aussehen eines Modells bzw. einer Skizze, die Struktur oder eine Arbeitsweise auf praktische Weise zu verdeutlichen. Darüber hinaus zeigt ein Diagramm die Beziehung zwischen den Teilen und wie sie zusammenwirken, um ein Ganzes zu bilden.

Beispiele für Diagramme sind: Mindmaps, Flussdiagramme, Fishbone-Diagramme

Bei der Erstellung von Diagrammen müssen Sie zunächst die dazugehörigen Informationen bestimmen und innerhalb des Diagramms priorisieren. Darüber hinaus müssen Sie auch entscheiden, wie und wo jede dieser Informationen im Diagramm platziert werden soll. Diagramme basieren auf Beziehungen. Deswegen sollten Sie sich immer auf die Beziehungen zwischen den verschiedenen Einzelteilen konzentrieren, während Sie die Beziehung der Informationen zueinander überprüfen.

Letztlich ist es auch wichtig zu beachten, dass nicht nur Ihre Pläne mit der Zeit wachsen und gedeihen, sondern dass Sie auch die Diagramme dementsprechend mit aktualisieren. Das ermöglicht Ihnen ausreichend Flexibilität beim visuellen Denken.

Charts

Charts stellen Daten zur Verfügung, wobei die Daten durch Symbole wie Balken in einem Balkendiagramm oder Linien dargestellt werden. Ein Chart kann tabellarische oder numerische Daten, Funktionen oder einige Arten von qualitativen Strukturen abbilden. Diagramme werden oft verwendet, um das Verständnis der großen Datenmengen zu erleichtern und die Beziehung zwischen den einzelnen Daten darzustellen.

Beispiele: Balken-Charts, Gantt-Charts, Spider-Charts

Metaphern

Visuelle Metaphern bilden etwas Reales ab. Sie unterstützen Sie dabei, Ihre Ideen zu konzipieren und diese Ideen dann aus einer bestimmten Perspektive zu sehen. Metaphern werden häufig ein-

gesetzt, um bestimmte Konzepte und Ideen symbolisch darzustellen, sodass sofort ein gemeinsames Verständnis ohne Erklärung ermöglicht wird.

Beispiele für Metaphern: Eisberg, Brücke, Bäume, Trichter, Zielscheibe

Tabellen und Listen

Tabellen stellen eine Reihe von Fakten und Zahlen in einer gitterartigen Struktur dar, um die Informationen, mit denen Sie arbeiten, stärker zu strukturieren. Beispiele dafür sind: Entscheidungstabellen, Checklisten, Rangsortierungen.

Während der Arbeit mit Tabellen ist es wichtig zu bedenken, dass sie schwer zu visualisieren und zu relativieren sind, vor allem wenn sie aus vielen Daten bestehen. In solchen Fällen können Sie andere visuelle Elemente verwenden, um die Informationen zu vermitteln. Allerdings haben Tabellen auch ihre Vorteile und können sehr effektiv sein – sofern sie im richtigen Kontext verwendet werden.

Kombinationen

Sie können ebenso Skizzen, Tabellen, Diagramme, Tabellen und / oder Metaphern in einem visuellen Denkvorgang für einen bestimmten Zweck miteinander kombinieren, um ein gewünschtes Ergebnis oder Ziel zu erreichen. Zusätzlich zu diesen Elementen nutzen Kombinationen auch eine Vielzahl von visuellen Denkelementen, wie Farben, Formen, Symbole etc., um Ihre Gedanken und Ideen zu unterstützen.

Ein paar dieser Kombinationen sind: die 6 denkenden Hüte, Affinitäts-Karten, Empathy Map, Haftzettel

So üben Sie visuelles Denken

Bilden Sie Ihr Problem auf Papier ab

Das nächste Mal, wenn Sie ein Problem lösen wollen, versuchen Sie, dieses auf Papier abzubilden: Notieren Sie sich die zentrale Frage in der Mitte des Papiers und ziehen Sie einen Kreis um sie herum. Dann schreiben oder zeichnen Sie rund um das Problem alles, was Ihnen dazu einfällt – wie andere Beteiligte, Umstände, mögliche Lösungen. Schauen Sie sich dann das Blatt Papier genau an. Was fällt Ihnen dabei auf? Welche Faktoren können leicht gelöst oder beseitigt werden? Erkennen Sie vielleicht ein Muster oder sogar die Lösung? Diese Form des visuellen Denkens kann Ihnen im Übrigen auch helfen, Schreibblockaden zu vermeiden – füllen Sie das Blatt Papier schnell mit den Dingen, die Ihnen zu Ihrem Problem einfallen, und beginnen Sie dann erst, Ordnung hineinzubringen, zu kategorisieren, einen roten Faden zu entwickeln. Und dann erst schreiben Sie Ihren Text.

SWOT-Analysen sind eine andere Form des visuellen Denkens. Wenn Sie eine Situation analysieren, zeichnen Sie vier Quadrate auf ein Blatt Papier, die Sie mit »Stärken«, »Schwächen«, »Chancen« und »Gefahren« beschriften. Füllen Sie die Kästen mit dem auf, was Ihnen bekannt ist. Angenommen, Sie sollen eine Lösung für einen Prozess finden: Was sind die Stärken und Schwächen des momentanen Prozesses? Wie können Sie diese Stärken sichtbarer machen und die Schwächen kompensieren? Welche Chancen bietet eine Anpassung, und welche Gefahren lauern dabei? Eine Gefahr könnte es beispielsweise sein, dass eine Anpassung zu viel Zeit und Ressourcen beanspruchen würde.

Erleben Sie die Welt wie ein Kind

Fast jeder zeichnete Bilder, bevor er oder sie zu schreiben begann. Das hat sich im Laufe der Zeit geändert, und neue neurologische »Verkabelungen« erschweren es uns nun, in Bildern zu sprechen. Um wieder an den Punkt zu kommen, sich über Bilder ausdrücken zu können, versuchen Sie das hier:

- Erkunden Sie alles bis ins kleinste Detail.
- Stellen Sie Fragen – vor allem dann, wenn Sie das Gefühl haben, dass diese noch ungeklärt sind.
- Entzünden Sie Teile Ihres Gehirns neu: Kinder erforschen die Welt täglich und halten Dinge für besonders, die für uns selbstverständlich sind. Sie sind ungeheuer neugierig. Versuchen Sie ganz bewusst, sich dieser kindlichen Denkweise zu bedienen.
- Machen Sie sich basierend auf Ihren Erkundungen Notizen, oder beginnen Sie, die Bilder, die in Ihrem Kopf auftauchen, zu zeichnen. Nutzen Sie dazu Symbole, die Sie miteinander verbinden. Lassen Sie Ihrer Fantasie freien Lauf. Trauen Sie sich vor allem zu, dass Sie zeichnen können!

Erzählen Sie Geschichten

Konzentrieren Sie sich bei den Geschichten, die Sie erzählen, darauf, dass Sie diese mit visuellen Metaphern anreichern. Wenn Sie eine Idee im Kopf haben, visualisieren Sie sie, und erwecken Sie sie zum Leben.

Zeichnen Sie UoV-Figuren

UoV-Figuren sind Strichmännchen, die Sie sehr leicht und schnell zeichnen können. Sie brauchen dazu nur die Buchstaben U, o und V.

Schritt-für-Schritt-Anleitung:

- Der Körper besteht aus dem um 180° gedrehten Buchstaben U.
- Ein kleines o wird als Kopf auf das U gezeichnet.
- Die Beine werden mit zwei V gezeichnet.
- Die Arme werden mit zwei V gezeichnet. Die Buchstaben werden dabei gedreht, um die Richtung der Armhaltung zu bestimmen.
- Gesicht und Emotionen nach Bedarf hinzufügen.

Sitzt mittlerweile schon ein kleines Teufelchen auf Ihrer Schulter und flüstert Ihnen ins Ohr: »Das ist ja toll, aber du kannst das nicht! Du bist überhaupt nicht kreativ! Und das alles funktioniert sowieso nicht!«? Ignorieren Sie diese Stimme. Wenn Sie visuell kommunizieren wollen, müssen Sie visuell denken – und das können Sie üben. Nutzen Sie deshalb gleich das nächste Meeting oder Brainstorming und zeichnen Sie, was Sie dazu an Gedanken haben.

Empathische Mitarbeit

Empathie ist ein Mysterium. Viele haben sie als Schlüssel zum Erfolg erkannt, aber trotzdem glauben viele Menschen, dass Empathie eine Fähigkeit ist, die man entweder hat oder eben nicht. Dabei geht es bei Empathie um eine Art »Hineinzoomen«. Statt beispielsweise über die Gruppe der Nutzer nachzudenken, geht es darum, mit einer bestimmten Person zu interagieren und deren Ziele und Wünsche betreffend der Problemstellung zu erfragen.

Stellen Sie sich vor, Sie wären der zu optimierende Prozess oder das Produkt, und Sie würden mit dem Nutzer ein Gespräch führen. In gewisser Weise passiert genau das, wenn jemand Ihre Lösung einsetzt. Der- oder diejenige reagiert auf Ihre Idee und deren Design; wenn es ein Produkt ist, manchmal auch auf die Geschichte. Es ist eine zyklische Interaktion, in der es mal vor und mal zurück geht. Im Grunde nichts weiter als menschliches Verhalten.

Menschliches Verhalten zu studieren, ist wirklich einfach. Sie müssen dazu nur Zeit mit den Menschen verbringen, die gerade mit Ihrer Lösung interagieren. Während die Menschen interagieren, versuchen Sie deren Verhalten nicht zu analysieren, sondern nachzuvollziehen und dadurch Verständnis aufzubauen. Sie können das erreichen, indem Sie nach diskreten und spezifischen Signalen Ausschau halten und diese interpretieren.

Das Schwierigste an der ganzen Sache ist, festzulegen, von wem genau Sie etwas lernen wollen. Es geht darum, die richtigen Personen zu beobachten. Es ist ein Leichtes, in Ihrem Unternehmen »herumzuhängen« und den Menschen bei der Arbeit zusehen. Aber es wird Sie nicht weiterbringen, wenn Sie sich vorher nicht genau überlegen, von wem Sie am meisten lernen können. Der Schlüssel dazu lautet Segmentierung.

Das Segment, von dem Sie das meiste erfahren, werden Sie aber nicht in einer demografischen Tabelle finden oder in einem Psychogramm, das vielleicht die Marketingabteilung neulich aufgestellt hat. Statt auf dem Papier danach zu suchen, müssen Sie rausgehen und nach wirklichem Verhalten Ausschau halten. Aber es wird noch ein wenig schwieriger: In Wahrheit müssen Sie nämlich gar nicht an der Person selbst interessiert sein, sondern vielmehr an dem, was die Person wie tut. Indem Sie menschliches Verhalten studieren, bekommen Sie einen ganz anderen Zugang, als wenn Sie in der Retrospektive mit anderen diskutieren, was Sie gehört haben. Sie müssen raus ins Feld gehen und beobachten, was die Menschen tatsächlich machen.

Technik: Beobachtungskatalog

Um herauszufinden, welches Verhalten Sie beobachten wollen, erarbeiten Sie im Vorfeld einen Katalog, in dem Sie Ihre Annahmen über das bestehende Verhalten auflisten:

- Was, glauben Sie, macht Ihre Zielperson?
- Warum glauben Sie das?
- Wo, glauben Sie, werden Sie diese Person finden?
- Wie oft, glauben Sie, agiert Ihre Person so?
- Wann, glauben Sie, macht die Zielperson das?

Vergessen Sie nicht, dass Sie eventuell mit Ihrer Annahme falschliegen könnten. Aber das spielt keine Rolle, denn es ist viel wichtiger zu erkennen, was genau Sie eigentlich beobachten wollen. Bevor Sie irgendjemanden bei irgendeiner Handlung beobachten, schaffen Sie so eine gute Basis, um gezielt Verhalten zu studieren, sodass Sie in Ihrer Forschung weit kommen.

So ist es mir einmal passiert, dass ich für einen großen Kosmetikkonzern herausfinden sollte, warum die Zahl der Einkäufe eingebrochen war. Dazu habe ich mich an Ort und Stelle begeben – mit der Hypothese, dass den Leuten die Verpackung zu altmodisch ist. Nach mehreren Befragungen stellte sich allerdings heraus, dass genau das Gegenteil der Fall war: Das Unternehmen existiert bereits seit über 60 Jahren, sodass viele Verbraucherinnen die Produkte bereits von der Mutter oder Großmutter kannten. Die Verpackung haben sie also mit Kindheit assoziiert. Das Unternehmen hat allerdings das Design geändert, sodass nicht mehr viel vom damaligen Design erkennbar war. Und genau das war der Haken: Die Menschen kauften das Produkt hauptsächlich, um sich ein Stück Kindheit zu holen. Ich lag also mit meiner ersten Annahme vollkommen daneben – aber das war okay. Ich musste ja zunächst eine Hypothese aufstellen, um überhaupt beginnen zu können.

Wenn Sie selbst in die Zielgruppe fallen

Nicht selten passiert es, dass Freunde, Verwandte oder wir selbst Teil der Zielgruppe / Nutzer sind. Dennoch empfiehlt es sich ganz dringend, dass Sie Abstand von der Versuchung nehmen, die vertrauten Bedürfnisse ins Zentrum zu stellen, und trotzdem rausgehen, um fremde Menschen zu beobachten.

Generell gilt: Bei Fragen zu den Bedürfnissen der Kunden, deren Motivationen, Gewohnheiten und den Workflow etc. fragen Sie am besten bestehende bzw. potenzielle Nutzer. Bei grundlegenden Usability-Fragen (Ist das Vorhaben verständlich? Haben wir einen wesentlichen Schritt übersehen?) ist die Zielgruppe noch nicht so eng. An dieser Stelle können Sie im Notfall – also, wenn Sie schnell

Feedback brauchen, weit und breit kein anderer Mensch zu sehen ist, der Handyempfang wieder mal weg ist, Sie einen Bandscheibenvorfall haben und sich kaum bewegen können – Feedback von Freunden und Familie einholen, solange diese ähnliche Eigenschaften wie Ihre Zielgruppe besitzen. Diese Ausnahme endet aber spätestens dann, wenn Sie spezifisches Fachwissen oder Erfahrung mit einem gewissen Programm voraussetzen müssen. In diesem Fall ist es unumgänglich, dass die Testperson dieses Know-how ebenfalls hat. Andernfalls riskieren Sie irreführende Aussagen.

Selbst wenn Ihre Bekannten und Verwandten dieses Know-how besitzen und tatsächlich 1 : 1 in die Zielgruppe fallen, ist es ratsam, Feedback von außerhalb zu holen. Warum? Weil fremde Menschen in der Regel ehrlicher (und brutaler) als Menschen sind, die Sie länger und besser kennen und die Ihnen vielleicht einen Gefallen tun wollen oder mit gut gemeinten Ratschlägen aushelfen möchten. Bei fremden Menschen ist die Hemmschwelle einfach niedriger, weil uns keine persönliche Geschichte mit ihnen verbindet.

Vermeiden Sie außerdem »Inzucht«, indem Sie niemals Tests oder Beobachtungen mit den gleichen Personen wiederholen. Auch hier kommt es zwar darauf an, was Sie in erster Linie herausfinden wollen. In der Regel geht es aber darum, eine Stichprobe aus einer Vielzahl von repräsentativen Nutzern zu erhalten. Und die bekommen Sie eben nur dann, wenn Sie auch viele verschiedene Personen fragen. Die ganze Mühe wäre umsonst, denn Wiederholung führt zu Betriebsblindheit. Die Menschen werden mit dem Prozess vertraut und reagieren (unbewusst) nur mehr auf die Neuerungen. Damit untergraben Sie Ihre eigenen guten Absichten und Ihre Arbeit.

Ich gebe es zu: Es ist mitunter eine große Herausforderung, ausreichend Tester und Nutzer in bestimmten Gebieten zu finden. Aber dafür gibt es eine einfache Lösung: Sehen Sie sich neue Methoden und Tools an, die Ihnen helfen, Feedback von räumlich entfernten Menschen einzuholen. Gerade bei allgemeineren Themen ist es einfach, eine Vielzahl an Teilnehmern zu finden, die gerne in Live-

Interviews über GoToMeeting, iChat oder Google Hangouts Rede und Antwort stehen. Auch wenn Sie mobile Prototypen testen wollen, gibt es dazu Lösungen. Bitten Sie Ihre Teilnehmer, Screensharing oder Webcams zu erlauben. Oder Sie verwenden Tools wie usertesting.com, um direkt am Desktop zu testen.

Die Suche nach realen Zielkunden und Nutzern bedeutet vielleicht ein wenig mehr Arbeit, als wenn Sie Ihre Ideen gleich mit Freunden und Familie besprechen. Aber es lohnt sich! Denn am Ende wird Ihre Studie viel bessere Ergebnisse liefern. Nehmen Sie sich also besser die zusätzliche Zeit und machen Sie es von Anfang an richtig.

Die besten Geschichten erzählen Prototypen

Wenn ein Bild schon mehr als tausend Worte sagt, welche mächtige und starke Geschichte kann dann ein einzelner Prototyp erzählen?

Wenn Sie mich während einer Prototyping-Einheit besuchen würden, würden Sie wahrscheinlich meinen, dass irgendwas nicht stimmen kann: Manager stöbern mit aufgekrempelten Hemdsärmeln in LEGO®-Boxen herum, ein Mann mit einer Perücke auf dem Kopf spricht mit hoher Stimme, in einer anderen Ecke verbarrikadiert sich gerade eine Gruppe hinter Möbeln, die sie zu einer Art Festung aufgebaut hat. Das Ganze wirkt auf den ersten Blick paradox und skurril, aber nur für den, der zufällig vorbeischaut. Die Beteiligten selbst beachten den heimlichen Besucher nicht, denn sie stecken mitten in einem Innovationsprozess. Es ist die Zeit, in der die neuen Ideen und Visionen in etwas Greifbares umgewandelt werden. In etwas, das man anfassen, verwenden, drehen und prüfen kann. Etwas, das auseinandergenommen und wieder neu zusammengesetzt werden kann. Das eine Geschichte erzählt. Im Design Thinking ist Prototyping ein entscheidender Schritt im kreativen Prozess.

Wenn Sie kreative Lösungen für komplexe Herausforderungen entwickeln müssen, ist es praktisch unmöglich, dass Sie bereits beim ersten Mal einen Prototyp erstellen, der wirklich funktioniert. Prototyping hat die Aufgabe, eine Lösung, die Sie ernsthaft in Betracht ziehen, möglichst schnell und billig herzustellen, um damit dann mit einem Nutzer probeweise zu interagieren. Das Feedback aus diesen Interaktionen führt zur Herstellung weiterer neuer Versionen. Die Herausforderung bei diesem Verfahren: Es muss schnell und billig sein, um möglichst oft iterativ das Ganze zu überprüfen. Nur so entstehen die besten Lösungen.

Die wichtigsten Vorteile des Prototyping im Überblick:

Prototyping macht Ideen und Konzepte greifbar

Sie beginnen mit den Händen zu denken und verwenden all Ihre Sinne, um ein Konzept, das bis dato nur in Ihrem Kopf existierte, umzusetzen und lebendig zu machen.

Prototyping führt Ideen zusammen

Oft wirkt eine Idee im Kopf perfekt und genial. Erst bei der Umsetzung erkennen wir dann, dass Elemente fehlen. Prototyping zwingt Sie förmlich dazu, auf Vollständigkeit und Konsistenz zu achten.

Prototyping führt zu konkretem und pointiertem Feedback

Dank Ihres Prototyps kommen Sie schnell zu dem Punkt, an dem Sie mit Ihrem späteren Kunden / Nutzer interagieren. Fragen Sie, was gut ankommt, beobachten Sie Ihr Gegenüber genau, und haken Sie nach.

Unternehmen, die wissen, wie wichtig Innovationen sind, sollten Meister im Prototyping sein. Der wirklich entscheidende Punkt dabei ist, dass Sie sofort eine wirkliche Reaktion Ihres Kunden bekommen. Egal wie hässlich oder klobig Ihr Prototyp sein mag – Sie haben damit ein Anschauungsobjekt erschaffen, mit dem Sie weiterarbeiten können.

Es geht nur um den Nutzer!

Sie müssen sich allerdings von der Idee lösen, dass Sie einen Prototyp erstellen, der von Beginn an perfekt ist. Wenn Sie unter dieser Prämisse mit der Arbeit daran beginnen, ist die Idee schon im Voraus zum Scheitern verurteilt. Es gibt beim Prototyping viel zu viele Unsicherheiten – ob Sie die richtigen Anforderungen umgesetzt haben, ob die Benutzerschnittstelle richtig gewählt wurde, ob das Produkt wirklich auch angenehm in der Hand zu halten ist etc. Produkt- und Prozesseinführungen, die nicht glatt poliert und durchgetestet sind, funktionieren nicht. Ein Prototyp aber schon.

Der Unterschied zwischen Unternehmen, die wirklich erfolgreich sind, und denen, die noch einen harten Weg vor sich haben, ist, dass erstere genau wissen, dass sie nur Annahmen darüber getroffen haben, was der Nutzer eigentlich will. Sie haben auch nur vage Informationen über dessen Vergangenheit, Vorlieben und Verhaltensweisen. Dass das nicht wirklich von Bedeutung sein kann, in einer Welt, in der alles – einschließlich der Bedürfnisse und Vorlieben der Nutzer – einem ständigen Wandel unterliegt, versteht sich fast von selbst. Wenn Ihr Nutzer vor einem Monat noch unbedingt etwas haben wollte, kann das heute bereits ganz anders sein. Unternehmen müssen den Nutzer deshalb frühzeitig in den Prozess einbinden, noch lange bevor neue Produkte und Dienstleistungen auf den Markt kommen. Das bedeutet, dass Sie mehr kritisches Feedback einholen: Was will der Nutzer? Wie sollte der Prototyp sein? Was heißt anders? Was ist nicht sofort klar? Was können Sie besser machen?

Im Grunde ist der Mensch bereits seit seinem ersten Atemzug mit dem Grundprinzip des Prototypings vertraut. Zum Beispiel mussten wir erst lernen, vollständige, grammatisch korrekte Sätze zu bilden. Wir haben mit dem Sprechen dennoch nicht gewartet, bis wir das konnten, sondern haben mit einzelnen Lauten begonnen. Wir haben unzählige Fehler gemacht und es aufgrund des erhaltenen Feedbacks so lange versucht, bis Mama oder Papa begeistert in die Hände klatschten.

> Prototyping ist der Weg zum Erfolg. Und diesen Grundsatz müssen wir auch umsetzen, wenn es um den Erfolg unseres Unternehmens geht.

Erfolgsfaktoren für das Prototyping

Durch meine Projekte und Workshops habe ich gelernt, dass wirklicher Erfolg vor allem ein Umdenken bedeutet, auch beim Prototyping. Hier habe ich die wichtigsten Erfolgsfaktoren für Sie zusammengestellt:

Denken Sie mit den Händen

Sobald Sie beginnen, an einem konkreten und greifbaren Prototyp zu arbeiten, öffnen Sie eine andere Quelle Ihrer Kreativität: Sie beginnen, mit Ihren Händen zu denken. Die Ideen werden um ein Vielfaches besser, wenn Sie die Energie aus Ihrem Kopf direkt in Ihre Hände fließen lassen. Findet das Ganze dann noch in einem Team statt, führt es die Beteiligten zur Höchstleistung. Das ist der Punkt, an dem alle um eine Idee versammelt stehen und diskutieren. Der Bau des Prototyps beseitigt mögliche Missverständnisse, unterschiedliche Interpretationen oder Annahmen und bietet Lösungen. Durch das Denken mit den Händen wird Ihr inneres Kind wieder belebt und kann nicht mehr durch innere Kritiker oder Kopfkino-Vorstellungen über Menschen, die Sie auslachen, aufgehalten werden.

Ausrichten auf das Wesentliche

Eine Lernerfahrung ist, dass Sie Paralyse durch Analyse vermeiden können. Hören Sie auf, jeden Punkt in all seinen Einzelheiten zu zerreden, und machen Sie es einfach! Bauen Sie Ihren Prototyp! Eine der wichtigsten Erkenntnisse ist, dass die Teams, die sofort mit der Umsetzung ihrer Idee begonnen haben, am Ende bessere und erfolgreichere Ergebnisse hatten als jene Teams, die analysieren und alles bis ins Detail planen, bevor sie anfangen, auch nur irgendetwas zu bauen. In meinen Projekten erlebe ich immer wieder Teilnehmerinnen und Teilnehmer, die sich zuerst eine große Vision ausdenken und diese bereden wollen, weil sie denken, dass das wichtig für die Vorbereitung ist. Dabei müssen sie einfach die Vorstellung in ihrem Kopf durch ihre eigenen Hände wahrmachen. Das erst ermöglicht neue, kreative Energien und schafft Platz für weitere Ideen des Teams rund um die mögliche Lösung.

Feiern Sie Misserfolge

Wir versuchen oft, Misserfolge jeglicher Art strikt zu vermeiden. Aber genau diese Misserfolge sind ein ganz wichtiger Teil im Prototyping und sollten sogar aktiv verfolgt werden. Wenn der Prototyp rundläuft und alle damit zufrieden sind, können Sie nichts Neues daraus lernen. Dabei dreht sich das Prototyping nur ums Lernen. Wir brauchen das Feedback, damit wir aus dem lernen können, was schiefgelaufen ist, um dann besser zu werden. Fallen Sie also möglichst oft, aber es ist wichtig, dass Sie dabei etwas gelernt haben und etwas verbessern können. Achten Sie darauf, dass Sie vor allem schon früh beginnen zu lernen – zu einem Zeitpunkt, an dem Sie noch nicht viel Zeit oder Geld investiert haben.

In meinen Beratungen arbeite ich deswegen gezielt mit Spielen, die vom Improvisationstheater inspiriert sind. Die Spiele sind so angelegt, dass die Personen zunächst eine leichte Aufgabe bekommen, die dann im Verlauf immer schwieriger wird, bis sie einfach nicht mehr gelöst werden kann. Wenn dieser Punkt erreicht wird, bitte ich die Beteiligten, ihre Hände weit in die Höhe zu strecken, nach oben zu sehen und so laut sie können zu schreien: »Super!

Ist das toll!« Das Scheitern wird dadurch öffentlich anerkannt, andere können auch daraus lernen und Informationen mitnehmen, und die scheinbar »Gescheiterten« können es erneut versuchen. Die Teilnehmer sagen mir dann, dass sie sich danach befreit fühlen und ganz heiß darauf sind, weiter zu verbessern, es nochmals zu versuchen und vielleicht wieder zu scheitern. Sie können über ihre Fehler lachen – manchen macht es sogar so einen Spaß, dass sie bewusst versuchen, Fehler zu machen. Unternehmen müssen eine Kultur schaffen, in der Scheitern erlaubt ist – damit die Dinge schneller zum Besseren bewegt werden können.

Schnell und billig

Rapid Prototyping ist ein Verfahren, bei dem Sie am laufenden Band einen Prototyp nach dem anderen entwickeln. Sie müssen also zunächst gegen Ihre Tendenz aktiv Widerstand leisten, die Dinge perfekt zu machen oder sie laufend zu verbessern. Erfolg ist nur dann möglich, wenn wir die Geschwindigkeit erhöhen. Damit eine neue Tür aufgeht, muss eine andere geschlossen werden. Deswegen ist es manchmal auch nötig, Ihre Lieblingsidee, »Ihr Baby«, zu töten – um eine neue Idee hervorzubringen. Das Wort Prototyp ist mit dem Glauben an ein Produkt oder eine Idee verbunden, die ganz kurz vor der Markteinführung stehen. Aber ein Prototyp muss schon viel früher im Prozess entstehen – nur dann kann er Ihr Denken fördern und neue Ideen zutage bringen. Sie brauchen also viele Prototypen, die Sie Ihren Nutzern in die Hand geben können, damit diese sie testen. Der wirklich endgültige Prototyp steht am Ende einer langen Schlange von Prototypen.

Iterationen

Die Macht des Prototypings besteht vor allem in den ständigen Wiederholungen. Sie durchlaufen den Prozess immer wieder, bis Sie an einem Punkt angelangt sind, bei dem Sie mit der Umsetzung starten können, weil die wesentlichen Dinge geklärt sind. Erfolgreiche Unternehmen haben diese Denkweise bereits übernommen: Ideen brauchen mehrere Iterationen, mit denen das Denken erst beginnen kann und die zum Experimentieren und Lernen einladen. Sie müssen sich bewusst sein, dass alles, was Sie hinzufügen oder anpassen, nur von kurzer Dauer sein wird – bis zur nächsten Iteration. Der berühmte japanische Begriff *Kaizen* oder kontinuierliche Verbesserung nutzt die Kraft der vielen Iterationen.

Ein Produkt, das viele Iterationszyklen durchlaufen hat, wird immer besser sein als ein Produkt, das sorgfältig entworfen wurde.

Ecken und Kanten

Ein Prototyp ist nie wirklich fertig – spätestens in der nächsten Feedbackschleife wird er wieder ersetzt oder erweitert. Deswegen muss er nicht aufgehübscht werden, um vollständig zu sein. Ein Prototyp unterliegt einem ewigen Kreislauf. Vielmehr sollte Ihr Prototyp unfertig aussehen, so als ob er nur mehr oder weniger zufällig zusammengeschustert worden wäre. Lernen Sie, die rauen Seiten Ihrer Prototypen zu lieben.

Fallstricke beim Prototyping

Aus den Erfolgsfaktoren lassen sich natürlich auch einige Fallstricke für das Prototyping ableiten. Hier sind sie:

Zu frühe Umsetzung

Widerstehen Sie der Versuchung, gleich die erste, vielversprechende Idee umzusetzen und keine Zeit mehr in andere Ideen zu stecken. Die Zeit, die Sie mit Prototyping verbringen, ist eine wirklich gute Investition, da Sie so sicherstellen, dass diese innovative Idee durch die Verbesserung große Erfolgschancen haben wird. Nutzer werden vorab konsultiert, und deren Feedback wird eingearbeitet. Gemeinsam arbeiten Sie dann mit Ihrem späteren Kunden an etwas, von dem Sie wissen, dass es ganz genau das ist, was Ihr Kunde sich wünscht.

Missverstandene Situation

Prototyping kann kindisch aussehen, vor allem in den frühen Stadien, wenn dieser Schritt als eine spielerische Aktivität ohne geschäftliche Vorteile missverstanden wird. Frühphasen-Prototyping ist aber dazu da, um sicherzustellen, dass potenzielle Fehler frühzeitig entdeckt werden und nicht im Nachhinein teuer repariert werden müssen.

Vermeidungsstrategien

Menschen wollen Gesichtsverlust und Schmerz immer vermeiden. Akzeptieren Sie dennoch, dass es beim Prototyping wirklich darauf ankommt, früh und oft zu scheitern. Scheitern ist nichts anderes als ein Lernen und Verbessern. Es ist aber ein langer Weg, bis wir unsere Ängste überwinden können. Natürlich zögern viele, in Richtung Scheitern zu gehen. Aber Sie werden sehen: Dieser Schritt lohnt sich enorm!

Die besten Prototyping-Tools

Heutzutage gibt es eine riesige Auswahl an leistungsfähigen, kostengünstigen Tools für das Prototyping. Ermöglichen Sie Ihrem Team einen einfachen und ständigen Zugang zu folgenden Prototyping-Tools:

LEGO®

Eines der beliebtesten und am meisten gebrauchten Werkzeuge beim Prototyping ist LEGO®. Vor allem in den frühen Prozessstadien wird oft die LEGO®-Kiste hervorgeholt und schnell mal ausprobiert und gebaut.

Bleistift und Papier

Buntstifte und Papier sind das älteste und beste Tool, das ein Mensch jemals erfunden hat. Vor allem, wenn Sie ein Storyboard schnell skizzieren möchten, eignen sich diese Werkzeuge hervorragend dafür.

Verkleidungen

Wenn es um Prozesse oder um die Entwicklung von Dienstleistungen geht, helfen Rollenspiele, um Denkfallen effizient zu enttarnen. Schlüpfen Sie doch mal wortwörtlich in die Schuhe des Nutzers und schauen Sie, was mit Ihnen passiert! Bei der Verwendung dieser einfachen Materialien sollten Sie das Wort »todernst« aus Ihrem Sprachgebrauch streichen. Überwinden Sie Ihre Bedenken! Zu Beginn meiner Beratungen war ich selbst skeptisch, wie in Konzernen mit meinen Ideen umgegangen wird. Aber Sie würden sich wundern, mit wie viel Elan die CIOs dabei sind und dass sie nicht im Traum daran denken, dass sie damit ihre wertvolle Zeit vergeuden könnten. Lassen Sie Ihr inneres Kind raus: Das weiß, was es bedeutet, kreativ zu sein und Freude am Spiel zu haben.

3D-Drucker

3D-Drucker sind heutzutage bereits relativ günstig zu haben und gehören in die Grundausstattung von erfolgreichen Unternehmen. Sie müssen so nicht direkt auf Spezialisten zurückgreifen, die teuer sind, sondern können die Idee schnell visualisieren.

Virtuelle Realität

3D-Modellierungen oder Online-Spiele können schnell eine Idee auf einem Notebook simulieren. Die Werkzeuge dazu sind in der Regel kostengünstig zu kaufen. Weitere fortschrittliche Computersimulationen sind sehr leistungsfähig und ausreichend, um für viele Lernerfahrungen zu sorgen. Gerade SimCity habe ich selbst schon oft eingesetzt, um Ideen rund um Städte, Mobilität und Gemeinden sichtbar zu machen.

Online-Feedback

Online-Befragungen sind einfach zu erstellen und zeigen schnelle Ergebnisse. Surveymonkey ist eine kostenlose Ressource, um schnell eine einfache Umfrage zu entwickeln. Quantitatives Feedback ist vor allem dann nützlich, wenn Sie verschiedene Versionen eines Prototyps testen oder Ideen für ein bestimmtes Feature abfragen möchten. Versuchen Sie aber, die Ergebnisse als Erkenntnisse zu sehen – auch ohne sie statistisch zu validieren.

Prototyping ist eine wirklich wichtige Aufgabe und nicht wegzudenken auf der Suche nach innovativen Durchbrüchen. Der spielerische Geist zusammen mit der Funktionalität schafft Sicherheit, dass wir scheitern dürfen, fördert unsere Kreativität und ist wichtiger Kraftstoff für weitere Iterationen. Es ist eine Tatsache, dass selbst hochrangige Führungskräfte diese Phase im Design-Thinking-Prozess sehr genießen. Deswegen: Denken Sie mit Ihren Händen und lassen Sie sich voll und ganz auf das Abenteuer Prototyping ein!

So funktioniert Prototyping

Prototyping läuft in mehreren Stufen ab. Hier vorab ein kurzer Überblick, die Details lesen Sie dann weiter unten:

1. Schritt: Sie entscheiden, welche Ideen Sie als Prototyp bauen und testen.
2. Schritt: Sie entwerfen ein Storyboard für den Prototyp.
3. Schritt: Sie »bauen«Ihre Ideen – sei es als physische Objekte oder als Rollenspiele.

1. Welche Ideen lohnt es sich als Prototyp zu bauen und zu testen?

Aus der Phase des Brainstormings heraus haben Sie bestimmt viele verschiedene Ideen zu Papier gebracht. Sie haben das Problem untersucht, eine Menge Lösungen erzeugt und auch analysiert, wie andere Unternehmen ähnliche Probleme lösen.

Wer bereits in den Genuss einer wirklich professionellen Brainstorming-Sitzung gekommen ist, kennt das großartige Gefühl, eine solche Menge an Ideen zu haben. Aber leider habe ich dazu eine schlechte Nachricht für Sie: Sie können nicht jede dieser Ideen bauen und testen. Und selbst wenn Sie das könnten, wäre es nicht sehr hilfreich, weil Sie spätestens bei der Sichtung der vielen Informationen durchdrehen würden. Sie müssen sich also an dieser Stelle entscheiden, welche Lösungen Sie weiterverfolgen wollen und welche Sie auf Eis legen müssen. Gar nicht so einfach.

Suchen Sie nach Konflikten

Das erste, was Sie nach der Phase des Brainstormings machen sollten, ist, nach Konflikten zwischen den einzelnen Ideen zu suchen. Ein Konflikt ist dann gegeben, wenn es zwei oder mehrere sich widersprechende Lösungsansätze für das gleiche Problem gibt. Widersprüchliche Ansätze sind aber sehr hilfreich, denn sie beleuchten verschiedene Möglichkeiten.

In einer meiner Beratungen ging es zum Beispiel einmal um die interne Kommunikation zur Einführung eines neuen Prozesses. Eine Idee bestand darin, ein eigenes Storyboard als Erklärung zu produzieren; eine andere Idee war, ein Video einzubetten und eine dritte Idee war die Verwendung eines einzelnen Bildes mit einer Scroll-down-Beschreibung. Alle drei Ideen lösen dasselbe Problem, aber immer auf unterschiedliche Art.

Notieren Sie die Gegensätze auf Haftnotizen, und sehen Sie sich im Team diese Goldgruben an! Die meisten Unternehmen sind es gewohnt, an der erstbesten Lösung gleich weiterzuarbeiten und diese zur Perfektion zu bringen. Auf diese Weise können Sie aber überlegen, welche Lösungsoptionen Sie sonst noch zur Verfügung haben, um die wirklich passende zu finden.

Gehen wir nun einen Schritt weiter, und nehmen wir an, Sie können sich nicht im Team auf eine Lösung einigen und auch der Entscheider ist sich unschlüssig. Sie können nun entweder die Lösung wählen, von der Sie glauben, dass sie am ehesten vom Nutzer akzeptiert werden wird (»Best Shot«), oder Sie schicken zwei Prototypen ins Rennen und testen sie gegeneinander (»Battle Royale«).

Der Vorteil des »Best Shot«-Ansatzes ist, dass Sie schneller zu einem Prototyp kommen, den Sie testen können. Wenn Sie nur eine Lösung prüfen wollen, ist die Befragung der Nutzer meist auch weniger komplex und Sie können mehr Zeit darauf verwenden, mehr Menschen zu befragen.

Der Vorteil der »Battle Royale« zwischen zwei verschiedenen Lösungen ist, dass sie mehrere Möglichkeiten beleuchten. Sie erkennen, wie die Nutzer interagieren, worauf sie wirklich Wert legen und welche Features Sie eventuell weglassen können. Eine solche »Battle Royale« funktioniert gut für neuere Bereiche, wo noch nicht viele Gewohnheiten existieren. So können Sie herausfinden, welchen Weg der Nutzer lieber geht. Der Nachteil ist, dass Sie vor allem für Ihre Tester mehr Zeit und Geduld aufbringen müssen, bevor Sie alle notwendigen Informationen zusammen haben.

Auf der anderen Seite sind die Ergebnisse einer »Battle Royale« oft sehr überraschend. Bei der Arbeit mit Start-ups habe ich oft erlebt, dass vor allem vollkommen unkonventionelle Entwürfe sich als die für Kunden interessantesten herauskristallisierten.

Eine weitere Alternative besteht darin, dass Sie beide Ansätze mixen: Wenn Sie zunächst den »Best Shot«-Ansatz gewählt haben und der nicht funktioniert hat, gehen Sie einen Schritt zurück und wählen den »Battle Royale«-Ansatz. Vergessen Sie nicht: Design Thinking ist ein iterativer Prozess, und bei jedem Schritt, den Sie gehen, sind Sie schlauer als davor.

Wenn Sie sich nicht sicher sind, welcher Check sich eignet, überlegen Sie einmal: Gibt es eine Option, bei der alle Beteiligten mitmachen würden und sich sofort einig sind? Dann können Sie gleich Ihre Idee als »Best Shot«-Prototyp umsetzen. Wenn Sie aber das Gefühl haben, dass es so viele Lösungsideen gibt und es generell ein Hin und Her ist bzw. Unsicherheit herrscht, was Sie als Nächstes tun können (oder noch schlimmer, es herrschen mehrere Meinungen und jeder ist von seiner eigenen so überzeugt, dass Sie Angst haben müssen, dass demnächst Köpfe eingeschlagen werden), dann ist wohl »Battle Royale« die bessere Wahl.

Stellen Sie Ihre Hypothesen auf die Probe

Bevor Sie sich überhaupt für eine Idee entscheiden, vergegenwärtigen Sie sich nochmals die Ausgangslage: Wofür suchen Sie eigentlich eine Lösung? Wie sieht das große Ganze aus? Oft entstehen in Brainstorming-Meetings tolle Ideen, aber wenn man nicht aufpasst, geht der eigentliche Fokus verloren.

Schreiben Sie auch all die Ängste und Annahmen auf, die im Team vorhanden sind. Denken Sie über Hypothesen nach, die Sie über die Nutzer (»Die Nutzer sind nicht bereit, dass sie private Dateien im Intranet teilen«) oder die Technik (»Wir können automatisch Cluster-Profile erstellen«) haben. Aus der Erfahrung weiß ich, dass die meisten dieser Annahmen falsch sind – weil sie von unseren Ängsten gefüttert werden. Um das herauszufinden, sollten Sie Ihren Prototyp dementsprechend einsetzen.

Wenn Sie also beispielsweise annehmen, dass der Nutzer im Intranet nicht gerne private Details hochlädt, können Sie genau eine solche Funktion einbauen. Wenn Sie es dann dem Nutzer zeigen, werden Sie sehr schnell wissen, ob Ihre Annahme richtig war oder nicht.

Versuchen Sie, alle Ihre Annahmen auf einmal zu testen, indem Sie entweder in derselben Studie die Annahmen gleich miteinbauen oder indem Sie parallel zu Ihrem eigentlichen Prototyp einen weiteren entwickeln, der nur diese Annahmen direkt abfragt. Erstellen Sie auf jeden Fall eine Liste mit den Annahmen. Ungeprüfte Annahmen sind wie vergessene Behälter im Kühlschrank: Wenn man sie sehr lange stehen lässt, entwickeln sich die Dinge zum Schlechten. Sie haben also nun überlegt, was Sie wie abfragen wollen – dann sind Sie bereit, Ihren Prototyp zu entwickeln!

2. Eine User-Story auf dem Whiteboard als Prototyp

Eine Möglichkeit, Ihrem Prototyp Leben einzuhauchen, besteht darin, ein Storyboard zu entwerfen, das genau zeigt, wie der Benutzer Schritt für Schritt und Klick für Klick durch das Programm geht. Das Storyboard listet also die Spezifikationen für den Bau des Prototyps auf.

Zeichnen Sie zunächst ein großes Raster auf dem Whiteboard auf. Jede Zelle sollte etwa so groß wie zwei Blätter Kopierpapier sein. Pro Idee brauchen Sie etwa ein oder zwei ganze Whiteboards voller Raster. Die Idee ist, dass Sie ein Comic-Buch erstellen, das eine Geschichte erzählt. Es fängt damit an, dass der Nutzer den Prototyp in der Hand hält oder ihn durchläuft, und endet, wenn er den Prozess durchlaufen hat.

In jede Comic-Szene zeichnen Sie eine einzige Handlung (z.B. wenn der Nutzer auf eine Schaltfläche klickt, wenn er einen Text eingibt oder wenn Ihr Strichmännchen-Nutzer etwas im wirklichen Leben tut). Sie müssen sich keine Gedanken über das Layout oder Design im Detail machen. Wichtig ist nur, dass Sie jede Aktion, die in der Geschichte stattfindet, aufgezeichnet haben.

Ein Storyboard zu zeichnen, ist harte Arbeit, vor allem, weil es wichtig ist, dass Sie nichts dabei vergessen. Suchen Sie eine Person aus der Gruppe, die zeichnet, aber achten Sie darauf, dass diese Person nicht alles allein machen muss. Die Gruppe sollte sich engagieren und mitdiskutieren, was als nächstes passieren könnte, um dem Zeichner so viel Hilfestellung wie möglich zu bieten.

Wenn Sie mit dem Zeichnen beginnen, stellen Sie sich vor, dass Ihr Studienteilnehmer mit Ihrem Prototyp interagiert. Je nachdem, wer Ihr zukünftiger Nutzer sein wird: Wie wird er oder sie mit Ihrer

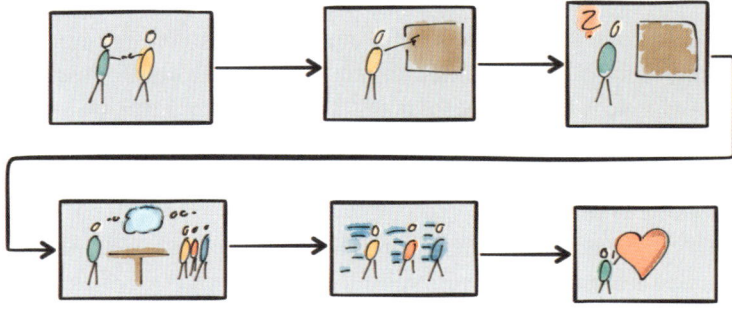

Lösung in Berührung kommen? Ist es eine Software, die er oder sie automatisch installiert bekommt oder erst suchen muss? Was wird er oder sie tun, wenn die Lösung vor ihm oder ihr liegt? Solche Fragen helfen Ihnen dabei herauszufinden, ob der erste Raster Ihres Comics eine E-Mail oder eine Google-Suche oder eine Werbung oder der App Store oder was auch immer sein sollte. Von dort aus wird dann hoffentlich die Geschichte ganz einfach weiterfließen.

Wenn Sie ein Storyboard oder Mock-up zeichnen, werden Sie viele kleine Entscheidungen treffen, die Ihnen vorher nicht in den Sinn gekommen sind. Das ist ganz natürlich, weil Sie sich ja jetzt mit der Detailebene befassen. Gerade der Moderator ist hier gefordert, durchzugreifen und darauf zu achten, dass nichts aus dem Ruder läuft. Wenn es zwei Argumente gibt, suchen Sie nicht nach dem Mittelweg, sondern bringen Sie das Team dazu, sich für eine Option zu entscheiden und die andere in petto zu halten, falls erstere doch nicht funktionieren sollte. Rufen Sie nach dem CEO, wenn Sie eine schwere Entscheidung fällen müssen.

Wenn Sie mit Ihrer User-Story fertig sind, nehmen Sie sich einen Moment Zeit, um sich selbst auf die Schulter zu klopfen, und feiern Sie ein wenig. Sie dürfen ruhig stolz auf sich und Ihr Team sein. Dank des Storyboards wissen Sie nun genau, was zu tun ist. Es ist an der Zeit, dass Sie beginnen, einen Prototyp zu entwickeln.

3. Wie Ihr Prototyp aussehen sollte

Ganz einfach: Ein Prototyp kann alles sein, was eine Person betrachten und womit sie interagieren kann. In der Regel muss ein Prototyp nicht komplex sein, damit Sie die Antworten, die Sie suchen, auch bekommen.

Halten Sie es einfach

Sie werden erstaunt sein, wie viel hilfreiches Feedback Sie von den Nutzern bekommen, wenn Sie ihnen einen Prototyp zeigen, der alles andere als perfekt ist! Ihre Nutzer werden Ihnen etwas über das Produkt oder den Prozess erzählen, was sie verstehen, was sie erwarten, was sie wollen (»Ich würde hier klicken, weil ich will, dass ich eine Liste meiner Kunden sehen kann …«) und wenn sie etwas verwirrt.

Sie werden auch Dinge lernen, die Ihnen eine Befragung alleine niemals hätte zeigen können. Vor allem lernen Sie dabei, aus welchem Grund die Nutzer tun, was sie tun, und bleiben nicht nur bei der Erkenntnis, dass sie es tun. Und Sie werden viel schneller lernen, als wenn Sie viel Zeit in den Bau des Prototyps gesteckt hätten.

Schreiben Sie echte Texte

Vor allem, wenn Sie Software bauen oder eine Website entwickeln, kann es verlockend sein, »Lorem ipsum«-Platzhalter zu verwenden. Aber widerstehen Sie dieser Versuchung – schreiben Sie immer echte Texte für Ihren Prototyp. Wenn Sie nämlich Blindtexte verwenden, vermeiden Sie wichtige Entscheidungen. Warum? Erstens sind Benutzerschnittstellen hauptsächlich Text. Sie können zwar Zeit sparen, wenn Sie sich nicht mit den Textfeinheiten beschäftigen. Aber dadurch werden Sie nicht näher an die Lösung Ihres Problems kommen. Und zweitens finden Sie dabei auch noch heraus, wie Sie die Dinge erklären müssen, damit die Nutzer sie verstehen. Mit »Lorem ipsum« überspringen Sie das alles.

Prototyping für Dienstleistungen: Rollenspiele

Prototyping funktioniert übrigens auch sehr gut bei nicht physischen Dingen, etwa bei Dienstleistungen oder auch Erfahrungen. Interaktionen zwischen Menschen – wie bei einer Bestellung oder einem Kundengespräch – können hervorragend über Rollenspiele ausgedrückt werden! Die Spieler erfahren in diesem Rollenspiel am besten und eindrücklichsten, wie sich diese Interaktion über eine gewisse Zeitspanne anfühlt.

Mit einem Rollenspiel verbinden viele Menschen spontan etwas sehr Anstrengendes – das ist es aber gar nicht! Es hat eine sehr lustvolle Komponente, in die Rolle eines anderen zu schlüpfen und darin zu agieren. Und es lohnt sich! Vor allem bei auf den ersten Blick schwierigen Themen, also etwa Bildung, Sicherheit, Finanzen oder Gesundheit. So habe ich in einem Workshop einmal eine Patientenbetreuung in einem Krankenhaus nachgespielt. Die anwesenden Ärzte waren zunächst zögerlich und mussten erst aus der Reserve gelockt werden. Aber nachdem dieser Schritt geschafft war, waren sie selbst am meisten darüber verblüfft, wie viele Aha-Erlebnisse auf sie warteten und wie es sich anfühlte, selbst Patient und in einem gewissen Maß ausgeliefert zu sein.

Diese erste Skepsis bzw. die Verlegenheit, mit der viele Menschen anfangs zu kämpfen haben, entsteht, weil sie nicht glauben können, dass diese Situation eine fundierte Basis hat. Sie sind vielmehr überzeugt davon, dass die Dinge in den Rollenspielen nur so und nicht anders geschehen, weil sie nachgestellt und geschauspielert werden. Deshalb lehnen sie interessante Interaktionen und vor allem die Lernerfahrung ab – dabei wäre es von so großem Wert für alle Beteiligten, wenn sie sich darauf einließen und am eigenen Leib erfahren würden, was es beispielsweise heißt, sich in der Rolle des unwissenden Patienten wiederzufinden!

Lösungen durchspielen

Dass es sich lohnt, Rollenspiele ernst zu nehmen, ist sogar in Studien zum Verhalten von Kindern bewiesen worden: Wenn Kinder eine Rolle spielen, folgen sie ziemlich genau den sozialen Drehbüchern, die sie von uns Erwachsenen abgeschaut haben. Wenn ein Kind zum Beispiel »Einkaufen« spielt und das andere »Mutter, Vater, Kind«, fällt das ganze Spiel auseinander – die beiden Konzepte passen nicht zueinander. Weil Kinder die Regeln der sozialen Interaktion sehr schnell verstehen und daher auch ebenso schnell bemerken, wenn diese Regeln gebrochen werden, verhalten sie sich in ihren Rollenspielen ebenfalls so, wie sie das gelernt haben.

Lassen wir uns als Erwachsene auf Rollenspiele ein, haben wir bereits einen riesigen Fundus an Drehbüchern in uns. Dieser setzt sich aus den unzähligen Erfahrungen zusammen, die wir im Laufe unseres Lebens gemacht haben. Diese Erfahrungswerte liefern uns ein gutes Gespür dafür, ob eine Handlung funktionieren wird oder eben nicht. Spielen wir also Lösungen durch, erkennen wir, ob sich jemand authentisch verhält. In all diesen Rollenspielen können wir viel über unsere bisherigen und zukünftigen Erfahrungen und Verhaltensweisen lernen.

Eine andere Art, Rollenspiele zu gestalten, sieht so aus, dass in einer Jamsession eine Erfahrung selbst produziert wird, für die etwas gestaltet werden soll, und sich dann die Teilnehmer selbst in diese Erfahrung hineinprojizieren. Ein Beispiel dafür: Für einen meiner Kunden aus der Dienstleistungsbranche sollte ich den Kundenservice optimieren. Die wichtigste Aufgabe dabei war, dass ich und der Kunde zu verstehen versuchten, wie es sich anfühlen könnte, in einer Schlange zu stehen und warten zu müssen. Dazu reichte ein ganz einfaches Rollenspiel, um ein Gespür dafür zu bekommen, wie es für den Kunden ist, sich die Füße in den Bauch zu stehen.

Ein anderes Mal war ich in einem Kindergarten, ausgestattet mit einer Kamera, um zu sehen und zu spüren, wie der Alltag einer Kindergärtnerin in der Praxis tatsächlich aussieht. Das Fantastische bei Videoaufnahmen ist, dass sich die Zuschauer später selbst sehr schnell in die diversen Erfahrungen hineinprojizieren können. So spüren sie beim Betrachten des Videos, wie es sich anfühlt – all dieser Trubel, all dieses Schreien, das Durcheinander und das Herumwuseln der Kinder. Das Video schafft Empathie.

Wenn sich ein Kind als Feuerwehrmann verkleidet, dann probiert es diese Identität aus. Es will wissen, wie es sich anfühlt, ein Feuerwehrmann zu sein. In einem Design-Thinking-Prozess geschieht dasselbe: Wir probieren Erfahrungen aus. Rollenspiele helfen vor allem dabei, Empathie für die Situationen zu entwickeln, in denen wir etwas gestalten, sowie Dienstleistungen und Erfahrungen zu erschaffen, die nahtlos und authentisch sind.

Wann passen Rollenspiele?

Spielerisches Erforschen, Bauen und Rollenspiele sind nur einige von vielen Wegen, die ich als Design-Thinking-Beraterin nutze. Um diese Wege aber wirklich gehen zu können, muss ich einige Botschaften dahinter verstehen. Es ist nicht immer einfach, als Erwachsener Kind zu sein und wieder spielen zu dürfen, auch wenn es sich im ersten Moment vielleicht einfach anfühlt oder anhört. Aber wir müssen daran denken, dass Spiel nicht Anarchie bedeutet. Vielmehr beruht ein Spiel auf verschiedenen Regeln, die Sie einhalten sollten, vor allem wenn es sich um ein Gruppenspiel handelt. Beim Spielen verfolgen wir bestimmte Drehbücher, die vorher durch unsere Erfahrungen festgelegt wurden und mit denen auch alle Beteiligten einverstanden sind. Diese Regelverhandlungen sind wichtig, weil diese erst ein produktives Spiel ermöglichen. Regeln schaffen einen Rahmen, in dem sich alle sicher fühlen, vorausgesetzt, alle Beteiligten sind sich über die Rahmenbedingungen einig und damit einverstanden.

So gibt es aber nicht nur Regeln dafür, *wie* man spielt, sondern auch *wann* gespielt wird. Auch Kinder spielen nicht die ganze Zeit. Sie gehen aber gerade in ihrer Schulzeit nahtlos von der Unterrichtsstunde zum Spielen und wieder zurück. Gute Lehrer denken genau über diese Übergänge nach und versuchen, diese bewusst zu steuern. Als Berater in einem Design-Thinking-Prozess liegt die Herausforderung ebenfalls darin, diese Übergänge zu finden und daraus die Teilnehmer in verschiedene Erfahrungen zu führen. Nicht jede Situation eignet sich für Rollenspiele.

Die Gefahr ist groß, in unterschiedliche Fallen zu tappen, wenn wir in einem Prozess nicht wissen, wann es an der Zeit ist, ernsthaft zu sein, und wann es wieder Zeit ist, sich auf Experimente einzulassen. Aber prinzipiell gibt es bei diesen Zuständen kein wirkliches Entweder-oder. Vielmehr ist es ein Und. Erwachsene können gleichzeitig ernsthaft sein *und* spielen. Aber sie müssen darauf vertrauen, dass es ihnen hilft, sich auf Spiele einzulassen. Genauso wie Sie darauf vertrauen sollten, dass es Ihnen viele Erkenntnisse bringt, wenn Sie es zulassen, kreativ zu sein. Auch wenn es um die Erforschung von Qualität geht. Etwas bauen und mit den Händen zu denken, hilft, die Dinge aus einem anderen Blickwinkel zu betrachten. Durch die genaue Erforschung dessen, was ist, werden die Dinge wieder klarer und Zusammenhänge werden sichtbar, die vorher vielleicht nicht gesehen werden konnten.

Die zentralen Aussagen dieses Kapitels auf einen Blick:

- Menschen denken in Bildern und Geschichten. Storytelling als Werkzeug sollte deshalb möglichst früh im Design-Thinking-Prozess eingesetzt werden.

- Wenn Sie beginnen, sich in andere einzufühlen, wenn Sie Ihr Bezugssystem erweitern, indem Sie die Perspektive von anderen Personen wahrnehmen, beginnen Sie, das wirklich Wesentliche zu verstehen.

- Der einfache Prozess der Warum-Fragen bietet ein unglaublich nützliches Werkzeug. Die Möglichkeit, Situationen aus verschiedenen Blickwinkeln zu sehen, ist von entscheidender Bedeutung, wenn Sie nach einer nachhaltigen Lösung suchen.

- Menschen hören Ihnen dann zu, wenn sie unbedingt erfahren wollen, wie Ihre Geschichte ausgeht.

- Visuelle Sprache im Zusammenhang mit Vision beschreibt Wahrnehmung, Verständnis und Wiedergabe von Symbolen und Zeichen. So wie Sie Ihre Gedanken verbalisieren, können Sie sie auch visualisieren.

- Prototyping ist der Weg zum Erfolg. Und diesen Grundsatz müssen wir auch umsetzen, wenn es um den Erfolg unseres Unternehmens geht.

- Ein Produkt, das viele Iterationszyklen durchlaufen hat, wird immer besser sein als ein Produkt, das sorgfältig entworfen wurde.

KAPITEL 5

DESIGN THINKING IN PROZESSEN

Wer in alten Denkstrukturen verharrt, erschafft immer wieder dieselben Abläufe. Wenn ein Unternehmen innovativ sein will, erfordert dies jedoch einen neuen Ansatz und eine ganzheitliche Betrachtung sämtlicher Geschäftsprozesse. Prozessmanagement bietet dabei viel mehr als lediglich eine Abbildung der bestehenden Prozesse – vorausgesetzt, im Unternehmen herrscht ein Bewusstsein darüber, welche Herausforderungen das »alte« Prozessmanagement birgt. In diesem Kapitel lesen Sie, wie Sie diesen Herausforderungen begegnen können und wie Design Thinking Sie dabei unterstützen kann – und ich beschreibe Ihnen Schritt für Schritt, welchen Ablauf Ihr erster Design-Thinking-Workshop haben sollte, damit das Kick-off-Meeting zum Design Ihrer Geschäftsprozesse ein voller Erfolg wird!

Einführung

Unternehmen können ohne Prozesse nicht existieren – einzelne Handlungsabläufe müssen so miteinander koordiniert werden, dass sie eine optimale Ablaufkette ergeben. Je größer die Zahl der einzelnen Handlungen und Mitarbeiter ist, desto komplexer ist deren Koordination.

Die Gestaltung und Optimierung von Prozessen ist deshalb eine wichtige und permanente Aufgabe für jedes Unternehmen. Prozesse müssen so aufgestellt sein, dass sie das Unternehmen dabei unterstützen, seine Ziele zu erreichen und wichtige Anforderungen zu erfüllen. Problematisch wird es, wenn Prozesse außer Kontrolle geraten. Und das passiert mitunter schneller, als man glaubt!

Die gestiegenen Leistungsanforderungen in Unternehmen haben das Ihrige dazu beigetragen. Heutige Unternehmen setzen sich im Durchschnitt sechsmal so viele Leistungsanforderungen, wie sie das noch vor 60 Jahren getan haben! Dazu scheinen viele dieser Anforderungen in einem Konflikt zueinander zu liegen: Die Unternehmen wollen ihren Kunden mit niedrigen Preisen und hoher Qualität befriedigen. Sie sind bestrebt, ihre Angebote für spezifische Märkte zu individualisieren. Aber gleichzeitig müssen sie effizient agieren und ständig risikolos innovieren.

An und für sich ist ja Komplexität keine schlechte Sache, denn sie bringt auch Chancen und Herausforderungen ans Licht. Das Problem ist vielmehr die Art und Weise, wie Unternehmen auf komplexe Sachverhalte reagieren. Um die vielen Zielkonflikte in Einklang miteinander zu bringen, gestalten Manager die Unternehmensstruktur neu, messen penibel Leistung und bieten Anreize, die das Verhalten der Mitarbeiter gegenüber den wechselnden externen Herausforderungen beeinflussen sollen.

Basierend auf Befragungen von mehr als 100 amerikanischen und europäischen Unternehmen zeigte die Boston Consulting Group[12] in ihrem sogenannten Index der Kompliziertheit, dass sich in den vergangenen 15 Jahren die Menge an Verfahren, vertikalen Schichten, Koordinationsgremien und Entscheidungsfindungen von 50 Prozent auf 350 Prozent erhöht hat. Diese Erhöhung fordert einen hohen Tribut. In einer Vielzahl von Unternehmen verbringen Führungskräfte 40 Prozent ihrer Zeit mit dem Schreiben von Berichten und 30 bis 60 Prozent ihrer Zeit in Meetings. Kein Wunder, dass dadurch keine Zeit mehr für die Arbeit mit dem Team bleibt. Als Ergebnis sind die Mitarbeiter oft fehlgeleitet. Aber nicht nur das: Sie sind dadurch demotiviert, und die Produktivität gestaltet sich mehr als enttäuschend. Unternehmen sind also eindeutig gefordert, einen besseren Weg zu finden, um komplexe Prozesse zu managen.

Die meisten von uns verstehen Prozesse als ein Mehr an Fortschritt und Produktivität. Die Menschen fühlen sich effizienter. Prozesse sollten Unternehmen ermöglichen, die komplexe Arbeit so zu bewältigen, dass gesundes Wachstum erfolgen kann. Intelligente Prozesse vereinen das gesamte Wissen des Unternehmens. Und das ist doch an und für sich eine gute Sache!

Die Schattenseite ist jedoch, dass viele Prozesse die Menschen in Unternehmen davon abhalten, ihre Arbeit gut zu machen. Wenn das Team seine Zeit damit verbringen muss, vor der Ausführung eines Arbeitsschrittes mühsam erst Erlaubnis einzuholen oder mehr Zeit in Meetings oder mit der Beantwortung von irrelevanten E-Mails verbringt, anstatt Probleme zu lösen, hat das Unternehmen ein Problem. Und wann genau sollen die Mitarbeiter Zeit für Innovationen haben, wenn jede Aufgabe oder jedes andere Thema »dringend« ist? Die fünf häufigsten Gründe, warum Prozesse nicht funktionieren, sind:

- Unzumutbare Anzahl an Genehmigungen / zu wenig Entscheidungskompetenz
- Konzentration auf Prozesse statt auf Menschen

- Viel zu viele unnötige Abstimmungsmeetings
- Mangel an einer klaren, langfristigen Vision und Ausrichtung
- Widerstand gegen Änderungen, die kommen werden

Manager von heute sitzen in der Zwickmühle: Es wird von ihnen erwartet, dass sie laufend kurzfristige Ergebnisse produzieren und gleichzeitig Innovationen vorantreiben. Wenn die Arbeitsplätze von Menschen von den Zahlen des Status quo abhängen, liegt es auf der Hand, dass sie keine Energie mehr für Kreativität und Innovation haben. Um das zu ändern, müssen wir zunächst an der Denkhaltung ansetzen, um so auch Neuerungen in der Kultur möglich zu machen.

Definition Prozessmanagement

Um zu verstehen, warum Prozessmanagement wichtig für jedes Unternehmen ist und wie das Ganze mit Design Thinking zusammenhängt, brauchen wir zunächst ein Verständnis davon, was Prozessmanagement überhaupt ist. Eine einheitliche Definition zu finden, ist jedoch schwieriger, als man denkt, da die Sicht je nach Rolle und Funktion der Personen im Unternehmen variiert. Hier einige Beispiele dafür:

- Prozessmanagement kann der Weiterentwicklung von Anwendungen dienen. Dies gilt insbesondere für Mitarbeiter, die mit der Automatisierung von Prozessen beschäftigt sind. Damit stehen Prozesse für diese Personen vor allem in Verbindung mit Technologien.
- Prozessmanagement kann weitere Prozesse optimieren. Dazu wird sich vermehrt moderner Methoden bedient, wie Six Sigma, TQM oder CI.
- Prozessmanagement kann einen Change vorantreiben oder den Mitarbeitern generell neue Arbeitswege vorgeben.

- Prozessmanagement eignet sich hervorragend, um vorhandene Abläufe abzubilden und dadurch sichtbar zu machen.

Auch wenn keine dieser einzelnen Definitionen an und für sich falsch ist, spiegelt jede für sich nur einen kleinen Teil eines Gesamten wider – abhängig von der Rolle oder Aufgabe des jeweiligen Mitarbeiters.

Ich habe es oft erlebt, dass Unternehmen, die Prozessmanagement als eine isolierte Komponente betrachten und es dadurch nur teilweise bis gar nicht ein- und umsetzen, viele Vorteile nicht voll ausschöpfen. Die Aufgabe des Prozessmanagements einzig und allein in der Automatisierung von Prozessen zu sehen, ist zu kurz gedacht. Zwar sollte die Automatisierung von Prozessen ein wichtiger Bestandteil des Prozessmanagement-Konzepts sein, aber niemals der ganze. Andersherum betrachtet: Prozesse werden viel zu oft verwaltet, überwacht und optimiert, aber nicht automatisiert.

Prozessmanagement ist ein ganzheitlicher, systematischer Ansatz, um Ergebnisse eines Unternehmens zu optimieren. Am Anfang steht das Warum. Das Unternehmen muss sich damit auseinandersetzen, was wie, wo, wann, von wem und womit gemacht wird. Erst wenn das verstanden ist, lassen sich Methoden und Tools aus dem Prozessmanagement einsetzen, um so möglichst effizient und mit geringen Kosten die besten Lösungen und Erfolge zu erzielen. Design Thinking unterstützt dabei das Unternehmen nachhaltig.

Prozessmanagement soll den Zweck des Unternehmens mit dem Bedarf der Kunden abgleichen. Das hilft den Führungskräften dabei, Ressourcen optimal einzusetzen und deren Leistung, wenn nötig und sinnvoll, durch KPIs in Echtzeit und im Unternehmenskontext zu überprüfen, um gegebenenfalls Anpassungen vornehmen zu können. Wird Prozessmanagement richtig eingesetzt, kann nicht nur effizienz- und produktivitätssteigernd gearbeitet werden, sondern die Kosten werden gesenkt, Risiken im Voraus erkannt und Fehler verringert. Unternehmen profitieren von spürbaren Vorteilen:

- Umsatzsteigerung
- Kostensenkung
- Compliance und Risikomanagement
- Verbesserte Produktivität
- Verbesserte Kundenzufriedenheit
- Innovations- und Transformationsfähigkeit

Eine Studie von YAVEON und BearingPoint[13] zeigte, dass 58 Prozent der befragten Unternehmen die Optimierung von Geschäftsprozessen priorisieren. Dazu setzen sie Prozessmanagement-Software und andere Prozessmanagement-Methoden ein. Tendenz steigend.

Gartner[14] erläutert in seiner Studie, dass bereits 80 Prozent der Unternehmen, die Prozessmanagement-Projekte durchführen, eine interne Rentabilitätsziffer von über 15 Prozent erreichen. Auch bereits bestehende Investitionen, insbesondere aus dem Bereich der IT, werden dadurch rentabler. Die IT sollte also nicht nur als Mittel zum Zweck verwendet werden, um Systeme am Leben zu erhalten.

Je komplexer und größer ein Unternehmen ist, desto größer ist auch die Notwendigkeit eines funktionierenden Prozessmanagement-Systems. Ansonsten entgehen den Unternehmen im besten Fall Gewinne. Im schlechtesten Fall werden sie buchstäblich von der Konkurrenz überrannt.

Einen Ansatz, um Prozesse wirklich zu optimieren oder auch neu zu entwerfen, liefert Design Thinking. Denn erst, wenn Unternehmen verstanden haben, was das eigentliche Problem ist und wie sie den Bedarf des Kunden tatsächlich decken können, ist es sinnvoll, weitere Schritte zu setzen und entsprechende Prozesse zu etablieren.

Probleme und Herausforderungen im klassischen Prozessmanagement

Prozessmanagement dient letztlich als Mittel der Wahl, um interne Abläufe eines Unternehmens abzubilden und Produkte und Dienstleistungen für Kunden anbieten zu können.

Es gibt viele gute Gründe, für ein effizientes Prozessmanagement zunächst Prozessmodelle zu erstellen. Zum Beispiel, um …

... zu verstehen, wie bestehende Prozesse funktionieren. Das ist besonders dann nützlich, wenn die Prozesse in der Vergangenheit organisch gewachsen sind. Diesem Wachstum ist keine Planung vorausgegangen, wodurch Unsicherheit in Bezug auf die unmittelbaren Reaktionen von verschiedenen Ereignissen herrscht.

... Mitarbeitern zu erklären, was sie tun und inwiefern sich ihre Aufgaben auf andere Arbeiten am Prozess beziehen. In diesem Fall dient das Prozessmodell als eine Art Unterstützung bei der Einführung neuer Mitarbeiter bzw. als Erinnerung und How-to-do-Anleitung für erfahrenes Personal.

... sicherzustellen, dass ein einheitliches Vorgehen vorherrscht, damit jeder dem gleichen Prozess folgt. Zum Beispiel sollte den Mitarbeitern deutlich gemacht werden, dass erfolgreiche Abschlüsse keine Zufälle sein sollten.

... zu identifizieren, über welche Probleme und Schwächen ein bestehender Prozess im Hinblick auf die Entwicklung und Umsetzung eines verbesserten Ablaufs verfügt. Ein Modell eines bestehenden Prozesses wird als Ist-Modell bezeichnet, während der optimierte Prozess als Soll-Modell dargestellt wird.

Ein typisches Unternehmen kennt unterschiedliche Methoden und Verfahren, wie Abläufe und Prozesse zum Besseren entwickelt werden können. Dabei können die Kosten und der Nutzen solcher Projekte zur Optimierung enorm variieren. Vor Beginn eines solchen

Optimierungsprojektes ist es sinnvoll, den betriebswirtschaftlichen Rahmen, in dem diese Prozesse stattfinden, zu untersuchen und miteinzubeziehen. Das hilft zu verstehen, wie der Prozess durch äußere Faktoren beeinflusst wird.

Von der Funktionssicht zur Prozesssicht

Traditionelle Sichtweisen von Unternehmen auf die eigenen Aufstellungen und Funktionen werden typischerweise anhand eines Organigramms dargestellt, das die Abteilungen, deren Stabsstellen, die Kommunikations- und Entscheidungswege sowie die einzelnen Mitarbeiter der verschiedenen Bereiche dokumentiert. Einzelne Mitarbeiter werden in der Regel mit einer bestimmten Funktion versehen, sodass nicht nur ihre Arbeit, sondern auch ihre soziale Gruppe, ihre Einstellungen und ihre Kultur definiert werden.

Die funktionale Ansicht eines Unternehmens, wie sie in einem Organigramm widergespiegelt wird, ist sehr nützlich für das interne Management und die Mitarbeiter. Dadurch können sie gut erkennen, wie das Unternehmen aufgebaut ist und wo sich ihr Platz befindet.

Es gibt jedoch einige Ausnahmen dabei: Das Organigramm zeigt das Unternehmen vor allem in seiner internen Ausrichtung und konzentriert sich auf die Struktur des Unternehmens und deren inhaltliche Zuständigkeiten und damit auf Aspekte, die in der Regel von geringem Interesse für die Kunden des Unternehmens sind. Darüber hinaus definiert es die formale Struktur, ohne die inoffizielle Kommunikation und Zusammenarbeit der Mitarbeiter zu beachten – Aspekte, die allerdings mindestens genauso wichtig für den Erfolg eines Unternehmens sind. Diese Funktionssicht ist zudem statisch, da sie keinen Verlauf des Unternehmens über die Zeit hinweg zeigt, wie beispielsweise Reaktionen auf Ereignisse (z. B. Kundenauftrag für eine Dienstleistung).

Die statische Natur der Funktionen steht allerdings in Widerspruch zur fließenden Prozesssicht. Menschen, die Aufgaben innerhalb eines Prozesses durchführen, haben oft auch mehrere verschiedene Funktionen und müssen dadurch möglicherweise Informationen oder Produkte über funktionale Grenzen hinweg einholen. Beispielsweise bei diesem Vorgang:

1. Ein Kunde gibt zunächst eine Bestellung auf.
2. Der Auftrag wird an Lagermitarbeiter weitergeleitet, die die Ware händisch einsortieren und verpacken.
3. Das Ergebnis wird einem Logistik-Mitarbeiter weitergeleitet.
4. Die Ware wird an den Kunden geliefert.

Design Thinking betont bei Prozessen vor allem die Notwendigkeit einer gelungenen Zusammenarbeit zwischen allen Beteiligten, um dem Kunden das gewünschte Maß an Kundenservice zu garantieren. Das Selbstverständnis eines Unternehmens als ein Konstrukt mit separaten, eigenständigen Abteilungen errichtet aber Barrieren und Schwierigkeiten, die nur ein gemeinsames Konzept überwinden kann.

Harmons Sicht auf Unternehmen und Prozesse

Der Unternehmer Paul Harmon[15] entwickelte 2007 ein Unternehmensmodell, das eine alternative Sicht auf Unternehmen bietet. Neben der internen Ansicht wird auch die Außenwelt, die in Interaktion zum Unternehmen steht, dargestellt. Zunächst werden in dem Modell die externen Faktoren, die das Unternehmen beeinflussen, betrachtet, um dann die internen Geschäftsprozesse zu analysieren.

Die vier außerhalb des Unternehmens liegenden Bereiche zeigen die Umgebung, die berücksichtigt werden muss, da sie den Kontext, in dem das Unternehmen tätig ist, definiert.

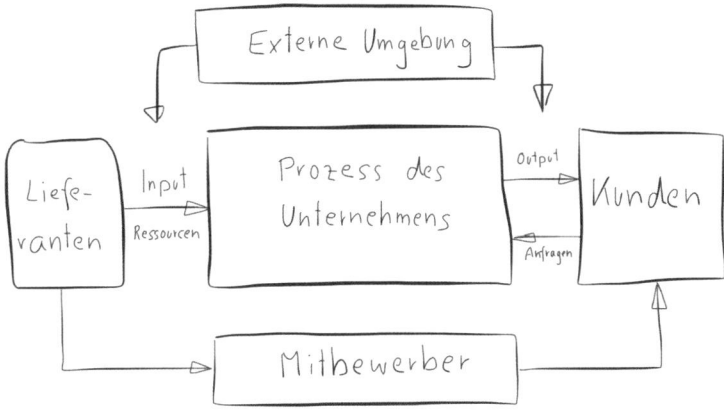

Diese vier Bereiche sind:

1. **Lieferanten**, die die nötigen Ressourcen für die Prozesse liefern: Damit sind nicht nur die Lieferanten physischer Materialien gemeint, sondern auch Wissensarbeiter.

2. **Begünstigte des Unternehmens:** Das Ziel eines Unternehmens ist es, dass die Kunden, die die Produkte und Dienstleistungen kaufen, stets zufrieden sind. Um eine umfassendere Sicht auf den Kontext einzunehmen, müssen wir den Blick auch auf die Eigentümer und Stakeholder des Unternehmens ausweiten. Je nach Art des Unternehmens variieren diese Personen: In einem kommerziellen Unternehmen können das zum Beispiel Aktionäre sein, während bei NGOs für gewöhnlich ein Kuratorium die Geschicke des Unternehmens interessiert verfolgt. Jede Gruppe der Begünstigten erwartet, die Ergebnisse, die das Unternehmen liefert, zu kennen und zu verstehen. Leider stehen die Ergebnisse und Erwartungen häufig in einem Konflikt zueinander. Einerseits wollen die Kunden möglichst niedrige Preise, andererseits wünscht sich jeder Aktionär möglichst hohe Dividenden, die nun mal das Ergebnis höherer Preise sind.

3. **Konkurrenten der gleichen Branche oder des gleichen Geschäftsbereichs:** Traditionell gesehen ist jedes Unternehmen, das im

selben Markt agiert, ein Konkurrent. Im vorliegenden Modell umfasst die Konkurrenz aber auch noch jene Unternehmen, die Wissensarbeit, Ideen und Fachressourcen liefern sowie den Kundenstamm erweitern.

4. **Das externe Umfeld**, das das Unternehmen beeinflussen kann, wie die Änderung von Regelungen, Wirtschaft oder Umweltthemen.

Harmons Modell beachtet also vor allem auch den Kontext, in dem sich der Nutzer bewegt. Im Design Thinking ist es wichtig, dass wir genau diese Komponente miteinbeziehen. Das externe Umfeld beeinflusst das Verhalten des Kunden, aber auch die Flexibilität eines Unternehmens enorm. Wenn zum Beispiel das Unternehmen darauf spezialisiert ist, den Kunden jeden Wunsch quasi von den Augen abzulesen und schnellstmöglich darauf zu reagieren, dürfen keine langen Entscheidungsprozesse notwendig sein. So muss der Mitarbeiter dann selbst entscheiden dürfen, wann er dem Kunden einen Rabatt ausstellt und wann es besser ist, ihn an eine Hotline etc. zu verweisen.

Um diese externen Faktoren einschätzen zu können, ist es wichtig, nach Antworten auf Fragen zu suchen, wie:

- Welche Ressourcen brauchen wir, damit der Prozess funktioniert? Gibt es reichlich davon oder sind sie eher Mangelware?
- Wer sind die wichtigsten Konkurrenten für das Unternehmen? Welche funktionierenden Prozesse haben sie? Könnten wir diese bei uns auch einsetzen und wie müssten wir sie dazu anpassen oder verbessern?
- Gibt es noch andere externe Rahmenbedingungen, die unsere Lösung einschränken können oder die uns in der Art und Weise, wie wir zukünftig in Prozessen arbeiten wollen, behindern könnten?
- Wer sind die Stakeholder? Wen müssen wir wie zufriedenstellen? (Vor allem diese Frage ist nicht immer einfach zu beantworten!)
- Wer genau sind die Nutzer und die Kunden des Unter-

nehmens? Was verlangen sie vom Unternehmen? Was sind ihre Bedürfnisse?

Wenn Prozesse innerhalb eines Unternehmens optimiert werden sollen, müssen auch die externen Faktoren beachtet und die Abläufe im Geschäftskontext bedacht werden. Dadurch bekommen Sie eine schnelle und günstige Übersicht, welche Änderungen tatsächlich den erhofften Erfolg liefern werden und wo noch Optimierungsbedarf besteht.

Eine andere Sichtweise auf Prozesse

Da wir nun eine Definition und die Umstände, wann Prozesse sinnvoll sind, erarbeitet haben, können wir uns die Reaktionen eines Unternehmens auf diese externen Begebenheiten näher ansehen.

Wenn wir bedenken, dass das vorgestellte Modell von Paul Harmon eine High-Level-Sicht der Prozesse ist, die im gesamten Unternehmen ablaufen, ist es sinnvoll, wenn wir die Ausgänge der Prozesse aufzeigen, die aus den Inputs der Lieferanten Outputs für die Kunden generieren. Dadurch wird es möglich, High-Level-Prozesse durch die Diskussion mit Mitarbeitern und Führungskräften eines Unternehmens zu identifizieren.

Eine Prozesslandkarte eines Unternehmens entsteht durch eine Reihe an Aktivitäten, die zusammen einen Nutzen oder Mehrwert für die Kunden liefern. Jeder Prozess bekommt zunächst einen Input, den er dann nach und nach in einen Output umwandelt.

Wenn wir nun einen Prozess abbilden wollen, beginnen wir am besten damit, dass wir dieser Struktur folgen.

Es ist zunächst jedoch notwendig, dass wir zwischen einer Prozesslandkarte und einem Prozessmodell unterscheiden.

Prozesslandkarten bilden verschiedene Sets von miteinander verbundenen Prozessen in einem einzigen Diagramm ab. Jeder Prozess wird als Kästchen dargestellt. Die Pfeile dazwischen zeigen die jeweilige Abhängigkeit zwischen den einzelnen Prozessen. Prozessmodelle zeigen dagegen eine detailliertere Ansicht von jedem einzelnen Prozess.

Für diese Unterscheidung und um ein besseres Verständnis für die vorliegenden Prozesse zu bekommen, sind folgende Überlegungen hilfreich:

- Was ist das Kerngeschäft, das im Herzen des gesamten Prozesses steht? Was soll geliefert / erreicht werden? Was ist die Aufgabe des Prozesses? Das können Dinge sein, wie zum Beispiel etwas zu buchen oder Ware zu verkaufen.
- Welche Prozesse beliefern den Kernprozess mit Input? Was ist alles notwendig, damit Sie am Ende das Ziel erreichen können? Welche Schritte müssen bedacht werden (z. B. Termine anlegen oder Waren produzieren)?
- Gibt es Prozesse, die mit der Bereitstellung der Produkte oder der Dienstleistungen an den Kunden zusammenhängen? Was brauchen Sie alles, damit die Waren zum Zielkunden kommen? Welche Prozesse sind notwendig, damit der gewünschte Vorgang erfolgreich abgeschlossen werden kann? Das kann zum Beispiel die Bestätigung des Termins sein oder auch die Lieferung der bestellten Ware.
- Auch Bereiche wie Vertrieb, Marketing und Kunden-Service sollten Sie in Ihre Überlegungen miteinbeziehen.

Auch wenn Sie an diesem Punkt vielleicht nicht alle Einzelheiten eines jeden Prozesses herausgefunden haben, können Sie die Ereignisse, die letztlich zu diesem Prozess führen, den Kunden und das gewünschte Ergebnis benennen.

Dazu ein Beispiel aus meiner Design-Thinking-Beratung:

Die Design Challenge drehte sich darum, dass ein Unternehmen seinen Mitarbeitern einen Mehrwert liefern wollte. Nachdem ich mit dem Team vor Ort den gesamten Design-Thinking-Prozess durchlaufen hatte, wurde eine Idee ausgewählt: Die Mitarbeiter sollten ihre eigene Bibliothek bekommen, in der sie selbst Bücher bestellen und jederzeit unkompliziert ausleihen konnten. Wir brauchten also einen Prozess, der die Ausgabe der ausgeliehenen Bücher darstellte.

Es wurde eine Datenbank programmiert, die sowohl alle bereits verfügbaren Bücher sowie die Mitarbeiter erfasste. Die HR-Abteilung sollte detailliert alle stattfindenden personellen Veränderungen einmal in der Woche an die Bibliothek weitergeben, um diese Liste ständig auf dem neuesten Stand halten zu können. Die Kunden waren also gleichzeitig die registrierten Mitarbeiter, aber auch die HR-Abteilung, die neue Mitarbeiter registriert und die alte Mitarbeiter herausgelöscht haben will.

Die gewünschten Ergebnisse waren einerseits das erfolgreiche Hinzufügen in die Liste und andererseits die korrekte Entfernung der Mitarbeiter aus der Liste innerhalb eines vereinbarten Zeitraums. Sobald ein Buch ausgeliehen worden war, musste es wieder zurückgebracht werden – der nächste Prozessschritt. Wenn dieses Ereignis versäumt wurde, sollte innerhalb einer gewissen Zeitspanne automatisch eine Erinnerung ausgeschickt werden.

An diesem Beispiel ist zu sehen, wie äußerst nützlich eine Prozesslandkarte ist, sobald es darum geht, grob die Grenzen eines jeden Prozesses aufzuzeigen. Wenn wir das Beispiel der Bücherei näher betrachten, endet der Prozess »Erinnerung aussenden« durch das Absenden der Mahnung. Der Schritt der Annahme der Rücksendung gehört schon nicht mehr zu diesem Prozess. Wenn wir den Prozess »Buch ausleihen« betrachten, ist der Kunde hier der Mitarbeiter, der das Buch ausleiht, und das Prozessziel ist dann erreicht, wenn der Mitarbeiter erfolgreich das Buch ausgeliehen hat. Diese in diesem Prozess angewandten Maßnahmen decken sich in der Regel mit der Geschwindigkeit und Genauigkeit dieser Aktion.

Ein alternativer Ansatz: Die Wertschöpfungskette

Ein alternativer Ansatz, um eine Prozesslandkarte aufzubauen, ist, wenn Sie sich zunächst die einzelnen Produkte und Dienstleistungen ansehen, um dann zu überprüfen, welche Prozesse erforderlich sind, um diese Produkte und Dienstleistungen auch zu liefern.

Michael Porters[16] Wertschöpfungskette ist dazu eine hilfreiche Technik, weil sie dabei hilft, unser Denken zu strukturieren und möglicherweise Bereiche im Prozess zu identifizieren, die wir vielleicht verpasst haben. Dieses Konzept eignet sich deshalb dazu, High-Level-Prozesslandkarten für Ihr Unternehmen zu entwickeln – mithilfe dieser Methoden können Sie die verschiedenen Tätigkeiten eines Unternehmens aufschlüsseln. Die Wertschöpfungskette zeigt die wichtigsten Bereiche der grundlegenden und weiterführenden Aktionen, die nötig sind, um den Kunden Nutzen zu liefern und das Unternehmen auch von möglichen Konkurrenten zu differenzieren.

Bei Verwendung der Wertschöpfungskette ist es in der Regel am einfachsten, wenn Sie bei den Abläufen – dem Herz Ihrer Wertschöpfungskette – starten und dann die anderen Bereiche dazustellen. In unserem Beispiel mit der Bibliothek haben wir eine Abteilung, deren Primäraktivität der Verleih von Büchern ist. Das ist allerdings nur dann möglich, wenn es Bücher gibt, die ausgeliehen werden können. Das ist die sogenannte Inbound-Logistik-Aktivität. Die Outbound-Logistik-Aktivität betrifft die Auslieferung der Bücher an die Mitarbeiter. In der HR- und Marketing-Abteilung wird dieser Service gefördert, und es werden Bestellungen und Wünsche für neue Literatur entgegengenommen. Die Dienstleistungstätigkeit umfasst die Unterstützung des Kunden, die Beantwortung

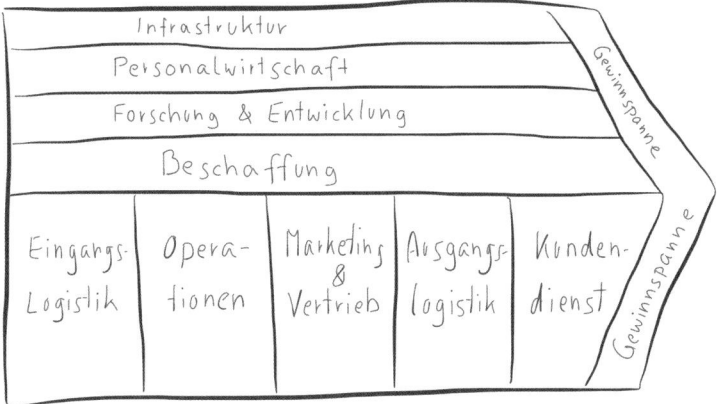

möglicher Fragen und die Bearbeitung von Beschwerden. Die Definition der Wertschöpfungskette geht davon aus, dass Sie bereits ein Verständnis für Ihren Kunden haben und wissen, warum er bestimmte Produkte oder Dienstleistungen kauft. Eine Wertschöpfung umfasst laut dieser Definition Produkte oder Dienstleistungen eines Unternehmens, die dem Kunden demonstrieren, dass er verstanden wurde und dass das Unternehmen seine Bedürfnisse befriedigen kann. Außerdem unterscheidet es die diversen Unternehmen von deren Mitbewerbern. Leider liefern die meisten Unternehmen unbefriedigende Nutzenversprechen, die die Leistung langweilig beschreiben und wenig an den eigentlichen Bedürfnissen der Kunden ausgerichtet sind.

Wichtige Faktoren für die Umsetzung von Wertversprechen

Kaplan und Norton, die Väter der Balanced Business Scorecard, haben die drei wichtigsten Eigenschaften identifiziert, die Sie für die erfolgreiche Umsetzung eines Wertversprechens brauchen. Das sind auch die Treiber, die die Kundenzufriedenheit, Kundengewinnung und Kundenbindung erhöhen.

Produkt- und Service-Attribute, die das Produkt selbst definieren

Darunter wird die Funktionalität bzw. das, was das Produkt oder die Dienstleistung ausmacht, sowie der Preis, der dafür berechnet wird, und die Qualität des Produktes / Services verstanden. Auch die Frage, ob der Kunde zwischen einem einfachen, standardisierten oder einem auf seine speziellen Bedürfnisse zugeschnittenen Produkt wählen kann, sowie die zeitliche Verfügbarkeit von Reaktionen und Markteinführungen fallen in den Bereich der Produkt- und Service-Attribute.

Kundenbeziehungsaspekte

Diese Aspekte beeinflussen, wie ein Kunde sich während des Kontaktes mit dem Unternehmen fühlt. Zum Beispiel kann eine Supermarktkette den Fokus besonders auf die leichte Erreichbarkeit der einzelnen Filialen legen oder auf die speziell geschulten Mitarbeiter als herausragenden Service verweisen.

Image-Aspekt

Das Image kann sich auf das Produkt oder die Dienstleistung beziehen, das vor allem mithilfe von teuren Werbemaßnahmen und umfangreicher Verkaufsförderung auf die gewünschten Eigenschaften hinweist. Alternativ kann ein Unternehmen sein Image in Bezug auf den Kunden entwickeln. Ein Modeladen kann beispielsweise Werbung dazu verwenden, um sichtbar zu machen, dass besonders attraktive Menschen dort einkaufen. Die Botschaft dahinter lautet dann: »Wenn Sie unsere Kleidung kaufen, werden Sie genauso attraktiv und erfolgreich sein wie die Menschen auf dem Bild in der Anzeige.«

> Es hilft, Wertversprechen zu verstehen, weil sie zeigen, was ein Unternehmen braucht, um den Kunden zu erreichen, und inwiefern Prozesse für solche Aktivitäten für das Unternehmen überlebenswichtig sind.

Ein Unternehmen kann sich prinzipiell auf drei verschiedene Arten von anderen unterscheiden. Es kann …

… das effizienteste sein.
… das mit den besten Produkten sein.
… besonders kundenorientiert agieren.

Effizienz bedeutet in diesem Fall, dass das Unternehmen hohe Stückzahlen mit möglichst geringen Kosten produziert, um die Dienstleistung oder das Produkt möglichst günstig anzubieten, wie beispielsweise Anbieter von Billigflügen. Ein Unternehmen kann aber auch beste, hochqualitative Produkte anbieten, indem es nicht die Qualität erhöht, sondern innoviert und neue Produkte einführt, bevor die Konkurrenz ihm zuvorkommt. Oder es setzt auf ein hohes Maß an Kundenservice und auf Flexibilität. Das Produkt oder die Dienstleistung wird dann, je nach Bedürfnis des Kunden, angepasst und der Mitarbeiter so geschult, dass er sofort auf das sich ändernde Kundenbedürfnis reagieren kann. Die besten Beispiele dafür finden Sie in der Freizeitindustrie, wo sich die Anbieter fast schon mit ihren Versprechen übertreffen, die Bedürfnisse ihrer Kunden zu erfüllen.

Bei der Erstellung einer solchen Prozesslandkarte hilft das Verständnis, das Sie mithilfe des Design Thinking erworben haben, enorm weiter. Nicht nur bei der Optimierung oder dem Neuaufbau eines Prozesses, sondern auch, weil Sie dadurch den Fokus und die eigentlichen Ziele der vorhandenen Prozesse bzw. die Strategie des Unternehmens wirklich verstehen können. Viele meiner Kunden sind zum Beispiel stolz auf ihren wirklich ausgezeichneten Kundenservice. Dazu müssen dann aber auch die entwickelten Prozesse passen, damit sichergestellt werden kann, dass dieser Service tatsächlich und stets ausgezeichnet ist.

Viele Unternehmen vergessen, ihre Prozesse von Beginn an so auszurichten, dass die Perspektive des Kunden berücksichtigt wird. Kunden wissen in der Regel, was sie erwarten, und wählen das Unternehmen, das ihren Bedürfnissen am ehesten gerecht wird.

Das Verständnis, was der Kunde wünscht, hilft dem Unternehmen dabei zu überprüfen, inwiefern sich das mit dem Unternehmenswert deckt, und zeigt die Bereiche der Geschäftsprozesse auf, die von der Verbesserung profitieren würden.

Prozessmodelle im Design Thinking

Ein Prozess wird normalerweise durch ein Ereignis im Unternehmen ausgelöst und umfasst im Wesentlichen diese sechs Komponenten:

1. die Aufgaben, die den Prozess ausmachen
2. den Prozessablauf
3. die Entscheidungszeitpunkte
4. die involvierten Akteure
5. die Durchführung der Aufgaben
6. das Ergebnis des Prozesses

Wie bereits erwähnt, gibt es leider keine einheitliche Definition und so werden die Begriffe »Prozess«, »Tätigkeit«, »Aufgaben« und »Schritte« oft synonym verwendet. Zur Erinnerung: Ich definiere in diesem Buch Prozesse als eine Reihe von Aktivitäten, die mit einem auslösenden Ereignis beginnen und mit der Zustellung des Ergebnisses enden. Eine Aufgabe ist eine spezielle Tätigkeit im gesamten Prozess, die in der Regel von einem Mitarbeiter an einem bestimmten Punkt im Laufe dieses Prozesses durchgeführt wird. Ein Schritt bezieht sich auf die Aktivitäten, die innerhalb einer speziellen Aufgabe durchgeführt werden. Es ist sinnvoll, nur die Aufgaben im Prozessmodell aufzuzeigen – anstatt jeden einzelnen Schritt extra. So wird das Modell lesbar und übersichtlich. Sie können dadurch auch einfach Aufgabenbeschreibungen ableiten, in denen die einzelnen Schritte in jeder Aufgabe aufgeschlüsselt sind.

Es ist immer ratsam, nur eine begrenzte Anzahl an Symbolen für die Aufzeichnung eines Prozessmodells zu verwenden. Das hilft Ihnen bei der Kommunikation mit anderen Personen. Die Lesbarkeit der Modelle wird verbessert, wenn jeder Prozess und jede Aufgabe im Substantiv-Verb-Format aufgeführt wird. Dabei soll der Name beschreiben, was der Prozess oder die Aufgabe beinhaltet. Die Aufgabe »Buch finden« ist ein gutes Beispiel: Es beschreibt klar und eindeutig, welche Aktivität durchgeführt wird, und zeigt an, wie die Situation beendet wurde (»Buch gefunden«).

Ein wesentlicher Vorteil eines Prozessmodells ist, dass alle Beteiligten leicht ihre Beiträge im gesamten Prozess sehen können. Eine Faustregel ist, dass separate Aufgaben gezeigt werden. Jeder Task ist eine einzige Aktion, bei der ein Eingangssignal von dem vorhergehenden Akteur dem nachfolgenden Akteur weitergegeben wird. Der Arbeitsablauf von einem Akteur zum anderen wird Übergabe genannt. Es ist wichtig zu analysieren, wo diese Übergabemomente auftreten, da sie oft Probleme verursachen.

Probleme können mit »as is« identifiziert werden, aber oft ist es dabei notwendig, mehr ins Detail zu gehen, um wirklich zu verstehen, wie der Prozess funktioniert und was falschläuft.

Vor allem folgende Aspekte sollten für jede Aufgabe berücksichtigt werden:

- der Auslöser oder das Ereignis, das die Aufgabe initiiert
- die Eingänge zur Aufgabe, einschließlich der Informationen, die erforderlich sind, um die Aufgabe auszuführen
- Ausgänge der Aufgabe
- Kosten, die dabei besonders relevant sind
- Maßnahmen und Standards
- eine detaillierte Aufschlüsselung der Schritte innerhalb der Aufgabe
- Rahmenbedingungen, die beachtet werden müssen

Die Dokumentation dieser Aspekte wird Ihnen bei der Identifikation von möglichen Problembereichen und der Umsetzung Ihrer Verbesserungsmöglichkeiten helfen. Eine Textbeschreibung kann für viele Aufgaben ausreichen, aber wo die Schritte und Geschäftsregeln komplexer sind, hilft eine visuelle Stütze enorm weiter.

In der Praxis gibt es verschiedene Arten der Notation wie UML oder BPMN. Im Design Thinking arbeite ich aber vornehmlich mit Prototypen und visuellen Hilfestellungen. Das hat den Grund, dass sonst komplizierte und unübersichtliche Diagramme gezeichnet werden. In der Regel wird nämlich mindestens ein Schritt nachgetragen, da dieser bei der Aufzählung vergessen wurde. In der Praxis verwende ich daher keine Programme, sondern arbeite am effektivsten mit Haftzettel-Notizen und ein paar Fäden und bilde so die Modelle an der Wand ab. Neben der besseren Übersicht können Sie so schnell und einfach die verschiedenen Aufgaben und Schritte verschieben und anpassen.

Prozessmodelle helfen Ihnen also dabei, Problemstellungen innerhalb von Prozessen zu identifizieren.

Die häufigsten Fehlerquellen in Prozessen

Wie bereits erwähnt, ist die Übergabe eine häufige Fehlerquelle in Prozessen. Eine übersichtliche Darstellung der einzelnen Schritte ist ein großer Gewinn, gerade wenn es um die Optimierung von Prozessen geht. Je besser die Übergabe der einzelnen Schritte beschrieben ist, desto mehr Probleme fallen weg, die meistens durch Verzögerungen, Kommunikationsfehler und Engpässe auftreten.

Eine weitere Ursache für Verzögerungen bei einer Übergabe ist eine schlecht geplante Ressourcenauslastung bezogen auf den Durchlauf. Vor allem, wenn Transaktionen unerwartet auftreten, kommt es zu vermehrten Wartezeiten. Je mehr Sie dann noch versuchen, die Mitarbeiter optimal einzusetzen, desto länger werden die Wartezeiten – weil der gewohnte Ablauf umgedreht wird und ein Umdenken stattfinden muss. Das betrifft nicht nur Fertigungssysteme in Fabriken, sondern auch Prozesse in Banken. Obwohl beide Prozesse auf den ersten Blick unterschiedlich zu sein scheinen, haben beide es mit den gleichen Arten von Problemen zu tun.

Es gibt aber auch andere Probleme bei Prozessen, die oft dadurch verursacht werden, dass Daten von einem System in ein anderes übertragen werden sollen. Nehmen wir als Beispiel eine Excel-Tabelle, die von einer Person mit viel Mühe erstellt wurde. Innerhalb einer bestimmten Transaktion werden dann die Daten neu formatiert, um den Anforderungen der Software zu entsprechen. Wenn dann Fehler auftauchen, die durch die manuelle Eingabe schnell passieren können, kostet eine anschließende Korrektur der Fehler zusätzliche Zeit und Ressourcen.

Wenn nun das Ergebnis Ihres Design-Thinking-Prozesses eine Optimierung eines vorhandenen Prozesses ist, setzen Sie zunächst bei diesen Fehlerquellen an. Meistens können Sie bereits an solchen Stellen viel Geld und Zeit einsparen.

Laufende Änderungen

Ein weiterer Grund für Probleme bei vorhandenen Prozessen ist, dass sie meistens über einen sehr langen Zeitraum eingesetzt werden. Während dieser Zeit können sie sich auf unsystematische Weise verändert haben, vor allem, wenn sie auf neue Geschäftsanforderungen reagieren mussten. In den seltensten Fällen wurde bei einer Anpassung von Prozessen dieser als ganzer betrachtet. Als Ergebnis bekommen Sie viele Inkonsistenzen. Achten Sie deswegen bei einer Analyse von Prozessen auf Probleme, die mit der Zeit aufgetreten sind, zum Beispiel als Folge von …

1. doppelter Arbeit

Einige Aufgaben wurden vielleicht bereits von einer anderen Person durchgeführt, oder die gleichen Informationen existieren bereits an einem anderen Ort.

2. fehlender Standardisierung

Viele Unternehmen haben erst im Laufe der Zeit die Wichtigkeit von effektiven Prozessen erkannt. Dadurch wurde weniger Wert auf die exakte Durchführung von Prozessen gelegt. Andere Filialen und weitere Depots von Unternehmen haben die Prozesse so interpretiert, dass sie auf ihre Bedürfnisse gepasst haben, und diese implementiert. Vielleicht waren die Unternehmen tatsächlich so aufgebaut, dass sie dezentral geleitet wurden, allerdings konnten so die einzelnen Filialen schlecht kontrolliert und zentral geführt werden bzw. war es schwer bis ganz unmöglich, sie zu integrieren.

3. inkonsistenten Messungen und Kontrollen

Der Prozess-Ansatz hat dazu geführt, dass sowohl standardisierte Tätigkeiten als auch Dienste, wie der Kundenservice, besser gemessen werden können. Wenn sich aber nun ein Prozess im Laufe der Zeit geändert hat, haben sich auch dessen Messwerte geändert oder die Werte sind nicht mehr relevant oder widersprechen plötzlich anderen Werten.

Optimierung von Prozessen

Bei der Optimierung von Prozessen geht es im Grunde darum, dass Sie Probleme, die im momentanen Ist-Zustand auftreten, erfolgreich eliminieren. Es geht dabei aber auch darum, sich zu fragen, ob ein Prozess so aufgebaut ist, dass er sich selbst einschränkt. In diesem Abschnitt beschreibe ich einige häufig verwendete Ansätze aus dem Design Thinking, die zur Verbesserung der Prozesse beitragen können. All diese Ansätze setzen voraus, dass Sie bereits durch die vorherigen Schritte im Design Thinking ein einheitliches Verständnis im Team aufgebaut haben, was das eigentliche Problem ist und wie es zum Wohle des Nutzers / Kunden gelöst werden kann.

Vereinfachung der Prozesse

Sie können Prozesse vereinfachen, indem Sie unnötige Teile und Aspekte eliminieren. Bestimmte Aufgaben innerhalb eines Prozesses können zu Beginn der Prozesseinführung durchaus erforderlich gewesen sein, sind aber vielleicht zu einem späteren Zeitpunkt überflüssig geworden. Beispielsweise können Berichte immer noch erstellt werden, obwohl sie niemand braucht oder sie irgendwie nützen. Die Beseitigung dieser Aufgaben reduziert laufende Kosten und Ressourcen, und es werden unnötige Übergaben und Verzögerungen verringert.

In einem Projekt habe ich eine Vereinfachung so realisiert, dass ich eine Reihe von Aufgaben, die von verschiedenen Mitarbeitern durchgeführt wurden, zu einer einzigen zusammengefasst habe, die ein einzelner Mitarbeiter locker geschafft hat. Dadurch wurde einerseits die Anzahl der Übergangsschritte auf ein Minimum reduziert, andererseits konnte ich so die Wahrscheinlichkeit von Fehlern bei der Durchführung eliminieren, da nur noch ein Mitarbeiter verantwortlich für die Aufgabe war.

Engpässe beseitigen

Engpässe entstehen dann, wenn es zu einer Abweichung der Kapazitäten von den dazugehörigen Aufgaben kommt. Das kann zum Beispiel dann der Fall sein, wenn die Aufgabe A darin besteht, zehn Transaktionen pro Stunde durchzuführen, das Programm Z aber nur neun dieser zehn Transaktionen pro Stunde ausführen kann. In diesem Beispiel können Sie schnell erkennen, dass die Ressourcen des Programms Z nur erhöht werden müssten. In der Realität sind die Prozesse allerdings viel komplexer und es bedarf einer genauen Analyse, um diese Engpässe zu identifizieren. Dabei können anspruchsvollere Prozessmodellierungswerkzeuge, aber auch

Design Thinking von Nutzen sein. Mithilfe des Design-Thinking-Prozesses simulieren Sie die Performance und Ressourcen-Anforderungen der vorgeschlagenen Verfahren und machen mögliche Anpassungen sichtbar.

Änderung der Reihenfolge der Aufgaben

Ist-Prozesse können oft zu ihrem Ursprung zurückverfolgt werden. Auch wenn die meisten nun durch computerbasierte Informationssysteme unterstützt werden, sind sie oft nur eine aktualisierte Version der ursprünglich aufgeschriebenen Version des gleichen Prozesses. Das kann aber leider auch dazu führen, dass der Prozess bei der Übertragung unbeabsichtigt und unbewusst seine Grenzen erreicht hat. Typischerweise gibt es nur eine Kopie einer Transaktion. In den meisten Fällen ist diese Kopie auf einem Papier, was bedeutet, dass lediglich eine einzige Person mit dieser Information arbeiten kann. Infolgedessen sind die Prozessaufgaben sequenziell angeordnet, auch wenn es vielleicht keine logische Abhängigkeit zwischen ihnen gibt.

Design Thinking befreit Sie von diesen Beschränkungen. Selbst wenn die Transaktion nur auf einem Papier existiert, kann sie eingescannt und elektronisch verteilt werden. Das führt zu einer drastischen zeitlichen Reduktion des Gesamtprozesses. Auch können mithilfe der IT bereits etliche Prozesse automatisiert werden.

Neugestaltung der Prozesse

Mitunter ergibt es durchaus Sinn, einen Prozess vollkommen neu zu gestalten. Dazu empfiehlt es sich, dass Sie zunächst die jeweiligen Aktivitäten identifizieren, die diesen Prozess überhaupt auslösen und nutzen, bis das Ergebnis geliefert werden kann. Danach fügen Sie die jeweiligen Mitarbeiter in diesen Prozess ein, damit diese die Aufgaben durchführen. Dieser Ansatz hilft Ihnen, weitere Optionen für den neu gestalteten Prozess zu entdecken. Einige dieser Optionen sind womöglich nicht praktikabel oder geeignet. Allerdings hilft Ihnen hier die Haltung als Design-Thinking-Experte weiter: Durch den Aufbau auf bereits bestehenden Ideen wird ihr Fokus größer, und Sie sehen weitere Möglichkeiten, die Sie vielleicht vorher nicht bedacht haben.

Prozessgrenzen neu definieren

Die Grenze eines Prozesses neu zu definieren, kann bedeuten, dass Sie über Erweiterungen oder Reduzierungen der durchgeführten Aktivitäten nachdenken. Das ist ein gemeinsames Konzept von vielen Unternehmen, bei dem sie Aufgaben oder ganze Prozesse an andere Spezialisten auslagern.

Eine Alternative zu diesem Ansatz ist, die Prozessgrenzen neu zu definieren, indem Sie einen Design-Thinking-Prozess durchlaufen. Dadurch bekommen Sie und Ihre Mitarbeiter eine neue Sichtweise auf die Aufgaben und Abläufe. Oder Sie suchen sich eine externe Unterstützung in Form eines Freelancers. Dank des Internets ist eine solche Auslagerung bereits vollkommen unkompliziert geworden und zudem meist noch kostengünstiger, als direkt im Unternehmen das Wissen zu sammeln.

Die meisten Unternehmen nutzen auch das Intranet, um unkompliziert die Zugänge und Zugriffe zu erweitern, beispielsweise indem Mitarbeiter Zugriff auf elektronische Datenbanken bekommen und nicht mehr mit gedruckten Dokumenten arbeiten müssen.

Geschäftsprozesse sind komplex. Das erkennen wir spätestens dann, wenn wir etwas verstehen oder verbessern wollen. Obwohl wir überprüfen, welche Schritte in einem Prozess passieren müssen und wie diese mit IT-Systemen unterstützt werden können, gibt es viele weitere Faktoren, die den Erfolg eines Prozesses beeinflussen. Die meisten Verfahren beziehen Menschen mit ein – und es gibt viele Gründe, warum Menschen nicht mit maximaler Effizienz arbeiten. Vielleicht sind sie nicht richtig ausgebildet worden, um diese spezielle Aufgabe auszuführen. Oder sie verstehen nicht, wie ihre Aufgabe in den Gesamtprozess passt, sodass sie bei Problemen und neuen Herausforderungen nicht wissen, wie sie damit umgehen können. Vielleicht ist auch die Motivation der Mitarbeiter nicht die beste. Egal, welche Gründe auf Ihr Unternehmen zutreffen: Es ist wichtig sicherzustellen, dass die Prozesse, die Menschen und die Unternehmensstruktur miteinander harmonieren, um optimal zu arbeiten.

Menschen in Projekten und Prozessen: Herausforderungen in Unternehmen neu begegnen

Wir haben nun einen gemeinsamen Überblick über die Definition von Prozessen, wissen, warum sie für den Erfolg eines Unternehmens wichtig sind und welche Probleme dabei auftreten können. Vereinfacht können wir sagen, dass es im Prozessmanagement vor allem darum geht, bestimmte Tätigkeiten in Unternehmen möglichst weitgehend zu standardisieren, um dadurch effizienter und effektiver arbeiten und die betriebliche Wertschöpfung direkt oder indirekt steigern zu können. Prozesse wiederholen sich kontinuierlich.

Projekte andererseits sind eine Arbeits- oder Organisationsform, um komplexe und / oder neuartige Aufgaben zu bewältigen. Der Unterschied zu Prozessen liegt vor allem darin, dass Projekte nicht wie Prozesse wiederkehrend, sondern einmalig stattfinden sollten. Design Thinking ist eine Methode, um Prozesse zu optimieren und aufzusetzen, sollte aber eher im Rahmen eines Projektes eingesetzt werden.

Nun ist es an der Zeit, über den Nutzen von Design Thinking in Projekten zu sprechen.

Ich werde oft dann beauftragt, wenn Projekte bereits in Schieflage sind und schnell eine gute Lösung her muss. Oder auch, wenn es darum geht, Scherben aufzusammeln und neu zu beginnen. Die Erfahrung hat mir gezeigt, dass das eigentliche Problem in erster Linie nicht eine Frage des richtigen Projektmanagements ist.

Von Anfang an zum Scheitern verurteilt

Jedes Projekt muss von Anfang an eine solide Grundlage haben, wenn es erfolgreich sein soll.

Design-Probleme können leicht behoben werden. Wenn bestimmte Skills fehlen, kann das ebenfalls schnell geändert werden. Auch Probleme im Projektmanagement können ohne allzu viel Mühe repariert werden. Wenn das Projektfundament jedoch schwach ist, die Ziele unrealistisch sind oder Komponenten fehlen, wird das Projekt selten glücken; die Erwartungen werden enttäuscht und das Budget überschritten.

Jedes Projekt muss einen Anstoß, formelle Ziele, die erreicht werden sollen, sowie ein realistisches Budget haben. Wenn das nicht der Fall ist, kann es von Anfang nicht gelingen.

Die Schaffung dieser Grundlage liegt im Verantwortungsbereich des Sponsors bzw. Projektauftraggebers. Der Projektmanager sollte das »Sicherheitsventil« für das Projekt, die Stakeholder und den Auftraggeber sein und beraten, wenn das Projekt vom Weg abkommt. Und: Er sollte die Projektziele hinterfragen.

Die grundlegenden Erfolgsfaktoren dafür sind:

- Gemeinsamer Konsens über die formalen Ziele
- Gemeinsamer Konsens über die Erwartungen
- Gemeinsamer Konsens über das Vorgehen
- Besprechung der Rahmenbedingungen
- Realistische Schätzung von Zeit, Ressourcen und Budget

- Verständnis für das Problem und das gewünschte Ergebnis
- Verständnis für die zu erbringenden Leistungen und dafür, wie sie eingesetzt werden
- Abkommen über die Art und Weise, wie Erfolg gemessen wird
- Zusammenarbeit – Verpflichtung aller Betroffenen im Projekt
- Verständnis für mögliche Einschränkungen

Ein Projekt schwebt bereits dann in Gefahr, wenn nur einer dieser Erfolgsfaktoren fehlt.

Der Risikograd ist natürlich auch abhängig vom Projekt und dem Unternehmen, aber er erhöht sich auf jeden Fall mit der Anzahl der fehlenden Erfolgsfaktoren.

Das Problem ist, dass sehr viele Menschen das Grundproblem einfach nicht kennen, aber glauben, dass sie die Lösung bereits wüssten. Sie wissen nicht, worum es geht, und meinen, dass das Projekt in Wahrheit keine große Sache ist. Das gilt sowohl für interne Mitarbeiter als auch für deren Manager und viele Beratungsunternehmen. Viele hinterfragen nicht die Ziele, Schätzungen und Annahmen und bereiten so dem Scheitern eine Bühne.

Tatsache ist, dass es sehr schwer ist, etwas erfolgreich zu machen, das von Vornherein nicht das richtige Ziel verfolgt. Es wird auch keinem Unternehmen helfen, ein Problem an einen externen Berater zu übergeben – es wird genauso schiefgehen, wie wenn es intern gelöst werden würde. Erfolg basiert auf den richtigen Kenntnissen, Fähigkeiten und Kreativität, aber bei einer schlechten Grundlage mit unrealistischen Erwartungen kann er sich einfach nicht einstellen.

Und hier setzt Design Thinking ein.

Der Weg zum Erfolg – mit Design Thinking

Jede Überlegung hinsichtlich Optimierungen sollte damit starten, herauszufinden, was das eigentliche Problem ist, wo genau es hakt. Die Herstellung eines gemeinsamen Konsenses innerhalb des Unternehmens mithilfe eines Projektes und durch Befragung und Beobachtung der Personen, die in und mit dem Prozess arbeiten, bietet einen Rahmen, um letztlich echten Mehrwert zu generieren. Sie müssen zunächst den Kontext in all seinen Schattierungen verstehen, wenn Sie Erfolg haben wollen!

Eine weitere Tatsache ist, dass Sie nur so viel Geld ausgeben können, wie Sie bekommen. Die Kosten sind immer ein Problem, aber wenn der Nutzen bekannt ist, wird dem Design-Thinking-Projekt innerhalb eines Prozesses gleich ein ganz anderer Wert zuteil und Prioritäten können neu gesetzt werden.

Der Markt orientiert sich neu und wird vor allem eines: immer schneller. Unternehmen müssen einen Wettbewerbsvorteil haben und die Möglichkeit bekommen, schnell zu reagieren. Gleichzeitig muss jedes Unternehmen die Kosten senken, dabei aber die Qualität verbessern.

Dazu ist es sinnvoll, Projektziele zu definieren, um die Erreichung des Nutzens auch messen zu können. Ohne klare Ziele wird der Erfolg durch die Meinung bestimmt werden. Das ist ein harter Weg.

Offensichtlich sind Schätzungen nur dann sinnvoll, wenn das Projekt auch optimal definiert wurde und die Ziele allen bekannt sind. Es gibt hier jedoch eine Falle: Projekte und deren Kosten werden oft falsch eingeschätzt. Ich habe immer wieder erlebt, dass Projekte sogar wissentlich unterschätzt werden, um sicherzustellen, dass dem Projekt zugestimmt wird. Aber auch das Gegenteil kommt oft vor, und Projekte werden überschätzt. Beide Fälle sind gefährlich und können durch Design Thinking vermieden werden: Dank des Design-Thinking-Prozesses bekommen Sie einen sehr billigen Prototyp, der nicht mehr auf Annahmen basiert, sondern der bereits so weit entwickelt ist, dass er an die jeweiligen Gegebenheiten des Unternehmens passt. Sie bekommen so eine Einschätzung von einem Ergebnis, das dann auch mit hoher Wahrscheinlichkeit vom Nutzer angenommen wird.

Ein weiterer Irrglaube ist, dass IT alle Probleme lösen kann bzw. dass Sie nur eine IT-Lösung brauchen, um ein Geschäftsproblem zu eliminieren. Die IT kann und wird die Grenzen der Lösung von ihrer Seite her festlegen, aber sie sollte nicht die Lösung diktieren. IT spielt in den meisten Projekten eine unterstützende Rolle. Die Frage ist einfach die der Perspektive und des Fokus. Jede Rolle im Unternehmen mit ihrem jeweiligen Know-how bringt ihre eigene Perspektive und ihre eigenen Ziele auf den Tisch. Es ist die Verschmelzung dieser Perspektiven, die die Grundlage für Innovation und Lösungen bietet.

Design Thinking im Prozessmanagement: Ziele, Abläufe, häufige Fehler, Kosten

Nachdem wir erörtert haben, was Prozesse überhaupt sind und warum sie für Unternehmen so wichtig sind, möchte ich Ihnen darlegen, warum sich Design Thinking im Unternehmensalltag bei der Optimierung von Prozessen als hilfreich erwiesen hat.

Prozesse, die am Ende keinen Mehrwert für den Endkunden erbracht haben, gelten zu Recht als misslungen. Durch die Eliminierung von überflüssigen Prozessen werden sowohl die Produktionszeit als auch Kosten reduziert.

Toyota hat beispielsweise ein Produktionssystem konzipiert, das Verschwendungen jeglicher Art vermeiden soll. Dieses System wird ständig weiterentwickelt. Der Entwickler davon ist Toyota Sakichi, der im Jahr 1902 außerdem den automatisch stoppenden Webstuhl erfunden hat. Damit hatte er die Basis für das Jidōka-Prinzip gelegt.

Der automatische Webstuhl war so entwickelt worden, dass, wenn einer der Ketten- und Schussfäden zerriss, der Webstuhl automatisch mittels eines eingebauten Maschinenteils stoppte und dadurch keine defekten Produkte mehr herstellte. Da die Ressourcen in Japan zu der damaligen Zeit sehr knapp waren, musste mit dem Vorhandenen sehr sparsam umgegangen werden. Verschwendungen mussten auf alle Fälle so gut es ging vermieden, vorhandene Prozesse und Abläufe optimiert und die Qualität musste gesteigert werden.

Der Erfinder des Toyota Production System, Taiichi Ohne, erkannte sieben Arten der Verschwendung, die später um eine achte erweitert wurden, nämlich die der Unterschätzung oder Nichtnutzung der Fähigkeiten von Mitarbeitern. Diese sieben Verschwendungsarten in Prozessen sind: Überproduktion, Materialbestände, Transporte und Laufwege, umständliche Bearbeitung, umständliche Bewegungen, Wartezeiten und Nachbearbeitung. Wie wir vorher schon festgestellt haben, sind Prozesse oft veraltet und müssen, um erfolgreich zu sein, die Silos im Unternehmen durchdringen.

Ich habe Ihnen bereits viele Vorteile von Design Thinking genannt. Die Methode hilft unter anderem Prozessen nicht nur bei der Erkennung der Problemlösung, sondern auch bei einer schnellen Umsetzung. Unmittelbare Vorteile aus dieser Methode beziehen sich auf Produktivität, Fehlerreduzierung und Lieferzeiten. Die langfristigen Vorteile sind Verbesserungen der finanziellen Leistung, der Kundenzufriedenheit und der Arbeitsmotivation. Auch eine Priorisierung der kritischen Projekte kann dank Design Thinking erfolgen.

Prozessorientierte Branchen mit klar definierten Wertschöpfungsketten – insbesondere solche mit Fertigungs- oder Lieferketten – nutzen bereits erfolgreich den Design-Thinking-Ansatz.

Wie können Sie Design Thinking im Prozessmanagement einsetzen?

Natürlich sollte Design Thinking im Idealfall Ihre Projekte vom Entwurf bis hin zur Implementierung und dem Betrieb begleiten. Nicht immer ist ein vollständiger Design-Thinking-Prozess möglich. Auf jeden Fall aber ist es sinnvoll, wenn Sie Workshops durchführen, die von Design Thinking inspiriert sind. Dazu setzen Sie die Methoden, Prinzipien und Techniken des Design Thinking ein und erzeugen so eine Hebelwirkung.

Im Rahmen des Designs von Geschäftsprozessen treten öfters folgende Situationen auf, die Sie mit Design Thinking gut bewältigen können (das ist auf keinen Fall eine vollständige Liste!):

- Sie müssen schnell Wissen über die Ist-Ausführung des Prozesses (einschließlich Prozessschritte, Entscheidungen, Rollen, Daten, Werkzeuge, Messdaten, Wertbeitrag etc.) sammeln.
- Sie wollen eine Zusammenarbeit zwischen verschiedenen Stabsstellen, Abteilungen und Stakeholdern fördern.
- Sie brauchen die Zustimmung von verschiedenen Stakeholdern.
- Sie wollen eine eigene Dynamik aufbauen, die die Akzeptanz eines neuen Verfahrens erhöht.
- Sie wollen Soll-Prozesse entwickeln.

> **Design Thinking hat viele verschiedene Vorlagen und Techniken, die wichtig für ein gutes Prozess-Design sind. Vor allem ist Design Thinking selbst eine Technik, die so schnell wie möglich nutzerzentrierte Ergebnisse in mehreren Kontexten erstellt.**

Bevor Sie anfangen

Bevor Sie mit der Arbeit an der Prozessgestaltung beginnen, prüfen Sie bewusst die Erwartungen des Auftraggebers. Es ist sehr wichtig zu verstehen, ob der Kunde einen hoch standardisierten Prozess möchte oder ob er nur bestimmte Teile des Prozesses implementieren will. Das sollte als Ausgangspunkt Ihrer Diskussion definiert werden. In einem ersten Gespräch möchten Sie vielleicht einen konkreten Vorschlag vorbringen und schauen, wie der Auftraggeber darauf reagiert. In einem zweiten Schritt erfordert das Vorgehen meist schon mehr Kreativität.

Folgende »Zutaten« werden Ihnen helfen, die notwendigen Aktionen und Vorbereitungen zu verstehen, die Sie für einen Workshop brauchen:

- Design Challenge
- Design-Thinking-Trainer / -Moderator
- Agenda
- Aufbau des Teams
- Vorbereitung
- Räumlichkeiten
- Zeitmanagement
- Erwartungshaltung

Design Challenge

Die Definition der richtigen Aufgabenstellung ist auch im Prozessmanagement von entscheidender Bedeutung, da sie den Workshop eingrenzt und dem Kunden ermöglicht, die notwendigen Ressourcen rechtzeitig zuzuweisen. Die Design Challenge sollte den tatsächlichen Bedarf zeigen. Das bedeutet, dass es nicht hilft, wenn Sie als Ausgang das »Redesign des Prozesses« nehmen. Fragen Sie nach dem Warum. Das offenbart Ihnen Konkretisierungen, wie »Redesign des Prozesses, um interaktive Szenarien für neue Mitarbeiter zu ermöglichen«.

Design-Thinking-Trainer / -Moderator

Design Thinking im Allgemeinen nutzt viele Methoden und Techniken, die in einem gewöhnlichen Rahmen manchmal seltsam anmuten können. Vor allem, wenn Teilnehmer eingeladen sind, die nicht daran gewöhnt sind. Achten Sie darauf, dass Sie einen erfahrenen Design-Thinking-Trainer als Vermittler dabei haben, der Zuversicht und Vertrauen ausstrahlt und Erfahrung im Umgang mit unsicheren Teilnehmern hat, um sie sicher in die richtige Richtung zu führen.

Aufbau des Teams

Design Thinking sucht immer nach einem vielfältigen Team-Setup, um für die Menschen im Unternehmen wünschenswerte Lösungen zu finden, die auch technisch und wirtschaftlich machbar sind. Wenn Sie nun einen Workshop mit sechs Entwicklern durchführen, werden Sie nicht die richtige Einstellung finden. Weder sechs Endnutzer noch sechs Projektmanager allein werden ein spannendes Ergebnis auf die Beine stellen. Vielmehr brauchen Sie verschiedene Positionen, wie den Endnutzer, Projektleiter, Software-Entwickler, Business-Analysten usw. in einem Team. Das stellt unter anderem sicher, dass Sie unterschiedliche Perspektiven auf die Herausforderung bekommen und so bessere Lösungen und Konzepte entwickeln. Eine gute Teamgröße liegt bei ca. fünf bis acht Teilnehmern.

Vorbereitung

Das Verständnis für den Kontext der Herausforderung ist ein zentraler Erfolgsfaktor. Es öffnet den Zugang zu verschiedenen Bereichen des Projektes. Wenn eine Untersuchung vor Ort nicht durchgeführt werden kann, sorgen Sie für ein Set-up, in dem ein (möglichst ungezwungener) Austausch möglich ist.

Agenda

Die Agenda besteht aus den verschiedenen Phasen des Design-Thinking-Prozesses. Innerhalb jeder Phase gibt es verschiedene Techniken, die Sie verwenden können.

Räumlichkeiten

Vergewissern Sie sich, dass Sie einen eigenen Raum für den gesamten Workshop zugeteilt bekommen – vor allem, wenn Sie mehrere Tage ansetzen. Design Thinking erfordert viel Platz (vor allem an der Wand). Es ist sehr schwierig, die Menge an Informationen und Daten auf den Haftzetteln an einen anderen Ort zu übertragen. Bei Design-Thinking-Workshops wird auch eine Reihe an speziellem Material erforderlich. Ein Beamer und ein großer Bildschirm sind dazu nicht nötig. Achten Sie darauf, in Bezug auf das Material wählerisch zu sein.

Zeitmanagement

Design Thinking sieht für Unerfahrene manchmal wie ein chaotischer Prozess aus. Und dazu führt es auch, wenn Sie nicht ein gutes Zeitmanagement haben. Überlegen Sie sich vorab für jede einzelne Übung, wie viel Zeit Sie brauchen werden. Bringen Sie eine große Zeittafel mit, auf der jeder die Tagesordnung sehen kann.

Erwartungshaltung

Menschen, die Design Thinking nicht kennen, sind oft nicht an die Achterbahn der Gefühle gewöhnt. Das kann dazu führen, dass sie ihr Selbstvertrauen und ihre Motivation während des Workshops verlieren. Bereiten Sie Ihre Teilnehmer darauf vor, dass sie vielleicht andere Gefühle als sonst haben und dass sie sich aus ihrer Komfortzone bewegen werden. Design Thinking kann sehr intensiv sein und lebt von der Energie der Teilnehmer. Teilnehmer, die immer die gleiche Abfolge präferieren, werden in einem Design-Thinking-Set-up schnell unglücklich werden.

Checkliste für einen Design-Thinking-Workshop

Hier finden Sie eine Checkliste der nötigen Rahmenbedingungen, um Ihren Design-Thinking-Workshop als Kick-off sicher über die Bühne zu bringen:

- Steht ein Design-Thinking-Trainer / -Moderator für den Workshop zur Verfügung?
- Ist Ihre Design Challenge definiert und auf das Bedürfnis und den Menschen ausgerichtet?
- Ist ein interdisziplinäres Team vorhanden, um mehrere Perspektiven auf die Design Challenge zu gewährleisten?
- Sind die Tagesordnung und die relevanten Design-Thinking-Methoden ausgesucht und aufgestellt?
- Steht der gleiche Raum für den gebuchten Zeitraum zur Verfügung?
- Ist an alle notwendigen Materialien gedacht?
- Wurden die Teilnehmer auf den Workshop vorbereitet? Kennen sie den Design-Thinking-Prozessablauf?

Die folgenden Abschnitte sollen Ihnen als ein Vorschlag für Ihr Kick-off Meeting zum Design Ihrer Geschäftsprozesse dienen. Bedenken Sie bitte dabei, dass das Design von Geschäftsprozessen ein sehr komplexes und vielschichtiges Thema ist.

Die erwarteten Ergebnisse eines solchen Workshops sind:

- Ein gemeinsames Verständnis der Gruppe in Bezug auf die Ziele und Ergebnisse der weiteren Prozessgestaltung
- Eine Gestaltung des Prozesses inklusive
  - der notwendigen Prozessschritte und Entscheidungen
  - der Rollen aller Beteiligten
  - der notwendigen Informationen und Daten
  - der beteiligten Anwendungen und Tools
  - des notwendigen Vorgehens und der nächsten Schritte

Aufbau des Teams

Ein interdisziplinäres Team in einem Prozess kann wie folgt aussehen:

- Von Kundenseite:
  - End-Nutzer
  - Process Owner
  - Software-Entwickler
  - Abteilungsleiter / Manager
  - Business-Analyst
- Von Ihrer Seite:
  - Design-Thinking-Moderator
  - Business-Analysten mit Prozesswissen

Start des Prozess-Kick-offs

Die Auseinandersetzung mit folgenden Aspekten ist eine wertvolle Anregung für Ihren Workshop. Entscheiden Sie vorab, ob Sie wollen, dass Ihre Workshopteilnehmer schon das Wissen mitbringen, oder ob sie das Wissen gemeinsam im Workshop erarbeiten möchten.

- Die Erwartungen der Kunden und Ziele in Bezug auf die Neugestaltung des Prozesses
- Eine Soll-Beschreibung des Prozesses
- Präferierte Vorgehensweise als Vorschlag
- Erfolgsmetriken (vielleicht gibt es einige Nummern, wie Gesamtanzahl der Klicks, Zeit, Transaktionen oder Zahlen, die gemessen werden müssen)

Vorgehen

Um zu guten Ergebnissen zu kommen, sollten Sie Ihren Workshop wie folgt aufbauen: Eintauchen in das Problem – Definition der Ergebnisse – Ideenfindung – Prototyping. Das Eintauchen in die Problematik ist notwendig, um Workshop-Ergebnisse zu vereinbaren und die einzelnen Perspektiven offenzulegen – bevor Sie in

Lösungen denken. Die Definition Ihrer Herausforderung ist notwendig, um das Wissen der Teilnehmer zu vereinheitlichen, und es dient als Grundlage, um kreativ zu denken. Die Ideenfindung kann gestartet werden, sobald der Kontext definiert wurde. Ein frühes Prototyping führt zu einer validierten Lösung am Schluss.

Die folgenden Techniken können verwendet werden, um Prozess-Design-Aktivitäten zu unterstützen:

- Interviewtechniken (wenn nicht vorher durchgeführt, um den Ist-Zustand zu erfassen)
- Personae: Verwenden Sie diese Technik, um ein gemeinsames Verständnis in Bezug auf Bedürfnisse, Motivation und Erwartungen der beteiligten Akteure herzustellen (nicht nur die der Endverbraucher, sondern auch der Prozessverantwortlichen, Entwickler etc.)
- Job Shadowing: Bei dieser Technik beobachten Sie für eine gewisse Zeit Ihren Nutzer und achten auf das konkrete und weniger auf das gesagte Verhalten. Dadurch können Sie den Ist-Prozess beschreiben und auch einen ersten Prototyp für den Soll-Prozess definieren.
- Brainstorming: Verwenden Sie beispielsweise die Ergebnisse der Job-Shadowing-Phase und suchen Sie nach Verbesserungen.
- Papier-Prototyping
- Rollenspiele: Diese helfen Ihnen, relevante und sofortige Maßnahmen zu identifizieren.

Tagesordnung und Dauer

Workshops können innerhalb eines Tages – abhängig von der Komplexität – durchgeführt werden. Einen Workshop an drei aufeinanderfolgenden Tagen abzuhalten, ist hingegen oft schwierig. Dagegen spricht auch, dass viele offene Fragen während eines Workshops auftauchen und die Antworten dazu erst eingeholt werden müssen, bevor das Team im Prozess weitergehen kann.

Die zentralen Aussagen dieses Kapitels auf einen Blick:

- Prozessmanagement ist ein ganzheitlicher, systematischer Ansatz, um Ergebnisse eines Unternehmens zu optimieren. Am Anfang steht das Warum. Das Unternehmen muss sich damit auseinandersetzen, was wie, wo, wann, von wem und womit gemacht wird. Design Thinking unterstützt dabei das Unternehmen nachhaltig.

- Erst, wenn Unternehmen verstanden haben, was das eigentliche Problem ist und wie sie den Bedarf des Kunden tatsächlich decken können, ist es sinnvoll, weitere Schritte zu setzen und entsprechende Prozesse zu etablieren.

- Design Thinking betont bei Prozessen vor allem die Notwendigkeit einer gelungenen Zusammenarbeit zwischen allen Beteiligten, um dem Kunden das gewünschte Maß an Kundenservice zu garantieren.

- Prozesslandkarten bilden verschiedene Sets von miteinander verbundenen Prozessen in einem einzigen Diagramm ab. Prozessmodelle zeigen dagegen eine detailliertere Ansicht von jedem einzelnen Prozess.

- Prozessmodelle helfen Ihnen dabei, Probleme innerhalb der bestehenden Prozesse zu lösen – bevor Sie viel Zeit und Geld in neue Prozesse investieren müssen.

- Es hilft, Wertversprechen zu verstehen, weil sie zeigen, was ein Unternehmen braucht, um den Kunden zu erreichen, und inwiefern Prozesse für solche Aktivitäten überlebenswichtig sind.

- Jedes Projekt muss einen Anstoß, formelle Ziele, die erreicht werden sollen, sowie ein realistisches Budget haben. Wenn das nicht der Fall ist, kann es von Anfang an nicht gelingen.

- Design Thinking hat viele verschiedene Vorlagen und Techniken, die wichtig für ein gutes Prozess-Design sind. Vor allem ist Design Thinking selbst eine Technik, die so schnell wie möglich nutzerzentrierte Ergebnisse in mehreren Kontexten erstellt.

KAPITEL 6

Wie Sie Design Thinking in Ihr Unternehmen einführen

In den vorherigen Kapiteln haben wir uns mit der Geschichte des Design Thinking befasst. Ich habe Ihnen gezeigt, wie der Prozess aussieht und was Sie brauchen, um Design Thinking erfolgreich anzuwenden und in Ihrem Unternehmen einzuführen. Zum Abschluss dieses Buches will ich Ihnen meine persönliche »4 × 4 Design Thinking®«-Methode des Design Thinking vorstellen – die Basis, mit der Sie Design Thinking erfolgreich in Ihrem Unternehmen einführen können. Aber nicht, ohne vorher einen kurzen Blick auf Mythen und mögliche Stolpersteine zu werfen, denen Sie auf dem Weg zur erfolgreichen Umsetzung Ihres persönlichen Design-Thinking-Prozesses begegnen könnten!

Innovation ist Kultursache

Eine innovative Kultur kann dann entstehen, wenn Sie akzeptieren, dass sich das Denken und Handeln der Menschen in der Welt und im Unternehmen bereits maßgeblich verändert hat. Und wenn Sie offen für weitere Änderungen sind. Es gibt viele Puzzleteile, die Sie zusammensetzen müssen, damit ein Unternehmen wirklich erfolgreich sein kann.

Ein Puzzleteil heißt Offenheit für Innovation und Veränderung, ein anderes trägt den Namen kreative Ideen. Egal, mit welchem Stück Sie beginnen, am Anfang muss immer die richtige Einstellung stehen – nämlich das Unerwartete zu erwarten.

Hätten Sie zum Beispiel gedacht, dass Sie eines Tages mit Ihrem Smartphone fast bessere Fotos machen können als mit Ihrer digitalen Kamera? Oder dass Sie kein IT-Genie sein müssen, um sich mit anderen Menschen weltweit zu vernetzen?

Unternehmen stehen erst am Anfang einer Zeit des ständigen Wandels. Um führend im Zeitalter der Kreativität zu werden, muss Design Thinking als Mindset von der Spitze des Unternehmens her alle Ebenen durchdringen. Noch wichtiger ist es, dass sich auch die Kultur des Unternehmens dahingehend anpasst – damit meine ich die Überzeugungen, Erwartungen und Zielstrebigkeit der Menschen innerhalb eines Unternehmens.

Kreatives Denken und innovative Zusammenarbeit kann auf viele Arten gefördert und belohnt werden – sowohl formal als auch subtil. Wichtig ist, dass die Manager das richtige Denken selbst leben. Zu denken, dass das eigene Unternehmen zu groß ist, um sich mit Ideen der Mitarbeiter »herumzuschlagen«, wird ebenso wenig zum Erfolg führen wie der Gedanke: »Ich brauche keine neuen Ideen, ich werde dafür bezahlt, meine Umsätze über bestehende Geschäfte zu generieren.«

Auch der Gedanke, dass ja momentan alles blendend läuft, führt zu Stillstand – der in den meisten Fällen fatal endet.

Von all den Veränderungen ist die Veränderung der Unternehmenskultur die schwerste. Aber jedes Unternehmen steht und fällt im Grunde mit der Kultur. Am Ende ist das einzige, was wirklich Mehrwert schafft, die kollektive Fähigkeit der Menschen im Unternehmen selbst. Zwar helfen Ihnen Strategie, Marketing, KPIs etc. weiter, um zu überprüfen, ob Sie auf dem richtigen Weg sind, aber kein Unternehmen, egal aus welcher Branche, wird auf lange Sicht erfolgreich sein, wenn es innovatives Denken nicht zu einem Teil der eigenen DNA macht.

Kultur ist nicht einer dieser bekannten weichen Faktoren, sondern es ist eine Ergänzung zu den formalen, festgelegten Regeln Ihres Unternehmens. Sie brauchen Verständnis und Engagement, um die Mitarbeiter dahin zu führen, dass Sie die Mission des Unternehmens mittragen und leben. Vor allem bei den unerwarteten Ereignissen, für die es einfach noch keinen Plan gibt.

Unternehmen wird es relativ einfach gemacht: Die Gehirne der Manager werden mit Analysen über Prozesse, Messungen und Ausführungen gefüttert. Für nachhaltige Innovation, die über Kreativität, Fantasie, Analogie und Empathie passiert, fehlt jedoch oft Raum und Energie. Bei den meisten Unternehmen herrschen dann noch Kommunikationssilos, in denen die Menschen voneinander getrennt werden. Innovative Unternehmen bauen aber auf Teams, die neue Prozesse und Ideen miteinander gestalten und entfalten. Das führt zu einem neuen Fokus bei der Ideenfindung und beschleunigt trotzdem das Marktwachstum, auch ohne eine einseitige Ausrichtung auf analytisches Denken.

Aber wie oft haben Manager in Unternehmen schon versucht, Bestehendes zu verändern, und sind daran gescheitert? Ich bin mir sicher: Es lag nicht an mangelndem Willen, sondern an der Haltung und an der Nichtübertragung der Werte in die Kultur. Um Design Thinking in Unternehmen einzuführen, reicht es nicht aus, dass Sie nur den Prozess kennen, Sie das Denken und Wissen verankert haben und bereit sind, andere mit Ihrem neu entfachten Feuer anzuzünden. Hier sind einige weitere Punkte, auf die es ankommt:

Aktives Zuhören

Hören Sie Ihren Mitarbeitern genau zu! Mitarbeiter haben oft unglaublich tolle und vielfältige Einsichten und Ideen, die wiederum zu Innovationen führen.

Offen für Neues sein

Ideen müssen wirklich nicht immer von Experten kommen. Manchmal kommen die größten Innovationen von Novizen und Hinterzimmer-Kesselflickern. Aufgeschlossene Unternehmen wandeln oft zufällig entstandene Ideen in marktfähige Produkte um.

Zusammenarbeiten mit externen und internen Partnern

Kein Unternehmen hat immer alle Karten in der Hand, wenn es um die Entwicklung von Innovationen geht. Sie brauchen eine funktionierende Zusammenarbeit mit externen Unternehmen, Partnern, Universitäten, Beratern etc. Das bringt neue Ideen und Perspektiven und erweitert das eigene Kompetenzfeld.

Flache Hierarchie

Wenn Ideen erst ein langes Genehmigungsverfahren durchlaufen müssen und auf Tischen von Menschen landen, die überhaupt nichts damit zu tun haben, behindert das jede Form der Innovation.

> Eine erfolgreiche, innovative Kultur beginnt mit der Einsicht
> des Unternehmens, dass es Zeit für einen Wandel ist.
> Es geht dabei darum, eine neue Denkweise zu erlernen, um
> die Welt auf neue Weise zu sehen.

Fünf Mythen über Innovation

Wenn Sie denken, Innovation sei nur etwas für Genies wie Steve
Jobs oder Elon Musk, dann muss ich Sie enttäuschen. Innovativ zu
sein ist vielmehr eine Sache der Einstellung und der Art und Weise,
wie Sie Ihr Team führen und motivieren. Menschen brauchen viel
mehr Vertrauen in ihre eigenen Fähigkeiten. Allerdings herrschen
so viele Mythen über Innovation und Kreativität, die Unternehmen davon abhalten, gute Ideen zu entwickeln. Hier sind die fünf
stärksten:

Mythos Nummer 1: Kreativität und Innovation sind in etablierten Unternehmen nicht lebbar

Große Unternehmen oder gewisse Abteilungen wirken oft, als sei-
en sie bieder und Veränderungen nur schwer bis überhaupt nicht
möglich. Dabei ist es gar nicht so schwierig, die interne Kultur in
Richtung »Vordenker in Sachen Innovation und Kreativität« zu
steuern.

Dazu müssen Sie zunächst die Personen in einem Unternehmen
identifizieren, die bereits jetzt schon innovativ agieren und benut-
zerorientiert denken. Bilden Sie eine interne Design-Thinking-
Gruppe, die sich regelmäßig trifft, um komplexe Herausforderungen zu meistern. Je unterschiedlicher die Personen, desto besser.
Laden Sie Menschen ein, die Dinge verändern wollen und die pro-
aktiv sind.

Mythos Nummer 2: Echte Innovation ist ein Produkt der F & E-Abteilung

Viele Menschen sind davon überzeugt, dass Innovation dasselbe ist wie eine bahnbrechende Produktidee. Dabei ist Innovation viel breiter. Bestehende Produkte können optimiert werden, Unternehmen können sich aber auch durch besseren Service von der Konkurrenz differenzieren. Dass innovatives und kreatives Denken eine Sache der Übung ist, haben Sie bereits in den vorherigen Kapiteln erfahren. Ein weiterer einfacher Weg zu innovativeren Ideen besteht darin, dass Sie Ihr Tempo drosseln und beginnen, die Dinge um Sie herum zu beobachten. Wenn Sie etwas, das gut funktioniert, in einem anderen Unternehmen sehen, fragen Sie sich, wie Sie es in Ihr Unternehmen übertragen können. Innovatives Denken ist wie ein Muskel, den Sie immer wieder trainieren müssen.

Mythos Nummer 3: Innovation ist alleinige Sache des Managements

In großen Unternehmen sind die Mitarbeiter oft der Auffassung, dass Innovationen eine Entscheidung des Managements sein müssten. Tatsächlich aber kommen die besten Ideen meistens von überall und werden nach oben befördert. Der Grund dafür ist, dass diese Mitarbeiter noch näher beim Kunden sind und daher deren Bedürfnisse besser verstehen. Innovation ist dann wirklich erfolgreich, wenn die Wünsche und Bedürfnisse der Kunden verstanden und erfüllt werden – Innovation ist kein Produkt, das den Umsatz nach oben katapultiert.

Mythos Nummer 4: Innovation erfordert Perfektion

Innovative Unternehmen sind alles andere als perfekt. Wie Sie in Kapitel 2 und 4 schon gesehen haben, ist Prototyping ein entscheidender Faktor, wenn es um den Erfolg von Unternehmen geht. Unternehmen, die mit dem Start warten, bis alles passt, verpassen nicht nur den richtigen Zeitpunkt, sondern sind meistens weit entfernt von ihren Kunden.

Um innovativ zu sein, müssen Sie das Haus verlassen und raus zu den realen Nutzern gehen. Die meisten Produkte und Dienstleistungen ändern sich in einem ganz frühen Stadium und werden immer wieder von Neuem angepasst. Die besten Ideen im Labor reichen in der Regel nicht aus, sondern fallen bereits bei den ersten Tests gnadenlos durch. Gehen Sie lieber in einem frühen Stadium raus und lernen Sie direkt von und mit Ihrem Kunden. Nur so ist Erfolg machbar.

Mythos Nummer 5: Innovation ist die Leistung eines Einzelnen

Innovation passiert nicht in einem Vakuum. Die besten Ideen kommen oft von der Gruppe, die sich auf die Kundenbedürfnisse konzentriert. Die Unternehmen sind gefordert, eine sichere Umgebung zu schaffen, in der es möglich ist, auch mal mit verrückten Ideen zu kommen oder mit Dingen, die vielleicht im ersten Moment absurd erscheinen.

Innovationen und Kreativität ist nichts, das nur Start-ups oder einzelnen Menschen vorbehalten ist. Im Gegenteil, diese Menschen sind meistens gefordert, viel schneller funktionierende Ergebnisse zu liefern, die sie schnell verkaufen können. Mittelgroße bis große Unternehmen haben den Vorteil, dass sie auf viele verschiedene Perspektiven und Möglichkeiten zurückgreifen können und viel eher Experimente langfristig unterstützen können.

Die »4 × 4 Design Thinking®«-Methode

Design Thinking als Methode basiert auf dem Wunsch, Dienstleistungen, Produkte, Prozesse oder Leistungen zu innovieren. Im Grunde geht es darum, die Mitarbeiter effizient zu unterstützen, einen schnelleren und größeren Durchbruch zu erreichen, indem neue Strategien für Wettbewerbsvorteile geschaffen werden. Mit der »4 × 4 Design Thinking®«-Methode habe ich eine Formel entwickelt, die als Voraussetzung für Innovation und Leistungsfähigkeit dient. Diese Methode umfasst 16 Erfolgsfaktoren, die Sie brauchen, wenn Sie das Potenzial von Design Thinking voll ausschöpfen, eine Basis für langfristigen Erfolg schaffen und Design Thinking in Ihrem Unternehmen einführen wollen. Die »4 × 4 Design Thinking®«-Methode besteht aus:

- vier Faktoren des Mindsets: Offenheit, Empathie, Kommunikation, systemisches Denken
- vier Faktoren des Umfelds: multidisziplinäre Zusammenarbeit, Raum, Methoden und Projektauftrag
- vier Phasen des Prozesses: Einfühlen, Definieren des Problemfeldes, Ideen generieren, Experimentieren
- vier Faktoren der Einführung: Kick-off-Meeting, Design-Thinking-Session (gemeinsam), Training, Design-Thinking-Session (durch Coachee)

Vier Faktoren des Mindsets

Design Thinking fordert ein spezielles Mindset, das Unternehmen dabei unterstützt, die Mitarbeiter, Produkte, Prozesse und Leistungen effizient zu verändern. Menschen werden vor allem durch ihre individuelle Umgebung und Kultur geprägt – das verhält sich im Unternehmenskontext genauso wie im persönlichen Bereich. Folgendes Mindset sollte im Portfolio der Menschen sein, die Design Thinking als Problemlösungsmethode einsetzen wollen:

Offenheit

Design-Thinking-Experten sind offen gegenüber neuen Ideen, überraschenden Wendungen, anderen Perspektiven und Erfahrungen und innovativen Wegen. Zum Element der Offenheit gehört auch eine aktive Vorstellungskraft, Sensibilität und Aufmerksamkeit, eine Vorliebe für Vielfalt, die intellektuelle Neugier und die Fähigkeit, sich selbst ein Urteil zu bilden. Menschen, die diese

Werte leben, sind bereit, die Welt anders zu betrachten und sich auf unkonventionelle Wege einzulassen. Denn es braucht einen offenen Geist, um das Potenzial der Veränderung in vollem Umfang zu realisieren.

Empathie

Der Wunsch, Dinge zu verändern, entsteht aus einem tiefen Mitgefühl und einer echten Sorge um seine Mitmenschen. Es geht darum, Gefühle, Gedanken und Bedürfnisse anderer Menschen zu verstehen und diese auch nachvollziehen zu können. Um etwas Wertvolles zu schaffen – eine Lösung, die funktioniert, ein Produkt, das verwendet wird, einen Prozess, der Arbeit abnimmt –, müssen Sie den Nutzen für andere Menschen in den Vordergrund stellen. Es geht darum, ein Verständnis für die Beteiligten aufzubauen und die verschiedenen Gefühle und Bedürfnisse des Teams wahrzunehmen, emphatisch zuzuhören und die unterschiedlichen Perspektiven in den Design-Thinking-Prozess zu integrieren.

Systemisches Denken

Der Prozess führt uns durch das System der Zielpersonen. Jeder Mensch bewegt sich in Systemen, die einander überschneiden können und die wiederum aus verschiedenen Teilen bestehen: die Welt, in der diese Personen leben, arbeiten, sich bewegen. Die Perspektive anderer Beteiligter, aber auch die Unternehmensstrategie und die Vision sind wichtige Bausteine, wenn wir Probleme innerhalb von Unternehmen lösen wollen. Je mehr Sie zu diesen Verbindungen wissen, desto besser werden Sie sich auf der Landkarte des Unternehmens zurechtfinden und desto schneller die verschiedenen Verbindungen und Abhängigkeiten erkennen. Diese Sichtweise fokussiert nicht den einzelnen Problemträger, sondern ein ganzes System wird in den Blick genommen. Der Einzelne wird nur insofern als einzelnes Individuum betrachtet, wie er als Element auf das System wirkt und dessen Wirkungsfeld ausgesetzt ist. In der systemischen Sicht ist das Individuum somit »nur« Symptomträger und zeigt die Problematik auf. Diese ist allerdings nicht dessen ureigene und sollte auch nicht isoliert betrachtet werden. Vielmehr entsteht aus systemischer Denkweise zwar eine Störung beim Problemträger, die Ursache ist aber im Gesamtsystem zu finden.

Kommunikation

Menschen, die kommunikativ sind, haben ein gutes Gespür für Widersprüchlichkeiten, Doppeldeutigkeiten und sprachliche Feinheiten. Sie können Gehörtes wiedergeben, gute Fragen stellen, zwischen den Zeilen lesen und Informationen mit Leichtigkeit vermitteln. Kommunikativ zu sein, bedeutet aber auch, sich an neue und unterschiedliche Situationen anzupassen, das Verhalten anderer Menschen nachzuvollziehen, Einigungen zu erzielen und zur Vermeidung und Lösung von Konflikten beitragen zu können. Kommunikativ zu sein, ist niemals eine Einbahnstraße, sondern setzt voraus, dass man gleichzeitig auch ein guter Zuhörer ist.

Wenn Sie in Ihrem Unternehmen nach Menschen suchen, die Design Thinking anwenden oder in einem Team mitwirken sollen, halten Sie nach den oben genannten Eigenschaften Ausschau. Viele Fähigkeiten sind trainierbar, aber das dauert oft lange und ist kein einfacher Weg. Viele Menschen bringen diese Begabungen aber schon von Natur aus mit.

Neben diesem speziellen Mindset sind aber noch andere Faktoren wichtig:

Vier Faktoren des Umfelds

Design Thinking verbindet das Denken und Handeln mit einer Methodik, die vor allem auf Flexibilität und Kreativität abzielt. Ein bestimmtes Umfeld hilft dabei, das Verhalten zu formen, die Denkweisen zu verschieben und das Denken im Team zu fördern. Design Thinking gibt keine Prozesse, »Formeln« oder »richtige« Verhaltensweisen vor. Vielmehr beinhaltet Design Thinking ein ganzes Repertoire an Werkzeugen, die dabei unterstützen, den Einfallsreichtum der Menschen zu nutzen. In meinem Modell sind die vier Faktoren unter dem Begriff »Umfeld« zusammengefasst, denn erst das richtige Umfeld fördert das Denken und die Bereitschaft der Mitarbeiter, sich auf den Prozess einzulassen:

Team

Der Wert einer Lösung entwickelt sich vollständig durch die verschiedenen Perspektiven und Fähigkeiten eines Teams. Das Wissen der Vielen fördert die kreative Energie, etabliert aber trotzdem eine Eigenverantwortung. Wählen Sie in Ihrem Unternehmen die passenden Personen aus, die das notwendige Rüstzeug mitbringen. Achten Sie dabei darauf, dass diese Personen aus unterschiedlichen Hierarchiestufen und Abteilungen kommen, einen unterschiedlichen Bildungshintergrund haben und dass verschiedene Altersstufen und Geschlechter aufeinandertreffen, um einen guten Mix an verschiedenen Erfahrungen und Perspektiven zu gewährleisten.

Raum

Haben Sie schon einmal in einer Bibliothek laut jemandem hinterhergepfiffen? Vermutlich nicht, denn Räume prägen das Verhalten von Menschen. Der Raum bildet ein Schlüsselelement bei der Zusammenarbeit Ihres Teams. Wenn Sie jede Entscheidung erfassen und sie an der Wand anbringen, brauchen Sie nicht mehr so sehr darauf zu achten, dass jeder das gleiche Verständnis hat. Je mehr Sie auf die Wände schreiben und zeichnen, desto schneller kann ein gemeinsames Verständnis entstehen. Ein eigener Raum funktioniert vor allem gut bei langfristigen Design-Thinking-Projekten, eignet sich aber auch für einmalige Sessions.

Methoden

Niemand wählt zufällig die eine oder andere Methode. Wenn Sie die Wahl zwischen dem einen oder dem anderen Weg haben, entscheiden Sie sich bewusst für das eine Vorgehen und dabei gleichzeitig gegen das andere. Grundlage dieser Wahl ist die eigene Intuition, die wiederum auf Ihrer Erfahrung und Ihrem Wissen über die einzelnen Methoden basiert. Je mehr Techniken und Methoden und vor allem deren idealen Einsatz Sie kennen, desto größer wird Ihr Erfahrungsschatz, und Ihre Möglichkeiten in der Lösungsfindung erweitern sich um ein Vielfaches. Sammeln Sie Wissen über einzelne Methoden und Techniken, seien Sie offen für neue und tauschen Sie sich mit anderen über deren Erfahrungen aus.

Projektauftrag

Der konkrete Auftrag ist ein wesentlicher Schritt beim gesamten Design-Thinking-Prozess. Ohne konkretes Wissen über das, was Sie eigentlich ändern und erreichen wollen und welche Grenzen und Rahmenbedingungen es gibt, stehen die Chancen für den Erfolg bei null. Starten Sie niemals mit einem Design-Thinking-Projekt, ohne den genauen Auftrag definiert zu haben! Sie sollten in einem ersten Schritt immer zunächst die Grenzen und Ziele klar beschreiben und eine Vereinbarung mit dem Projektauftraggeber treffen. In einem Auftrag werden die notwendigen Elemente wie der Umfang, die Teilnehmer, das Ziel, die zeitliche Dauer, die einzelnen Verantwortlichkeiten, Rahmenbedingungen etc. eindeutig beschrieben und sind für jeden jederzeit nachlesbar.

Vier Phasen des Prozesses

Der Prozess führt uns durch die bereits besprochenen Phasen (s. Kapitel 2): Zunächst erforschen wir ein Problemfeld aus allen möglichen Perspektiven, identifizieren die Beteiligten und erfahren mehr über das Problem, bis wir eine gemeinsame Definition finden, die für alle passt. Dieses Verständnis bildet die Basis für die weitere Lösungsentwicklung. In moderierten Sessions werden möglichst viele Ideen gefunden. Die Idee, die sich am ehesten als Schlüssel für das Problem oder die Herausforderung erweist, wird in der letzten Phase als Prototyp umgesetzt und mit dem Nutzer gemeinsam getestet – solange, bis es wirklich für alle passt. Auch wenn es zunächst einen anderen Anschein erwecken mag: Sie wissen ja bereits, dass diese Stufen nicht linear sind, sondern in beliebiger Abfolge auftreten und beliebig oft wiederholt werden können.

Einfühlen

Der Fokus ist immer auf den Menschen gerichtet. Unser Nutzer ist der Protagonist, auf ihn oder sie richten sich alle Blicke. Die Aufgabe ist, den Nutzer in seiner Ganzheit zu verstehen, zwischen den Zeilen zu lesen und Ungesagtes zu begreifen. Die Probleme, die Sie versuchen zu lösen, sind im seltensten Fall Ihre eigenen, sondern betreffen für gewöhnlich andere Menschen und bestimmte Gruppen. Sie können aber nur dann etwas Funktionierendes für jemand anderen entwickeln, wenn Sie ein Gespür dafür haben, wer dieser Mensch genau ist, wo die wahren Bedürfnisse und Herausforderungen liegen und wie er die Welt sieht. Dazu eignen sich am besten Methoden, die vor allem einen beobachtenden Charakter haben. Diese unterstützen Sie bei der Erkenntnis, was Menschen wirklich tun, denn das steht oft in einem krassen Gegensatz zu dem, was Menschen glauben und sagen, dass sie tun. Raus aus der Theorie, hinein in die Praxis: Dieser Schritt ist von grundlegender Bedeutung. Das Endprodukt ist eine starke Kombination aus visuellen (Fotos oder Zeichnungen) und schriftlichen Erzählungen, die eine Form, neue Paradigmen und Perspektiven geben kann.

Definieren des Problemfeldes

In diesem Schritt bringen Sie das eigentliche Problem explizit zum Ausdruck. Um wirklich brauchbare Lösungsideen zu entwickeln, benötigen Sie zuerst das entscheidende Handwerkszeug und eine überzeugende Problemstellung, die Ihren Ideen als Sprungbrett dient. Es ist von grundlegender Bedeutung, dass Sie das richtige Problem anvisieren, das gelöst werden soll. Das ist gar nicht so einfach, denn das Problem zu definieren, erfordert es, unseren Drang, Dinge und Menschen spontan zu bewerten, für einen Moment auszuschalten. Was wir sagen, ist nämlich manches Mal sehr unterschiedlich zu dem, was wir eigentlich meinen. Deswegen ist es von wirklich großer Bedeutung, die richtigen Worte zu finden. So eignet sich beispielsweise »Designen Sie einen Stuhl« im Design Thinking nicht als Fragestellung. Vielmehr sollte die Aufforderung lauten »Finden Sie einen Weg, um eine Person in ihrem langen Büroalltag bestmöglich zu unterstützen«. Das Ziel dieser Phase ist, das tatsächlich zu lösende Problem zu finden und es dann so zu formulieren, dass kreative Lösungen quasi von alleine kommen.

Ideen generieren

Eine Herausforderung bei der Ideenfindung ist, dass wir oft Dinge suchen, von denen wir wissen, dass sie funktionieren werden, zum Beispiel weil wir schon an einer anderen Stelle gesehen haben, dass es so oder so klappen würde. In Wahrheit schafft das keine Sicherheit, sondern ist nur eine schlechte Kopie, die nicht funktionieren wird, weil das gleiche Angebot nicht reicht, um erfolgreich zu sein. Neben dem Bedarf brauchen Sie noch andere Zutaten wie Nutzenerreichung und Verständnis, damit wirklich Erfolg einziehen kann. Besser ist, Sie generieren viele unterschiedliche Ideen in dem Wissen, dass mindestens eine davon funktionieren wird. Dazu müssen Sie in der Lage sein, die Dinge geschehen zu lassen, sie loszulassen. Versuchen Sie groß zu denken, lassen Sie sich inspirieren, erstellen Sie einen Katalog an Ideen – aber seien Sie nicht auf eine oder mehrere Ideen fixiert.

Unabhängig davon, welche Methode Sie verwenden – das Grundprinzip der Ideenfindung lautet, dass Sie sich bewusst sind, wann Sie und Ihr Team Ideen generieren und wann Sie diese Ideen bewerten und aussortieren. Vermischen Sie diese beiden Schritte niemals miteinander!

Wir Menschen sind uns oft nicht der Filter bewusst, mit denen wir Probleme betrachten, um Antworten darauf zu finden. In dieser Phase werden die Möglichkeiten erst sichtbar. Der Trick ist, diese verschiedenen Filter als Chance zu begreifen: Die verschiedenen Perspektiven der unterschiedlichen Personen sind das wahre Schlüsselelement und von entscheidender Bedeutung.

Im Design Thinking lautet ein Prinzip, dass wir dann wesentlich bessere Antworten bekommen, wenn fünf Personen einen Tag lang ein Problem bearbeiten, als wenn eine Person fünf Tage an einem Problem herumwerkelt. Gerade wenn Sie in Ihrem Team einen grafisch begabten Menschen haben, ist das ein Riesenvorteil: Ideen in Bildern ausgedrückt zeigen viel eher, was gemeint ist, als Worte es je könnten.

Experimentieren

Jetzt ist es an der Zeit, aufgrund der verschiedenen gefunden Ideen erste Prototypen zu bauen. Diese werden dann eingesetzt, um …

- … zu erfahren: Wenn ein Bild mehr als tausend Worte sagt, erzählt ein Prototyp mehr als tausend Bilder.
- … Meinungsverschiedenheiten zu lösen: Prototyping ist ein sehr mächtiges Werkzeug, um Mehrdeutigkeiten zu beseitigen. Es hilft Ihnen bei der Ideenfindung und reduziert Missverständnisse auf ein Minimum.
- … ein Gespräch zu beginnen: Ein Prototyp ist eine gute Möglichkeit, um andere Arten von Gesprächen mit Nutzern zu führen.
- … schnell und billig zu scheitern: Mit einem ganz einfachen und schnell erstellten Prototyp können Sie eine Reihe von Ideen ausprobieren, ohne bereits zu Beginn viel Geld und Zeit in die einzelne Idee zu investieren.
- … die Entwicklung der Gesamtlösung handhabbar zu machen: Indem Sie das Problem in mehrere kleine Schritte teilen, können Sie diese viel leichter erforschen, als wenn Sie das ganze Problem auf einmal erforschen wollen.

Prototyping bedeutet im Grunde, die Ideen aus Ihrem Kopf in der realen, physischen Welt zu testen. Ein Prototyp kann alles Mögliche sein, das eine physische Form annimmt – auch wenn es »nur«

eine Wand voller Haftzettel-Notizen ist, ein Rollenspiel, ein Raum, ein Objekt, ein User-Interface oder ein Storyboard. Die Umsetzung des Prototyps sollte aber immer im Einklang mit den Fortschritten in Ihrem Projekt stehen: In frühen Erkundungen lassen Sie Ihren Prototyp ruhig sehr einfach sein, damit Sie selbst auch schneller lernen und eine Menge von verschiedenen Möglichkeiten untersuchen können. Prototypen sind am erfolgreichsten, wenn Menschen (das Team, der Benutzer und andere) ihn erleben und mit ihm interagieren können. Das, was man aus diesen Interaktionen lernt, hilft, viel mehr Empathie zu erfahren und noch erfolgreichere Lösungen zu erarbeiten.

In der Testphase wird der Prototyp bzw. die Lösung verfeinert. Testen ist im Grunde die nächste Iteration des Prototyps. Manchmal bedeutet es auch, dass es zurück zum Storyboard geht. Oder dass Sie noch mehr über Ihren Nutzer erfahren müssen. Testen ist eine tolle Möglichkeit, Empathie durch Beobachtung aufzubauen und sich noch mehr einzubringen. Oft ergeben sich in dieser Phase vollkommen neue Einsichten. Tests eignen sich ebenso, um den Point of View zu verfeinern – und sie zeigen Ihnen auch, dass Sie nicht direkt die Lösung erarbeitet haben, sondern erst das Problem anders gestalten müssen, um es lösen zu können.

Vier Faktoren der Einführung

Der Wert von Design Thinking liegt in der Chance, bahnbrechend zu denken – und das auf strukturierte und produktive Weise, die die geistige Beweglichkeit fördert. Design Thinking in ein Unternehmen einzuführen, ist eine große Herausforderung und ändert vor allem den Status quo einer Organisation. Um alle Mitarbeiter abzuholen, zu überzeugen und ihnen zu helfen, ihre Ängste und Befürchtungen zu überwinden, müssen Sie behutsam und geschickt vorgehen.

Kick-off-Meeting

In einem ersten Meeting bespricht das Team die gemeinsamen Vorstellungen von Design Thinking als Kultur im Unternehmen. Nehmen Sie sich dabei bewusst Zeit, um einerseits die Änderungen zu besprechen, aber andererseits auch, um Ihren Mitarbeitern mögliche Verunsicherungen und Ängste durch die Veränderung zu nehmen. Besprechen Sie offen die Wichtigkeit eines Umdenkens und mögliche Problemfelder, die Sie mit Design Thinking bearbeiten können. Verwenden Sie in diesem Meeting schon erste Methoden aus dem Design Thinking, um zu demonstrieren, wie effektiv diese Techniken sein können. Wählen Sie innerhalb dieses Meetings gleich ein Problemfeld aus, das Sie zur Demonstration des Design-Thinking-Prozesses gemeinsam mit dem Team durchführen können. Achten Sie darauf, das Problem so zu wählen, dass es wirklich innerhalb der Session gelöst werden kann, die dann mit einem positiven Erlebnis endet.

Design-Thinking-Session

Führen Sie gemeinsam mit den Beteiligten eine Design Thinking Session durch, wie Sie sie auch in Zukunft intern oder extern abhalten wollen. Richten Sie entsprechend einen Raum her, besorgen Sie das notwendige Material, achten Sie auf die Moderation und durchlaufen Sie dann die vier Schritte des Prozesses. Dieses Vorgehen sorgt für Transparenz und Sicherheit und eröffnet eine gute Kommunikation zwischen Management und Mitarbeitern. In diesem ersten Kennenlernen zeigen sich häufig auch Missverständnisse, die Sie nun schnellstmöglich beheben können.

Training

In diesem Schritt lernen die Mitarbeiter die neuen Fähigkeiten, Methoden und Techniken. Geben Sie ihnen die Möglichkeit, sich richtig vorzubereiten. Je intensiver die Schulung, desto leichter auch der Übergang in neue Rollen.

Selbst moderierte Design-Thinking-Session

Fordern Sie Ihre Mitarbeiter auf, die Initiative zu ergreifen und selbstständig Sessions zu moderieren, in denen Sie helfend zur Seite stehen. Suchen Sie gemeinsam die geeigneten Fragestellungen und Methoden, überlegen Sie auch gemeinsam Alternativen. Ermutigen Sie sie, die Initiativen selbst zu übernehmen und sich auf das zu konzentrieren, was getan werden könnte, anstatt sich auf mögliche Lösungen zu fixieren.

Eine erfolgreiche, innovative Kultur beginnt mit der Einsicht des Unternehmens, dass es Zeit für einen Wandel ist. Es geht dabei darum, eine Denkweise zu erlernen, um die Welt auf neue Weise zu sehen. Design Thinking bietet genau diese Denkweise – und belässt es nicht nur beim Denken: adaptives Handeln, Reflektieren und das so wichtige Wiederholen und Verbessern gehören ebenso dazu. Mit der »4 × 4 Design Thinking®«-Methode habe ich Ihnen eine Formel an die Hand gegeben, mit deren Hilfe Sie Design Thinking strukturiert und effizient in Ihrem Unternehmen einführen können. Viel Erfolg dabei!

Anmerkungen

Sämtliche Links waren, soweit nicht anders angegeben,
am 10. August 2016 gültig.

1 http://www.faz.net/aktuell/wirtschaft/unternehmen/kampf-um-kaffeekapseln-nespresso-wird-auch-in-der-schweiz-attackiert-1610505.html

2 https://web.archive.org/web/20120120222306/http://earthtrends.wri.org/searchable_db/index.php?theme=8&variable_ID=1677&action=select_countries

3 Rittel, H. (2013): Thinking Design. Hrsgg. von Wolf D. Reuter und Wolfgang Jonas. Birkhäuser: Basel.

4 http://www.businessweek.com/innovate/next/archives/2008/04/neutron_and_sta.html, abgerufen am 15. Januar 2016

5 Simon, H. (1969). The Sciences of the Artificial. MIT Press: Cambridge.

6 http://wirtschaftslexikon.gabler.de/Definition/analogie.html

7 Young, James (2003): A Technique for Producing Ideas. McGraw-Hill Education (first published 1940): New York.

8 Epstein, Robert (1996): Cognition, Creativity, and Behavior: Selected Essays. Praeger Frederick a: Santa Barbara.

9 https://docs.google.com/file/d/0B1J84EpLdwM4Nl96LVh2cV94MEE/edit?pli=1

10 Bonder, Rabbi Nilton (2001): Der Rabbi hat immer Recht. Die Kunst, Probleme zu lösen. Pendo: Zürich.

11 Duarte, N. (2010): Resonate: Present Visual Stories that Transform Audiences. John Wiley & Sons: New York.

12 Morieux, Y. et al. (2014): Excerpted from Six Simple Rules: How to Manage Complexity Without Getting Complicated. The Boston Consulting Group, Inc. Harvard Business Review Press: Cambridge.

13 http://www.bearingpoint.com/ecomaXL/files/Value_based_ERP-deutsch.pdf

14 http://www.prnewswire.com/news-releases/80-per-cent-of-enter-prises-using-bpm-will-experience-an-internal-rate-of-return-better-than-15-per-cent-71179882.html

15 Harmon, P. (2007): Business Process Change: Ein Leitfaden für Manager und BPM und Six Sigma Professionals. Morgan Kaufmann: San Francisco.

16 Porter, M. (1986): Wettbewerbsvorteile (Competitive Advantage). Spitzenleistungen erreichen und behaupten. Campus Verlag: Frankfurt am Main.

Literaturverzeichnis

Best, K. (2006): Design Management: Managing Design Strategy, Process and Implementation. AVA Publishing SA: Lausanne.

Bonder, Rabbi Nilton (2001): Der Rabbi hat immer Recht. Die Kunst, Probleme zu lösen. Pendo: Zürich.

Brown, T. (2009): Change by Design: How Design Thinking Transforms Organizations and Inspires Innovation. HarperBusiness: New York.

Carver, C.; Scheier, M.F. (1998): On the self-regulation of behaviour. Cambridge University Press: New York.

Chan, J.; Schunn, C. (2014): The Impact of Analogies on Creative Concept. Generation: Lessons From an In Vivo Study in Engineering Design.

Cross, N.; Clayburn Cross, A. (1998): Expert designers. Springer Verlag: London.

Cross, N. (1997): Descriptive models of creative design: application to an example. Design Studies Vol. 18 No. 4.

Cross, N.; Christiaans, H.; Dorst, K. (1996): Analyzing design activity. Wiley: London.

Csikszentmihalyi, M. (1998): Finding Flow: The Psychology of Engagement With Everyday Life. Basic Books: New York.

Dorst, K. (1997): Describing design: A comparison of paradigms. Delft University of Technology: Delft.

Duarte, N. (2010): Resonate: Present Visual Stories that Transform Audiences. John Wiley & Sons: New York.

Gerstbach, I.; Gerstbach, P. (2015): Basiswissen Business-Analyse. Redline: München.

Harmon, P. (2007): Business Process Change: Ein Leitfaden für Manager und BPM und Six Sigma Professionals. Morgan Kaufmann: San Francisco.

Kim, W.C. & Mauborgne, R. (2005): Blue Ocean Strategy: How to Create Uncontested Market Space and Make the Competition Irrelevant. Harvard Business School Press: Boston.

Kelley, T. & Littman, J. (2005): The Ten Faces of Innovation. Random: Toronto.

Klein, G. (1999): Sources of Power: How People Make Decisions.
MIT Press: Cambridge.

Martin, R. (2009): Design of Business. Why Design Thinking is the Next
Competitive Advantage. Harvard Business School Press: Boston.

Martin, R. (2007): The Opposable Mind: How Successful Leaders Win
Through Integrative Thinking. Harvard Business School Press: Boston.

Martin, R. (2007): How successful Leaders Think. Harvard Business
Review: Boston.

Morieux, Y. et al. (2014): Excerpted from Six Simple Rules: How to
Manage Complexity Without Getting Complicated. The Boston
Consulting Group, Inc. Cambridge. Harvard Business Review Press:
Boston.

Porter, M. (1986): Wettbewerbsvorteile (Competitive Advantage).
Spitzenleistungen erreichen und behaupten. Campus Verlag: Frankfurt am Main.

Porter, M. (1980): Competitive Strategy. Free Press: New York.

Rittel, H. (2013): Thinking Design. Birkhäuser: Basel.

Roozenburg, N. F. M., & Eekels, J. (1995). Product design: Fundamentals
and methods. Chichester. Wiley: London.

Schön, D. A. (1983): The reflective practitioner: How professionals think
in action. Temple Smith: London.

Stickdorn, M.; Schneider, J. (2012): This is service design thinking.
BIS Publishers: Amsterdam.

Surowiecki, J. (2005): Die Weisheit der Vielen. Warum Gruppen klüger
sind als Einzelne und wie wir das kollektive Wissen für unser
wirschaftliches, soziales und politisches Handeln nutzen können.
C. Bertelsmann: München.

Van Manen, M. (1990): Researching Lived Experience: Human Science
for an Action Sensitive Pedagogy. State University of New York Press.

Young, J. (2003): A Technique for Producing Ideas. McGraw-Hill Education: New York.

Über die Autorin

Ingrid Gerstbach ist Expertin für
Design Thinking und Innovations-
management, Wirtschaftspsychologin
und Unternehmensberaterin.
Sie sieht sich als Entwicklungshelferin
für Unternehmen, um Innovationen,
neue Erfolgspotenziale und nachhaltige
Wertschöpfung zu ermöglichen.
Dazu unterstützt sie mittelständische
Unternehmen bei der Entwicklung
und Umsetzung von Veränderungen
und hilft ihnen, Projekte erfolgreich
zu gestalten und konkurrenzfähig
zu machen.

www.ingridgerstbach.com

Register